Stefan Pastuszka

Strategy Explorer – das Strategiewerkzeug für Teams

STEFAN PASTUSZKA

Strategy Explorer – das Strategiewerkzeug für Teams

Für jedes Business die passende Strategie entwerfen

GABAL

Externe Links wurden bis zum Zeitpunkt der Drucklegung des Buches geprüft. Auf etwaige Änderungen zu einem späteren Zeitpunkt hat der Verlag keinen Einfluss. Eine Haftung des Verlags ist daher ausgeschlossen.

Bibliografische Information der Deutschen Nationalbibliothek

Die Deutsche Nationalbibliothek verzeichnet diese Publikation in der Deutschen Nationalbibliografie; detaillierte bibliografische Daten sind im Internet über http://dnb.d-nb.de abrufbar.

ISBN 978-3-86936-934-1

Lektorat: Eva Gößwein, Berlin | www.textstudio-goesswein.de
Umschlaggestaltung: Martin Zech, Bremen | www.martinzech.de
Illustrationen: Dr. Stefan Pastuszka, Hainburg, z. T. inspiriert durch die bikablo® Visualisierungstechnik, www.bikablo.com
Strategy Explorer® ist eine eingetragene Marke von Dr. Stefan Pastuszka
Autorenfoto: Gregor Szypula, Hainburg | www.final-dimension.de
Satz und Layout: Das Herstellungsbüro, Hamburg | www.buch-herstellungsbuero.de
Druck und Bindung: Salzland Druck, Staßfurt

2. Auflage 2021

Printed in Germany

www.gabal-verlag.de
www.facebook.com/Gabalbuecher
www.twitter.com/gabalbuecher

PEFC/04-31-2251

PEFC zertifiziert
Dieses Produkt stammt aus nachhaltig bewirtschafteten Wäldern und kontrollierten Quellen.

www.pefc.de

Inhalt

Strategie mal anders

Noch eine Canvas-Methode? Der englische Begriff heißt übersetzt so viel wie »Leinwand« und hat sich vor allem durch Alexander Osterwalders Business Model Canvas zur Abbildung und Entwicklung von Geschäftsmodellen im unternehmerischen Kontext etabliert. Das Besondere an den Canvas-Methoden ist neben ihrer Struktur und Übersichtlichkeit vor allem die Art, wie man damit arbeitet: Statt im stillen Kämmerlein allein vor sich hin zu tüfteln, entwickelt man im Team auf agile und interaktive Weise ein gemeinsames Ergebnis. Der Business Model Canvas ist ein geniales Tool, und auch ich verwende ihn gern in meiner Arbeit als Strategie- und Innovationsberater. Mittlerweile gibt es allerdings fast schon eine Schwemme verschiedenster Canvas-Modelle (Team Canvas, Innovation Canvas u. v. m.). Wozu also jetzt noch eins für Strategie?

In meiner Arbeit mit Organisationen unterschiedlicher Größe habe ich erlebt, dass es gerade beim Thema Strategie viele Berührungsängste, fehlendes Verständnis und Unklarheiten gibt. Wie soll man sich dem Thema nähern? Wo und wie anfangen? Was ist eigentlich eine Strategie, was gehört dazu und was nicht? Viele kleine Organisationen gehen intuitiv vor, manche verwenden das ein oder andere bekannte Strategie-Werkzeug, zum Beispiel die bekannte SWOT-Analyse, während viele große Konzerne etablierte Verfahren haben, etwa einen Strategieprozess im Unternehmen und Menschen, die sich detailliert damit auskennen. Doch selbst wenn es unternehmenseigene Prozesse und Strategietools gibt, sind diese mitunter für das gerade vorliegende Strategie-Entwicklungs-Thema viel zu groß, zu unhandlich oder anderweitig ungeeignet. Entweder wird mit Kanonen auf Spatzen geschossen oder die Konzentration liegt mehr auf der Planung finanzieller Parameter als auf der eigentlichen Entwicklung von Strategien.

Gerade das Thema Strategie kann in vielen Fällen von den Vorteilen der Canvas-Methodik profitieren, daher habe ich den Strategy Explorer entwickelt. Mit ihm lassen sich die wesentlichen Schritte und Überlegungen zur Entwicklung einer Strategie auf einer einzigen Seite sichtbar machen. Auf intuitive, interaktive und schlanke Weise kann so ein in sich stimmiges strategisches Gesamtbild im Team erarbeitet werden. Der Strategy Explorer erleichtert den Zugang zum komplexen Thema Strategie, indem er einen Rahmen gibt, innerhalb dessen wichtige Fragen der Strategieentwicklung strukturiert bearbeitet werden.

Die Anwendungsfelder für Strategieentwicklung sind äußerst vielfältig und beschränken sich nicht auf die »große« Unternehmensstrategie. Strategie ist für alles und (fast) jeden relevant – solange etwas Bestimmtes erreicht werden soll und der Erfolg nicht gerade gleichgültig ist. Nicht nur größere Unternehmen, sondern auch Start-ups, Soloselbstständige und Einzelpersonen, die zum Beispiel ihre Karriere planen wollen, können daher den Strategy Explorer einsetzen.

Die Verwendung des Strategy Explorer garantiert natürlich nicht, dass am Ende eine gute oder gar geniale Strategie herauskommt, aber sie erhöht die Wahrscheinlichkeit dafür, dass man zu einem guten Ergebnis gelangt, indem man sich die wichtigen Fragen stellt und versucht, diese so gut wie möglich zu beantworten. Die Entwicklung einer Strategie ist eine kreative Aufgabe, für die es zwar viele geeignete Zutaten, jedoch kein Kochrezept gibt.

Der Strategy Explorer ist genau das Richtige für Sie, wenn Sie im Team eine Strategie entwickeln wollen, das Thema Strategie bislang eher abschreckend fanden, eine intuitive und übersichtliche Methode zur Strategieentwicklung suchen oder einfach nur frischen Wind in Ihre Strategiearbeit bringen wollen – agil und unkonventionell.

Ich freue mich, dass Sie dieses Buch gekauft haben, und wünsche Ihnen viel Erfolg und Spaß (ja, der gehört auch dazu!) bei der Entwicklung Ihrer Strategien mit dem Strategy Explorer! Fangen Sie einfach an – eine gute Strategie heute ist besser als eine perfekte, wenn es zu spät ist!

Stefan Pastuszka

Laden Sie den Strategy Explorer hier kostenlos herunter: www.strategy-explorer.xyz

Leuchtturmprojekt
Disruption
Terra incognita
Shitstorm
Datenkrake
Insel der Glückseligen
Wissens-Untiefen
Digitalisierungsnebel
Treasure Island
Kannibalisierung
Social-Media-Strudel
Fake-News-Inseln
Sicherer Hafen

1 Haben Sie einen Plan?

Die Welt dreht sich zwar heute auch nicht schneller als früher, aber die Geschwindigkeit und das Ausmaß von Veränderungen scheinen in den letzten Jahren deutlich zugenommen zu haben. Gesellschaft, Nutzerverhalten, globale Beziehungen und politische Rahmenbedingungen wandeln sich rasant. Im Business stellen innovative Technologien und Ansätze neuer, teils branchenfremder Player etablierte Geschäftsmodelle auf den Kopf und krempeln ganze Märkte um. Es gibt sogar ein Akronym für die neue Unvorhersehbarkeit: die VUCA-Welt – **v**olatil, **u**nsicher, komplex (**c**omplex) und mehrdeutig (**a**mbiguous).

Ist Strategieentwicklung und Planung unter diesen Vorzeichen überhaupt noch sinnvoll? Kurze Antwort: Auf jeden Fall, aber es kommt darauf an, was man unter Strategie und Planung versteht. »Einen Plan zu haben«, sprich zu wissen, wo man hinwill und welches die wesentlichen und erfolgversprechenden Schritte dorthin sind, ist nach wie vor essenziell. Strategie ist nur ein anderes Wort für diese Art von Plan.

Wenn sich die Welt so sehr verändert, dann sollte sich allerdings auch die Art und Weise, wie man zu einer Strategie gelangt, entsprechend verändern. Flexibilität, Anpassungsfähigkeit, Schnelligkeit und die Nutzung unterschiedlicher Perspektiven sind heute die wesentlichen Zutaten für einen erfolgreichen Ansatz.

Der Strategy Explorer ist ein modernes Werkzeug, um auf agile Weise ein strategisches Gesamtbild zu entwickeln und daraus relevante Schlussfolgerungen für den Weg nach vorn zu ziehen. Dabei ist er nicht nur für die Gesamtstrategie einer Firma nutzbar, sondern auch für einzelne Teilbereiche und Themen bestens geeignet.

Alles VUCA – oder was?

Noch vor nicht allzu langer Zeit waren die Begriffe »Strategie« und »strategische Planung« eng miteinander verknüpft. Vor allem große Unternehmen steckten viel Energie in eine möglichst genaue Planung der Zukunft, beispielsweise in eine Vorausschau auf die Entwicklung von Umsätzen und Gewinnen über viele Jahre. Allerdings ist diese auch von den Investoren geschätzte Planbarkeit eine Illusion mit Scheingenauigkeit. Vor dem Hintergrund zunehmender Unsicherheiten wird der Zeithorizont, innerhalb dessen sich Entwicklungen noch vernünftig abschätzen lassen, immer kürzer. Natürlich ist das von Branche zu Branche verschieden – so ist im Digitalbereich (z. B. Apps für Smartphones) die Veränderungsgeschwindigkeit viel größer als beispielsweise im Segment der Investitionsgüter. Doch auch Branchen, die lange Zeit als sehr gut planbar galten, (z. B. Rohöl mit weitestgehend bekannten Lagerstätten) wurden von neuen technologischen Entwicklungen wie der Förderung von Schiefergas oder politischen Interventionen wie Sanktionen durcheinandergewirbelt. Auch hier verschwand die Planbarkeit.

Dies ist kein Plädoyer gegen die Planung von Unternehmenskennzahlen. Allerdings darf die Werthaltigkeit detaillierter finanzieller Planungen über längere Zeiträume durchaus bezweifelt werden. Der Planungsprozess hilft aber, sich über die verschiedenen Parameter und mögliche Entwicklungen klar zu werden und sich deren Einflüsse bewusst zu machen. Planung ist wichtiger als der Plan! Man sollte sich dabei nur nicht zu sehr an den Zahlen festhalten. Rückwirkend gibt es immer gute Gründe, warum das eine oder andere zahlenmäßige Ziel nicht erreicht werden konnte.

Zweifellos ist die digitale Revolution ein wesentlicher Treiber der Veränderung, der viel zur Beschleunigung unseres Lebens im Allgemeinen beiträgt. Gerade vor diesem Hintergrund hat das Akronym der »VUCA-Welt« in den letzten Jahren an Bekanntheit gewonnen. Ungewöhnliche politische und wirtschaftliche Entwicklungen (Handelsbarrieren statt Globalisierung, Negativzinsen usw.) verleihen diesem Ausdruck weiter Schwung, da für unumstößlich gehaltene Regeln und Verhältnisse plötzlich auf den Kopf gestellt werden. Dabei stammt der Begriff VUCA bereits aus den 1990er-Jahren, und er sollte vor allem die Welt nach dem Ende des kalten Krieges beschreiben. Doch unabhängig davon, ob die Welt heute wirklich unvorhersehbarer geworden ist – schon Nobelpreisträger Niels Bohr wusste vor vielen Jahren: »Prognosen sind schwierig, besonders wenn sie die Zukunft betreffen« – oder ob dies nur subjektiv so scheint, sicher ist, dass sich die Entwicklungszyklen in vielen Branchen verkürzt haben, was schnelle, flexible Reaktionen auf veränderte Bedingungen erfordert.

Eine umfangreiche, akribische Langfristplanung beispielsweise von Umsätzen oder anderen finanziellen Kennzahlen ist unter diesen veränderten Bedingungen sicher nicht die richtige Antwort. Aber: Kein Plan ist auch keine Lösung! Betrachtet man den Plan als ein Bündel wegweisender Maßnahmen auf dem Weg zu einem bestimmten Ziel, so ist er auch in unsicheren Zeiten wertvoll und unabdingbar.

Eine mögliche Antwort auf die Herausforderungen der VUCA-Welt liegt bereits in einer alternativen Interpretation der Buchstaben des Akronyms: **V**ision, **U**nderstanding (Verstehen), **C**larity (Klarheit) und **A**gilität. Dabei sind die ersten drei Begriffe grundlegende Voraussetzungen für die Entwicklung einer Strategie, während die Agilität als Form des flexiblen Umgangs mit den sich verändernden Bedingungen hinzukommt (auch wenn der Begriff mittlerweile leicht überstrapaziert ist).

Was ist eigentlich Strategie?

Überraschenderweise gibt es eine Vielzahl von Ansichten dazu, was eine Strategie ausmacht und was nicht. Im Internet finden sich zahlreiche Definitionen dazu, und fast jede größere Beratungsgesellschaft hat ihre eigene. Unbestritten ist dagegen der Ursprung des Begriffs aus dem militärischen Umfeld: Im Griechischen bedeutet das Wort »strategos« so viel wie »Heerführer«. Versucht man, eine gemeinsame Basis zu identifizieren, so gilt in der Essenz die folgende, einfache Definition unabhängig vom Anwendungsgebiet:

Eine Strategie ist ein langfristiger Plan, um ein bestimmtes Ziel zu erreichen.

Bei genauem Hinsehen gibt es vier wichtige Worte in diesem Satz:

Ziel: Was soll erreicht werden? Wenn das Ziel nicht klar ist, lässt sich auch keine sinnvolle Strategie ableiten, wie es erreicht werden könnte. Es gibt allerdings immer wieder Stimmen, die dies in Frage stellen, etwa in der Art: »Brauchen wir überhaupt ein Ziel? Unsere Strategie ist es, so flexibel zu sein, dass wir auf alles schnell und in angemessener Weise – agil – reagieren können.« Tatsächlich stecken aber selbst in dieser Aussage bereits zwei mögliche Ziele: einerseits, als Organisation weiter zu existieren (»wir«), und andererseits, diese Organisation sehr anpassungsfähig aufzustellen. Ob dies inhaltlich sinnvoll und ausreichend ist oder nicht, steht auf einem anderen Blatt. Doch es bleibt dabei: Ohne Ziel keine Strategie.

Langfristig: Vor dem militärischen Hintergrund des Strategiebegriffs gibt es eine Unterscheidung zwischen Strategie und Taktik. Während die Strategie darauf ausgelegt ist, ein übergreifendes Ziel zu erreichen, zum Beispiel auf lange Sicht den Krieg zu gewinnen, zielt die Taktik darauf ab, ein kurzfristigeres Ziel zu realisieren, etwa in einem einzelnen Gefecht den Sieg davonzutragen. Die Strategie zeichnet sich also durch die Langfristigkeit des Ziels aus (wobei ein schnell gewonnener Krieg natürlich auch seine Vorteile hat). Was bedeutet aber »langfristig« im heutigen Business-Kontext? Das lässt sich leider nicht pauschal beantworten. Galt vor einigen Jahren noch ein Zeitraum von fünf bis zehn Jahren als strategisch, so bedeutet dieser Zeithorizont vor dem Hintergrund der oben angesprochenen Beschleunigung (Stichworte VUCA, digitale Revolution) für manche Branchen oder Organisationen (z. B. Start-ups) bereits eine halbe Ewigkeit. Es kommt also einerseits stark auf die Branche an, in der man sich befindet, andererseits aber auch auf das Ziel, das man verfolgt. Typischerweise sollte der strategische Horizont länger sein als Budget-, Kurz- und Mittelfristplanung (Letztere umfasst in der Regel bis zu drei Jahre). Im Mittel kann man bei einem Zeithorizont von vier oder mehr Jahren von einem strategischen Zeitraum sprechen. Man sollte an dieser Stelle bedenken, dass große Ziele im Allgemeinen auch große Maßnahmen und Veränderungen erfordern, die sich nicht von jetzt auf gleich umsetzen lassen, sondern Zeit brauchen. Und die vergeht bekanntlich schneller, als man denkt.

Plan: Ein Plan ist eine Beschreibung des erfolgversprechendsten Weges zum Ziel. Noch einmal: Der Plan steht nicht für akribische Detailplanung, sondern für ein Bündel richtungsweisender Schritte und Entscheidungen. Zur Verdeutlichung des Unterschieds mag das folgende Beispiel dienen: »Wir umfahren die Stadt und kommen so viel schneller ans Ziel als unsere Konkurrenten. Dazu müssen wir zwar über einen Fluss ohne Brücke, aber wir sorgen dafür, dass an der richtigen Stelle ein Boot auf uns wartet. Damit rechnen die anderen niemals!« Das wäre ein Plan in Form eines Bündels richtungsweisender Maßnahmen. Eine akribische Detailplanung wäre dagegen: »Wir fahren noch 2 km mit Tempo 110 geradeaus, biegen dann um 16:35 Uhr auf die Landstraße ab, nachdem wir angemessen bis auf 70 km/h gebremst haben, usw.« Darüber hinaus gibt es typischerweise nicht nur »den einen« Weg zum Ziel, sondern verschiedene Alternativen. Dementsprechend kommt es darauf an, denjenigen Weg auszuwählen und zu planen, der am aussichtsreichsten erscheint. Welcher Weg der »richtige« ist oder gewesen wäre, stellt sich allerdings leider erst in der Zukunft heraus.

Erreichen: Auch wenn es offensichtlich erscheint – allein durch Planung kommt man nicht ans Ziel. Der Begriff »erreichen« beinhaltet, dass man sich dazu aktiv auf den gewählten Weg begeben muss. Der beste Plan nützt nichts, wenn er nicht umgesetzt wird. Ein häufiger Kritikpunkt im Zusammenhang mit der Diskussion um Strategie und Strategieentwicklung ist, dass oftmals der Fokus auf der Strategie liegt (»Wir haben doch eine super Strategie ...«), während die Umsetzung, neudeutsch »Execution«, vernachlässigt wird (»... aber irgendwie kriegen wir die PS nicht auf die Straße«) und man deshalb scheitert. Beides ist wichtig und gehört zusammen: Umsetzung ohne Strategie ist Aktionismus (oder operative Hektik, siehe Holzhackerwettbewerb*), Strategie ohne Umsetzung bleibt Träumerei.

Mit einem erstrebenswerten, realistischen Ziel sowie einem erfolgversprechenden Plan dafür haben Sie bereits das Wesentliche beisammen. Denn eine weitere, etwas saloppere Definition von Strategie lautet:

Eine Strategie ist eine Geschichte, die Orientierung gibt.

Es ist nicht nur wichtig, zu wissen, was man tut, sondern auch, es bei Stakeholdern, wie Investoren, und vor allem in der Organisation bekannt zu machen und so den Mitarbeitern Orientierung und Motivation zu geben. Das ist ein wesentlicher Aspekt bei der Strategieumsetzung, der leider häufig etwas stiefmütterlich behandelt wird.

Ein weiterer wichtiger Gesichtspunkt des Begriffes »strategisch« ist auch, dass ein Weg eingeschlagen wird, der sich nicht so einfach wieder umkehren lässt, wenn es schwierig wird. »Ach, kein Problem, hat nicht geklappt, wir machen einfach was anderes« ist also keine Option. Eine Entschei-

* Die Analogie geht in etwa wie folgt: »Tut mir leid, ich habe keine Zeit, meine Axt zu schärfen – ich muss Holz hacken!«

dung ist dann strategisch, wenn es weh tut, weil es die falsche war. Oder weniger salopp: Eine strategische Entscheidung beinhaltet richtungsweisende Veränderungen und die oft substanzielle Verwendung von Ressourcen, sodass der eingeschlagene Pfad nicht so einfach verlassen werden kann. Dies ist auch eine gute Richtschnur zur Beurteilung, ob das, was man vorhat, wirklich strategischen Charakter hat.

Noch ein Zitat zum Thema Strategie vom großen Boxer Mike Tyson: »Everybody has a plan until he gets punched in the mouth«, also frei übersetzt: »Jeder hat einen Plan, bis er einen auf die Nase bekommt.« Man hört dieses Zitat immer wieder mal, aber lassen Sie sich davon nicht verunsichern. Es bedeutet keineswegs, dass es keinen Sinn hätte, überhaupt einen Plan zu entwickeln. Sehen Sie es eher als einen Hinweis darauf, dass man seinen Plan auch gelegentlich anpassen muss. Wenn es das übergreifende Ziel ist, den Fight zu gewinnen, muss man seine Vorgehensweise anpassen, wenn sie nicht aufgeht. Schlecht ist allerdings, wenn man sich von vornherein ein falsches oder unerreichbares Ziel gesetzt hat und sich somit auf einen aussichtslosen Kampf einlässt.

Die Kampfanalogie ist ein guter Übergang zum Thema Wettbewerbsstrategie. Ein Ziel zu verfolgen, welches niemand sonst hat, erscheint vergleichsweise einfach. Meist ist das aber leider nicht der Fall. In der Regel befindet man sich im Wettstreit mit anderen Marktteilnehmern, die mitunter ähnliche Ziele verfolgen wie man selbst. Zum Beispiel, wenn gleich mehrere Unternehmen die Marktführerschaft anstreben. Hier dreht sich die Strategie dann vermehrt darum, nachhaltige Wettbewerbsvorteile zu generieren sowie diese möglichst lange aufrechtzuerhalten und weiterzuentwickeln.

Strategieentwicklung heute – schnell und anpassungsfähig

Auch wenn viele Entwicklungen und Veränderungen heute dynamischer sind als früher, so sind die Fragen, die man sich zur Entwicklung einer Strategie stellen sollte, noch die gleichen. Angelehnt an die obige Definition von Strategie sind es auf der höchsten Ebene die folgenden drei, die es zu beantworten gilt:

Drei Fragen zur Strategieentwicklung

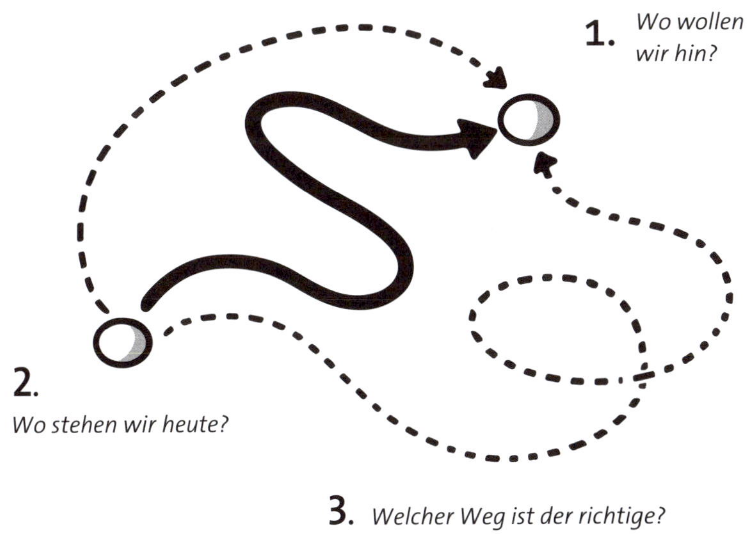

Hinter jeder dieser drei Fragen verbirgt sich natürlich eine Menge mehr in Sachen Methodik, Analyse, Erkenntnis, Kreativität, Schlussfolgerungen usw. Kapitel 2 konzentriert sich auf die Details dazu, aber die Gesamtlogik ist nicht kompliziert.

Ein wesentlicher Unterschied zur Strategieentwicklung in der Vergangenheit ist allerdings, dass man heute insgesamt schneller und flexibler werden muss, um den veränderten Umweltbedingungen Rechnung zu tragen. Das bezieht sich sowohl auf den Prozess der Erstellung einer Strategie als auch auf eventuell recht schnell notwendig werdende Anpassungen. Im Prinzip gilt auch hier das bekannte Zitat »It is not the strongest of the species that survives, nor the most intelligent, but the one most adaptable to change« von Leon Megginson (das oft Charles Darwin zugeschrieben wird). Leider hat man aber nicht so viel Zeit wie in der Evolution. Unter diesem Gesichtspunkt bieten sich zur Entwicklung oder Anpassung einer Strategie Verfahren an, die sich nicht etwa über viele Monate hinziehen, sondern möglichst schnell und wendig sind. Wenn sich wesentliche Grundvoraussetzungen für die Strategie ändern, sollten die Auswirkungen schnell erkannt und angemessen eingearbeitet werden können. Unkomplizierte Verfahren und einfache Prozesse sind daher vorzuziehen, um sich iterativ mit der Thematik auseinanderzusetzen. Dies gilt insbesondere für kleine Unternehmen und Teams, die sich kein extra Personal für das Thema Strategie leisten können, das sich dauerhaft damit beschäftigt.

Ein weiterer wichtiger Faktor ist das Einbringen unterschiedlicher Perspektiven in den Prozess der Strategieentwicklung. Je vielfältiger die Sichtweisen sind, die bei der Erarbeitung einer Strategie in Betracht gezogen werden, desto robuster wird das Ergebnis sein. Das gilt insbesondere, wenn auch Querdenker aus den eigenen Reihen und Teilnehmer von außen eingebunden werden, um zu inspirieren oder auch kritisch zu hinterfragen. Daher sollte Strategieentwicklung möglichst nicht von Einzelpersonen im stillen Kämmerlein betrieben werden, sondern idealerweise von divers zusammengesetzten Teams in gezielten Strategieworkshops. Dabei ist es sehr zu empfehlen, bei der Strategieentwicklung Menschen, die nahe am Business und den Kunden sind, mit Menschen zusammenzubringen, die nicht in der ersten Reihe stehen und dementsprechend mit etwas mehr Abstand auf die Situation schauen können. So wird einerseits der Eindruck eines Elfenbeinturms vermieden, der abgehobene und wenig praktikable Ideen produziert, andererseits aber auch eine zu starke Fokussierung auf operative Themen, die den Blick auf das große Ganze versperrt. Die Besetzung des Teams mit Teilnehmern aus unterschiedlichsten Funktionen und Bereichen verleiht dem ganzen Prozess darüber hinaus auch gleich eine gewisse Transparenz. Praktische Tipps, wie ein schlagkräftiges Team für eine Strategieentwicklung zusammengestellt werden sollte, finden sich in Kapitel 3.

Allerdings gibt es auch Ausnahmen in Bezug auf den Teamaspekt, zum Beispiel wenn Sie als Einzelperson Ihre Zukunftsstrategie erarbeiten wollen und einfach kein Team zur Verfügung haben oder keines involvieren möchten. Hier hilft es aber, zunächst die eigenen Gedanken zu ordnen, strukturiert festzuhalten und dann mit Dritten zu diskutieren, um weitere Perspektiven nachträglich einzubeziehen.

Der Strategy Explorer – Strategieentwicklung auf einer Seite

Der Strategy Explorer ist eine Methode zur Strategieentwicklung, die den veränderten Anforderungen auf besondere Weise Rechnung trägt. Er bietet einerseits die besten Voraussetzungen, sich dem Thema schnell und flexibel zu nähern, und sorgt andererseits durch den teambasierten Ansatz für die Berücksichtigung unterschiedlicher Perspektiven und Transparenz. Darüber hinaus bietet er den Vorteil der Übersichtlichkeit und hilft bei der Fokussierung aufs Wesentliche.

Überblick und Fokus

Sei es bei der Arbeit im Team oder bei der Einzelarbeit: Schwierig wird es immer dann, wenn es unübersichtlich wird. Gerade das Thema Strategie ist besonders anfällig dafür, da es eine Vielzahl von Methoden und Analysen gibt, die jeweils sehr detailliert sein können und ab einem gewissen Punkt nicht mehr in ihrer Gesamtheit erfassbar sind. Verstärkt wird der Effekt noch, wenn die verschiedenen Dokumente und Dateien zu den vorgenommenen Analysen an unterschiedlichen Orten liegen, von unterschiedlichen Menschen oder Bereichen erstellt wurden und inhaltlich nicht oder nicht optimal synchronisiert sind. Eine typische Situation wäre die folgende: »Ach ja, eine SWOT-Analyse haben wir mal gemacht, aber das ist schon eine Weile her. Ich müsste mal danach suchen. Und der Bereich X hat auch schon einmal eine Umfeldanalyse durchgeführt, allerdings haben die sich nur auf den Markt für ihr Produkt konzentriert. Wenn ich mich recht entsinne, gab es auch mal einen Szenario-Workshop, aber ich bin nicht sicher, ob daraus irgendwelche Schlussfolgerungen gezogen wurden.« Vielleicht kommt Ihnen das bekannt vor. Details sind wichtig, gar keine Frage – insbesondere, wenn sie signifikante Auswirkungen haben. Bei der Erarbeitung einer Strategie ist es aber ausschlaggebend, den Überblick und die richtige »Flughöhe« zu halten, um das Gesamtbild nicht aus den Augen zu verlieren: Welche Aspekte sind wirklich wichtig, was ist tatsächlich relevant für das Erreichen des übergreifenden Ziels?

Der Strategy Explorer führt dazu die wesentlichen Methoden und Fragestellungen, die für die Entwicklung einer Strategie ausschlaggebend sind, übersichtlich auf einer einzigen Seite zusammen. Das Modell wird idealerweise großflächig als Poster ausgedruckt, an die Wand gehängt und dann im Team mit Haftnotizen und Markern interaktiv bearbeitet. Auch das Ausdrucken in kleinerem Format und Bearbeiten mit dem Bleistift am Schreibtisch in Einzelarbeit ist sinnvoll, zum Beispiel als Grundlage für ein strukturiertes strategisches Brainstorming.

Das Ziel ist das Generieren eines in sich stimmigen Gesamtbildes, welches alle relevanten Aspekte enthält. Dazu werden aus unterschiedlichen Blickwinkeln die wichtigsten Punkte zusammengetragen und zu einer in sich konsistenten Logik miteinander verknüpft. Der Platz im Strategy Explorer ist limitiert, daher ist die Konzentration auf das Wesentliche essenziell.

Moderne Arbeitsweise

Die in den Strategy Explorer eingetragenen Beobachtungen und Schlussfolgerungen speisen sich aus dem Wissen und begründeten Vermutungen (sog. »Educated Guesses«) der bearbeitenden Gruppe. Da alles zu jedem Zeitpunkt sichtbar ist, lässt sich trefflich vor dem Poster diskutieren und das große Bild gemeinsam entwickeln. Gerät die Arbeit ins Stocken, zum Beispiel weil weitere Informationen beschafft, Dinge geklärt oder neue Perspektiven eingeholt werden müssen, kann der Prozess einfach unterbrochen und später fortgesetzt werden. So nähert man sich iterativ dem Endergebnis.

Der Prozess der Strategieentwicklung wird zwar gern linear dargestellt, ist aber der Erfahrung nach alles andere als das. Tatsächlich wird selten von einem Startpunkt geradlinig und ohne Umkehr bis zur fertigen Strategie durchgearbeitet, sondern es gibt immer wieder Punkte, an denen man einen Schritt zurückgeht (weil man etwas Neues über einen bestimmten Sachverhalt gelernt hat, sich Voraussetzungen ändern usw.) oder sogar die Ziele selbst sich verändern. Der Strategy Explorer unterstützt genau dieses nichtlineare Vorgehen durch die Konzentration auf ein konsistentes Gesamtbild und die gleichzeitige Sicht- und Veränderbarkeit aller Informationen darin. Es gibt natürlich auch für den Strategy Explorer eine empfohlene Bearbeitungsrichtung, aber neue Ideen können jederzeit direkt an der richtigen Stelle hinzugefügt und später diskutiert werden.

Die Arbeit mit canvasbasierten Modellen, zu denen auch der Strategy Explorer gehört, macht Spaß, stärkt den Teamgeist, bringt eine im Team diskutierte und akzeptierte Lösung hervor und ist bereits vielfach erprobt. Beispielsweise ist der Business Model Canvas von Alexander Osterwalder und Yves Pigneur mittlerweile zu einem Standardwerkzeug zur Visualisierung und (Weiter-)Entwicklung von Geschäftsmodellen geworden und wird in Unternehmen vom Start-up bis zum Konzern erfolgreich eingesetzt.

Somit kombiniert der Strategy Explorer das oftmals als trocken und abstrakt empfundene Thema Strategie mit einer modernen Arbeitsweise und haucht ihm damit neues Leben ein.

Vorteile des Strategy Explorer	
Kompakt	Komplette Strategieentwicklung auf einer einzigen Seite.
Vielseitig	Entwicklung von Strategien für unterschiedliche Themen und Betrachtungsgegenstände (Organisationen, Personen, Produkte, Prozesse).
Übersichtlich	Generierung eines in sich stimmigen Gesamtbildes von Situation, Entwicklung und Schlussfolgerungen.
Fokussiert	Konzentration auf das Wesentliche.
Interaktiv	Moderne und intuitive Arbeitsweise für Kreativität und Austausch.
Strukturiert	Ideal für Teamarbeit oder strukturiertes Brainstorming in Einzelarbeit.

Großer Anwendungsbereich

Der Strategy Explorer ist ein sehr flexibles Werkzeug, das für viele Anwendungsfälle der Strategieentwicklung eingesetzt werden kann. Er ist bestens geeignet, wann immer eine der folgenden Bedingungen zutrifft:

1. Sie verfolgen Ziele, die **mit den Zielen anderer im Konflikt** liegen oder diesen schaden (z. B. Marktführer zu werden, mehr Kunden zu gewinnen, die Umwelt zu schützen ...).
2. Es gibt für Ihren Betrachtungsgegenstand (z. B. Unternehmen) und das damit verbundene Angebot **Kunden** und / oder **Alternativen**. Tatsächlich haben Kunden fast immer Alternativen, und wenn diese lediglich darin bestehen, gar nichts zu machen oder zu verändern, also Ihr Angebot einfach zu ignorieren.
3. Das Erreichen Ihrer Ziele, also der Erfolg Ihrer Strategie, wird durch **externe Faktoren** beeinflusst, die Sie nicht in der Hand haben beziehungsweise kontrollieren (Umfeld).

Eines davon wird meistens der Fall sein, insbesondere wenn es »ums Geschäft« geht. Der Anwendungsschwerpunkt des Strategy Explorer liegt im Bereich der Wettbewerbsstrategien, das heißt, wenn es Alternativen und / oder andere Player gibt, die widersprechende Ziele haben. Aber selbst eine sogenannte Blue-Ocean-Strategie, bei der Sie einen völlig neuen Markt schaffen, in dem es noch keinen Wettbewerb gibt, kann bearbeitet werden, denn auch dort gibt es Kunden, die immer die Alternative haben, alles so zu machen wie bisher oder anders, als Sie es vielleicht gern hätten.

Es gibt allerdings auch Kontexte, für die der Strategy Explorer weniger gut geeignet ist. Dies betrifft vor allem Themen, die keinen (wesentlichen) äußeren Einflüssen unterliegen und bei denen ein Vergleich mit anderen nur bedingt sinnvoll ist.* Darüber hinaus enthält der Strategy Explorer keine integrierte Methodik zur Portfolioanalyse, daher ist sein Einsatzgebiet weniger die Entwicklung von Strategien für Konglomerate.

Seine volle Wirksamkeit entfaltet der Strategy Explorer, sobald ein konkreter inhaltlicher Fokus vorhanden ist (z. B. ein bestimmter Geschäftsbereich, Thema, Produkt, Organisationseinheit o. Ä.) und die Offenheit für einen innovativen Ansatz in der Strategieentwicklung gegeben ist. Ideal geeignet ist der Strategy Explorer für:

- Kleine und mittlere Unternehmen (alle Branchen)
- Gründer und Start-ups
- Einzelpersonen wie Einzelunternehmer, Freiberufler und Veränderungswillige
- Vereine, Non-Profit-Organisationen, Verbände usw.
- Abteilungen und Fachbereiche größerer Unternehmen
- Operative Einheiten (Geschäftsbereiche, Business Units) von Konzernen

---

* Wenn Sie beispielsweise abnehmen wollen, so gibt es dafür Mittel und Wege (auch Strategien genannt), aber der Erfolg liegt allein in Ihrer Hand, genauso wie die damit verknüpften Parameter wie zum Beispiel die Geschwindigkeit oder die Herangehensweise. Anders sähe es aus, wenn Sie mit dem Abnehmen im Wettstreit lägen – etwa weil Sie bei »The Biggest Loser« teilnehmen oder schneller als Ihre Freunde sein wollen. Dann verschiebt sich allerdings auch das Ziel automatisch von »abnehmen« auf »Wettbewerb gewinnen« und das Abnehmen ist nur noch ein Mittel zum Zweck.

Auch Start-ups brauchen eine Strategie*

Gerade Start-ups beginnen oft mit einer ganz konkreten Vision, etwa einen bestimmten Missstand zu beheben oder ein spezifisches Kundenbedürfnis zu befriedigen. Auch wenn die Vision anfangs noch nicht ausformuliert ist, handelt es sich dabei um die wichtigste Zutat in Sachen Strategie. Gute Start-ups wissen meist, wo sie hinwollen, aber noch nicht so genau, wie sie dorthin gelangen: Gerade am Anfang passiert viel über »Learning by Doing«. Solange man sich noch in der Findungs- und Validierungsphase befindet, wird es immer wieder kleinere und größere Korrekturen am Geschäftsmodell geben, und das große Ziel kann sich ebenfalls noch verändern. Da dies alles strategierelevante Aspekte sind, sprechen Start-ups vermutlich häufiger über Strategie als Unternehmen im eingeschwungenen Zustand, ohne dies in einer formalen Struktur zu tun. In der Anfangsphase ist es tatsächlich noch ein wenig früh für eine ausgearbeitete und festgelegte Strategie. Sobald sich allerdings die Richtung schärft und spätestens dann, wenn Dritte ins Spiel kommen (wie Investoren, neue Mitarbeiter usw.), wird es Zeit für eine ausformulierte Strategie: Was wollen wir wie erreichen? Da Start-ups in der Regel eine ausgeprägte Teamkultur haben und im Gründerteam bereits verschiedene Perspektiven zusammenkommen, ist der Strategy Explorer gerade für Start-ups eine praktische Alternative zu herkömmlichen Methoden der Strategieentwicklung.

* Es gibt hierzu durchaus unterschiedliche Auffassungen – Dreh- und Angelpunkt der Diskussion ist allerdings die Frage, was als Strategie zu bezeichnen ist. Reines »Herumprobieren« ohne bestimmtes Ziel wird im Allgemeinen aber als genauso wenig hilfreich betrachtet wie ein zu starrer Businessplan.

Einfach anfangen!

Das Schöne am Strategy Explorer: Man braucht kein Experte für Strategieentwicklung mit jahrelanger Erfahrung zu sein, sondern kann einfach loslegen. Man kann nichts kaputt machen und lernt iterativ dazu. (Achtung: Dies soll kein Aufruf sein, halbgare Strategien zu entwickeln und ohne weitere Überprüfung in die Tat umzusetzen!) Es ist allerdings zu empfehlen, dass sich zumindest ein Mitglied der bearbeitenden Gruppe in die Methode einliest und so den Prozess moderieren kann. Wenn Sie unsicher sind, probieren Sie es für sich selbst einfach an einem bekannten Thema aus. Ein Ausdruck des Modells im DIN-A4-Format und ein Bleistift reichen dazu aus.

Auch ich habe das Modell angewandt, um nach zwei Jahren Selbstständigkeit meine eigene Strategie zu hinterfragen. Das hat mir geholfen, die wichtigen Punkte herauszuarbeiten und zu priorisieren sowie auch neue Ansatzpunkte zu entwickeln, und es hat zu durchaus überraschenden Erkenntnissen geführt. Interessiert? Sie finden mein persönliches Modell als Beispiel in Kapitel 4.

Also: Machen Sie sich in Kapitel 2 schlau, wie der Strategy Explorer funktioniert, lernen Sie in Kapitel 3, wie Sie idealerweise mit einem Team vorgehen, und dann fangen Sie einfach an! Falls Sie noch Inspiration brauchen, blättern Sie durch die Beispiele in Kapitel 4 oder nutzen Sie die Kreativmethoden in Kapitel 3, wenn's mal klemmt.

Wenn Sie die Methode verstanden haben, aber trotzdem gern einen erfahrenen Moderator bei Ihrem Prozess dabeihaben möchten, kontaktieren Sie mich gern – mit einer professionellen Moderation können Sie sich voll auf die inhaltliche Arbeit konzentrieren. Wenn Sie es allein probieren, können Sie sich natürlich trotzdem an mich wenden und mir über Ihre Erfahrungen berichten. Ich freue mich immer über Feedback und konstruktive Kritik!

Viel Spaß, und jetzt los!

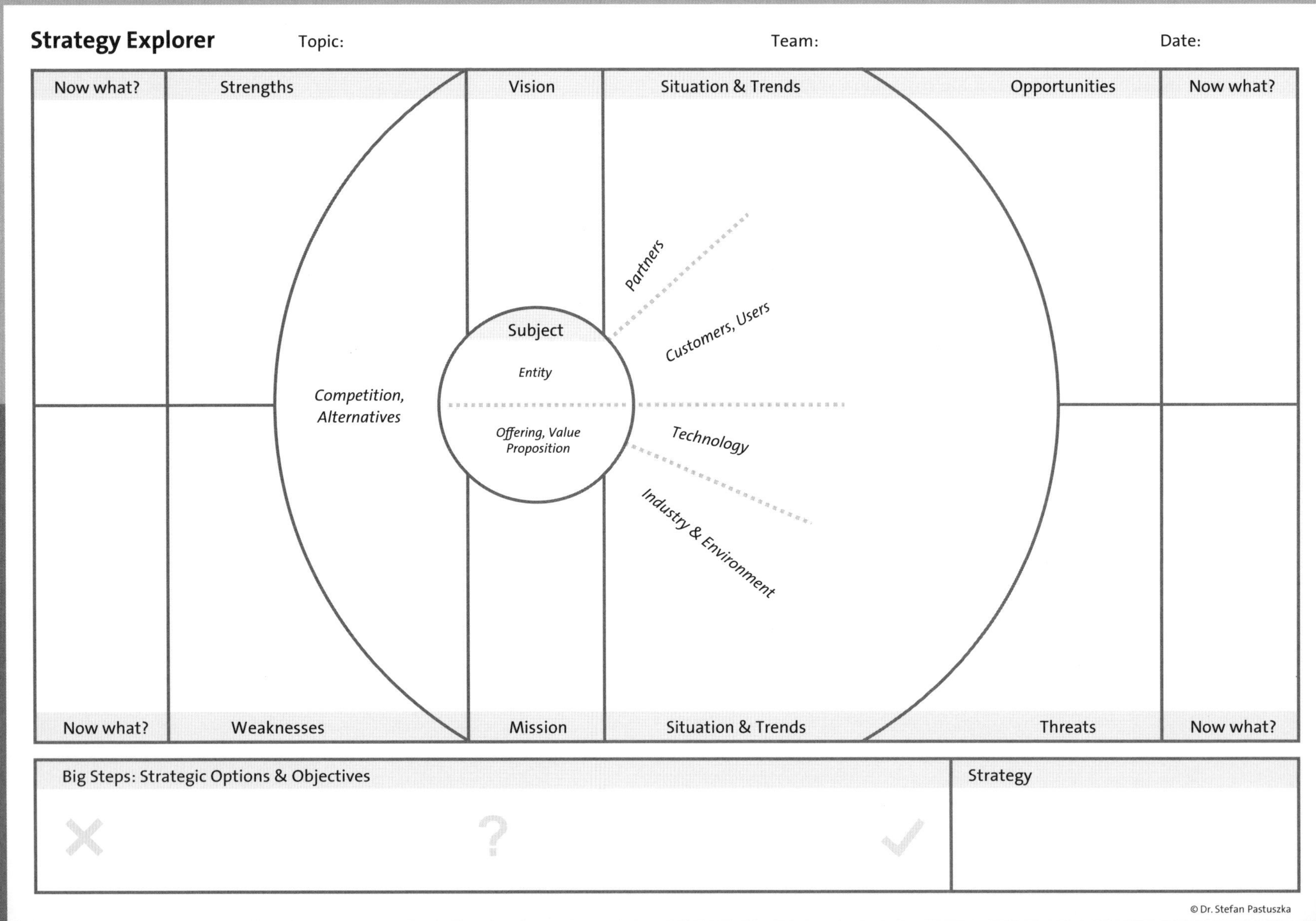
Strategy Explorer
Topic:
Team:
Date:
Now what?
Strengths
Vision
Situation & Trends
Opportunities
Now what?
Partners
Customers, Users
Subject
Entity
Competition, Alternatives
Offering, Value Proposition
Technology
Industry & Environment
Now what?
Weaknesses
Mission
Situation & Trends
Threats
Now what?
Big Steps: Strategic Options & Objectives
Strategy
© Dr. Stefan Pastuszka

2 Der Strategy Explorer – so funktioniert's!

Der Strategy Explorer ist eine canvasbasierte Methode, mit der Sie bestehende Strategien überprüfen und neue Strategien entwickeln können. In Form einer logischen Struktur führt er verschiedene Schlüsselelemente und -methoden der Strategieentwicklung auf einer einzigen Seite zusammen und erleichtert über eine klare Bearbeitungsrichtung den Umgang damit.

Die Arbeit mit dem Strategy Explorer allein garantiert zwar per se noch keine optimale Strategie, aber sie erhöht die Wahrscheinlichkeit, dass eine solche zustande kommt, indem man sich die richtigen Fragen stellt und versucht, diese so gut wie möglich zu beantworten. Schließlich wusste schon Sokrates: »Rechtes Handeln folgt dem rechten Denken.« Darüber hinaus führt die moderne, iterative und teamorientierte Arbeitsweise zu neuen Perspektiven und sorgt für Geschwindigkeit. Diskussionen im divers zusammengestellten Team zeigen schnell auf, wo es klemmt oder wo noch keine ausreichende Klarheit herrscht.

Bevor Sie loslegen, sollten Sie sich in diesem Kapitel einen Überblick über die dem Modell zugrunde liegenden Prinzipien und Denkweisen verschaffen. So verstehen Sie selbst die Logik und können anderen die Arbeit mit dem Strategy Explorer erklären (z. B. im Workshop) sowie kompetent auf Fragen eingehen. Für den leichteren Umgang gibt es zu jedem Arbeitsschritt spezifische Leitfragen, aber ein grundlegendes Verständnis der Methoden schadet nicht. Wenn Sie bereits mit Strategiewerkzeugen und -prozessen vertraut sind, können Sie das Kapitel einfach überfliegen – vielleicht liefert es Ihnen aber auch noch die ein oder andere Inspiration.

Der Kern

Worum geht es bei der Strategieentwicklung?

Titel / Thema

Kurze, treffende Überschrift für das Thema der Strategieentwicklung

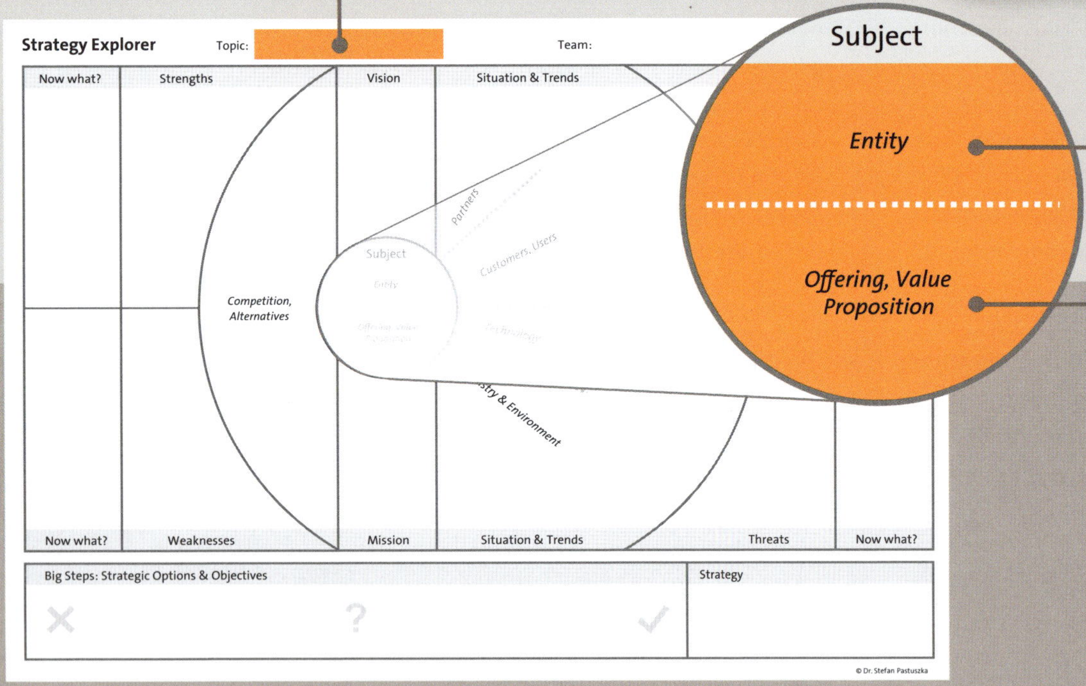

Einheit

Für wen oder was soll eine Strategie entwickelt werden (Unternehmen, Abteilung, Produkt, Person ...)?

+

Angebot / Wertversprechen

Was wird den Kunden oder Nutzern geboten? Die Angabe ist wichtig für die Bestimmung von Wettbewerbern und Alternativen.

=

Betrachtungsgegenstand

Der Kern: Was wird analysiert?

Worum geht es eigentlich, wofür und wozu soll eine Strategie entwickelt werden? Dies ist die erste und richtungsweisende Frage bei der Strategieentwicklung, deren Aufgabe es ist, einen erfolgversprechenden Weg von der heutigen Situation zu einem gewünschten Zielzustand in der Zukunft zu identifizieren. Sicher haben Sie eine konkrete Vorstellung, was mit der zu erarbeitenden Strategie erreicht werden soll (Ziel), oder einen bestimmten Grund, aus dem Sie sich mit der Strategieentwicklung auseinandersetzen (z. B. einen bestimmten Missstand). Dies gilt es zunächst in eine Überschrift zu übersetzen, die das Thema der Strategieentwicklung umreißt. Danach beginnt dann die eigentliche Strategiearbeit, wobei der Strategy Explorer von innen nach außen befüllt wird.

Was ist Ihr Thema? Finden Sie eine Überschrift!

Oft brauchen Sie bereits eine Überschrift, um die Teilnehmer für den Strategieworkshop einzuladen. Es ist also eine Vorüberlegung, die nicht allzu schwerfallen sollte. Im Wesentlichen gibt es zwei Möglichkeiten:

Erstens: Sie haben bereits ein **konkretes Ziel oder Ergebnis** für die Strategieentwicklung vor Augen, auch wenn es bislang nur grob definiert ist. An dieser Stelle greifen wir dem Thema Vision etwas vor, aber wenn Sie bereits eine Grundidee haben, wohin die Reise gehen soll, dann können Sie darauf basierend eine griffige Überschrift für Ihre Strategieentwicklung wählen. Beispiele: »Marktführerschaft für Unternehmen X«, »Attraktivster Arbeitgeber im XY-Segment«, »Portfolioerweiterung«, »Markteinführung von Y (Produkt)«, »Karrierestrategie für Z (Person)«, »Zukunftsstrategie für Organisation X« ...

Zweitens: Es gibt einen **bestimmten Grund** für die Strategieentwicklung. Wenn Sie noch nicht so genau wissen, was das eigentliche Ziel der Strategieentwicklung ist, kein Problem: Dieses kristallisiert sich spätestens bei der Betrachtung der Vision in Kapitel 2 heraus. Andererseits werden Sie aber sicher ein recht klares Verständnis dafür haben, weshalb Sie sich mit der Strategieentwicklung beschäftigen. Vielleicht, weil sich etwas ändern muss, irgendetwas nicht mehr so gut läuft wie bisher, Zukunftssorgen auftauchen, Unzufriedenheit herrscht usw. Versuchen Sie, dies in eine Überschrift umzuwandeln: »Mehr Zufriedenheit im Job (z. B. für Sie selbst)«, »Zukunftssicherung für X (Unternehmen)«, »Mitgliederschwund stoppen (oder positiv: Mitglieder halten und gewinnen) (Verein)« ...

Eine griffige Überschrift ist ein kraftvolles Instrument, um jedem in der bearbeitenden Gruppe – oder vielleicht auch nur sich selbst – klarzumachen, worum es geht. Und dies kann in der Tat auch schon zu den ersten Diskussionen führen. Sie werden schnell merken, ob hier alle das gleiche Verständnis haben. Also schreiben Sie die Überschrift auf Haftnotizen, kleben Sie diese auf die vorgesehene Stelle im Strategy Explorer und modifizieren Sie sie so lange, bis es passt. Eventuell kann sich die Überschrift auch später noch ändern, wenn Sie Vision und Mission genauer bearbeitet haben. Im schlimmsten Fall stellt sich bei der weiteren Arbeit mit dem Strategy Explorer heraus, dass Sie den Fokus falsch gesetzt haben und tatsächlich viel eher eine andere Thematik verfolgen sollten. Auch das ist eine wertvolle Erkenntnis und Anlass, das Thema und die Überschrift zu adaptieren oder neu zu formulieren.

Definieren Sie den Betrachtungsgegenstand (Subject)

Nach aller Vorrede zur Überschrift: Der erste echte und wirklich grundlegende Arbeitsschritt mit dem Strategy Explorer ist die Festlegung des Betrachtungsgegenstandes im inneren Kreis mit der Überschrift »Subject«. Seine saubere Definition ist wichtig für das eigene Verständnis des Geltungsbereichs der Strategie (= Wofür entwickeln wir eine Strategie?) und für die Abgrenzung (= Und wofür nicht?). Oft genug gleiten in Workshops die Diskussionen ab, und man fragt sich plötzlich: »Entwickeln wir hier eigentlich die Strategie für die ganze Firma oder nur für unseren Geschäftsbereich?« Darüber hinaus bestimmt die Definition des Betrachtungsgegenstandes, wer die Wettbewerber sind. Daher ist die Festlegung ausschlaggebend für die ganze weitere Strategieentwicklung.

Die Definition des Betrachtungsgegenstandes im Feld »Subject« besteht aus zwei Teilen, die im Folgenden erläutert werden.

Teil 1: Die Einheit (Entity)

Für wen oder was soll eine Strategie entwickelt werden? Dies ist die Frage nach der Einheit, für die es vielfältige Möglichkeiten gibt. Ist es Ihr gesamtes Unternehmen, eine Abteilung, ein Produkt oder etwas ganz anderes? Die Frage mutet so grundlegend an, dass man sie kaum zu stellen wagt. Dennoch ist die Antwort für den ganzen folgenden Prozess entscheidend und sollte daher immer präsent sein. Dies ist jedoch in der Praxis oftmals nicht der Fall: In vielen Unternehmen finden sich teils verstreute strategische Analysen, wie zum Beispiel die SWOT-Analyse, ohne dass in deren Überschrift der Betrachtungsgegenstand sauber definiert ist. Bei der Durchführung der entsprechenden Analyse wird er sicher bekannt gewesen sein, aber er wurde einfach nicht präzise festgehalten, vielleicht weil er allen Beteiligten in dem Moment sowieso klar war. Damit ist die betreffende Analyse für alle anderen relativ wenig wert – es sei denn, auf den Betrachtungsgegenstand lässt sich glasklar aus dem Inhalt der Analyse schließen, was aber nicht garantiert ist. Also einfach präzise festlegen!

Die Einheit, die im Zentrum Ihrer Strategieentwicklung steht, kann zu den folgenden Kategorien gehören:

- Organisation (z. B. Unternehmen, Verein, Non-Profit-Organisation)
- Organisationseinheit (z. B. Geschäftsbereich, Abteilung)
- Person (z. B. Angestellter, Freelancer, Vereinsvorstand)
- Produkt / Dienstleistung
- Prozess / Verfahren

Genau zu wissen, für wen oder was Sie eine Strategie entwickeln wollen, ist eine Grundvoraussetzung. Eine wirklich hilfreiche und arbeitsfähige Definition des Betrachtungsgegenstandes ergibt sich aber erst durch eine weitere Spezifikation:

Teil 2: Das Angebot (Offering / Value Proposition)

Zur vollständigen Definition des Betrachtungsgegenstandes (Subject) gehört eine kurze Beschreibung des Angebots oder Wertversprechens. Ohne diese Angabe funktioniert später der Vergleich mit dem Wettbewerb oder möglichen Alternativen nicht, da diese sich erst durch die Festlegung klar ergeben.

Stellen Sie sich beispielsweise vor, der Geschäftsbereich (= Einheit), für den Sie eine Strategie entwickeln wollen, produziert und verkauft Bohrmaschinen. Dann ist das Angebot im einfachsten Fall: »Bohrmaschinen« (= ein Produkt). Folglich befindet sich Ihr Geschäftsbereich im Wettbewerb mit allen anderen Unternehmen, die Bohrmaschinen produzieren oder verkaufen. Diese Festlegung bestimmt dann den weiteren Verlauf und auch das Ergebnis der Strategieentwicklung. Denken Sie stattdessen etwas breiter und beschreiben das Angebot als »Lösungen, um Löcher in Wände zu bekommen« (= ein Wertversprechen als Antwort auf ein Kundenproblem), sieht die Sachlage schon ganz anders aus: Wer ein Loch in die Wand bekommen möchte, muss nicht notwendigerweise eine Bohrmaschine kaufen. Er kann auch einen Handwerker beauftragen, einen Freund fragen, sich eine Bohrmaschine leihen usw. Das bedeutet, das Feld der Wettbewerber und Alternativen erweitert sich – mit entsprechenden Auswirkungen auf die Strategie. Wie breit Sie tatsächlich denken wollen (oder dürfen), hängt stark von der Mission und Ihrer Vision ab, die im nächsten Schritt (Kapitel 2) betrachtet werden. Eventuell kann es sich lohnen, nach deren Festlegung noch einmal einen Blick auf den Betrachtungsgegenstand zu werfen und vielleicht Anpassungen vorzunehmen, wenn es neue Erkenntnisse gibt.

Das Denken in anfassbaren Produkten fällt oft leichter als das in mitunter als abstrakt empfundenen Wertversprechen (engl. »Value Proposition«). Viele Menschen tun sich erfahrungsgemäß schwer damit, ein klares Wertversprechen herauszuarbeiten. Eine genauere Erläuterung, was ein Wertversprechen ausmacht und worauf man bei seiner Formulierung achten sollte, findet sich daher in der Infobox auf Seite 27.

Mit der Ergänzung der Einheit um das Angebot ist der Betrachtungsgegenstand für eine sinnvolle Strategieentwicklung ausreichend definiert. Sonstige Eigenschaften wie zum Beispiel Finanzstärke, Größe, Internationalität einer Organisation oder Ähnliches müssen hier nicht festgehalten werden, sondern kommen später indirekt bei der Stärken- und Schwächenanalyse ins Spiel.

Bei der Definition gilt es, die Formulierung einerseits kurz und knackig zu halten, andererseits aber so präzise wie möglich zu sein. Idealerweise lässt sie sich auf zwei Klebezetteln festhalten. Versuchen Sie dabei aber so klar zu sein, dass auch ein Außenstehender verstehen könnte, was gemeint ist. Beispiele für Betrachtungsgegenstände finden sich in der Tabelle auf der nächsten Seite.

Das Konzept der Aufteilung des Betrachtungsgegenstandes in die Einheit und das Angebot lässt sich leicht am Beispiel des freiberuflichen Beraters Harald Weiß (siehe Tabelle) nachvollziehen. Hier wird auch schnell klar, wie die Definition die weitere Strategieentwicklung beeinflusst. Harald Weiß tritt in verschiedenen Rollen auf, unter anderem als

Typ	Betrachtungsgegenstand (Subject)		Thema
	Einheit	Angebot	
Organisation	Tourismusverband Talberg	Aktivurlaub in den Bergen	Attraktivität der Region steigern
	Supersearch Corp.	Suchdienstleistungen	Portfolioerweiterung
Organisationseinheit	Screw-It GmbH, Geschäftsbereich Elektrowerkzeuge	Akkuschrauber für Heimwerker	Wachstum
	Reich AG, Abteilung Konzerncontrolling	Business-Controlling, M&A Support	Effizienzsteigerung
	Sportvereinigung Siegen, Abteilung Tennis	Betrieb von Tennisplätzen, Vereinsmitgliedschaft, Jugendarbeit	Mitgliedergewinnung
Person	Harald Weiß, freiberuflicher Berater	Start-up-Beratung, (Lehrauftrag, Buchautor)	Geschäftsentwicklung
	Daniela Fuchs, Innovationsmanagerin	Innovationsmanagement	Neuorientierung
Produkt	Pop-it	Elektrischer Korkenzieher	Markteinführung
	Öko-Meat	Synthetisches Fleisch	Markteinführung
Prozess	Strategy Explorer	Teambasierte Strategieentwicklung	Markteinführung

Berater für Start-ups. Möchte er eine Strategie für diese Rolle entwickeln, trägt er in das Feld »Subject« unter »Angebot« entsprechend »Start-up-Beratung« ein. Damit wird sowohl klar, wer die Kunden (= Start-ups), als auch, wer die Wettbewerber sind (= alle, die ebenfalls Start-ups beraten). Die Tatsache, dass Harald Weiß auch einen Lehrauftrag an der Uni hat und zudem Buchautor zum Thema ist, könnte sich eventuell in Form von Stärken auf seine Strategie auswirken. Deshalb braucht er sie nicht ins Subject aufzunehmen, sondern kann später darauf zurückkommen. Würde er stattdessen eine Strategie für seine Rolle als Buchautor entwickeln, gehörte die Autorentätigkeit in den Mittelpunkt, das heißt ins Subject. Die anderen Aspekte, wie zum Beispiel Erfahrung aus seiner Beratungspraxis, könnten dann im Rahmen der Stärkenbetrachtung zum Tragen kommen.

Value Proposition: Wert für Kunden schaffen

Die Value Proposition, zu Deutsch Wertversprechen, beschreibt, welcher Wert für eine bestimmte Zielgruppe, üblicherweise Kunden, generiert wird – funktional, emotional, finanziell oder anderweitig. Sie beantwortet in Bezug auf Ihr Angebot die Frage »Was habe ich davon?«, wobei üblicherweise entweder ein Problem gelöst oder ein Bedürfnis befriedigt wird. In der Essenz wird beschrieben, wie Sie das Leben Ihrer Zielgruppe verbessern und wie beispielsweise Kunden sich durch die Nutzung Ihres Produkts fühlen.

Ohne Value Proposition kein Business. Sie ist das zentrale Element eines jeden Geschäftsmodells und damit auch ein überaus wichtiger Aspekt bei der Strategieentwicklung. Ganz gleich, worum es im Detail geht, es muss ein Mehrwert geschaffen werden, der von Kunden oder anderen wichtigen Stakeholdern (Partner, Gesellschafter, Belegschaft usw.) wahrgenommen und honoriert wird, sonst werden Ihre Bestrebungen nicht erfolgreich sein.

Bei der Arbeit mit dem Strategy Explorer kommt das Wertversprechen besonders bei der Bestimmung des Betrachtungsgegenstandes (= Einheit + Angebot / Wertversprechen) zum Tragen. Es ist nicht nur relevant für Kunden und Nutzer, sondern es legt auch fest, mit wem oder was man sich im Wettbewerb befindet. Daher ist es richtungsweisend für die gesamte Strategiearbeit. Während das reine Angebot meist aus dem Stand klar benannt werden kann, wird es bei einer Value Proposition oft schon schwieriger. Ihre klare und treffende Formulierung erfordert ein tiefes Verständnis der wirklichen – und nicht nur der vermuteten – Probleme und Bedürfnisse der relevanten Zielgruppe.

Zur Inspiration zeigt die folgende Tabelle typische Formen des Mehrwerts, auf denen eine Value Proposition basieren kann, mitsamt Beispielen dafür.

Mögliche Elemente einer Value Proposition

Mehrwert	Beispiele
Neuigkeit	Das neue iPhone, der erste Touristenflug ins All
Design	Autos, Mode, Möbel, Gadgets (Smartphone)
Risikominimierung	Versicherungen, Compliance-Prozesse, ein Plan B, finanzstarker Partner
Leistungsfähigkeit	Der schnellste Chip, große Kapazität, lange Lebensdauer
Status / Markenimage	Apple, Tesla, Nike, Rolex, Alnatura (Identifikation, Botschaft)
Verfügbarkeit	Sofortige Lieferung, alles auf Lager
Kostensenkung	Effizientere Prozesse, günstigere Materialien
Preis	Günstigstes Angebot, teuerster Sportwagen
Bequemlichkeit	Lieferung zur Haustür, Parkservice, Alexa
Produktivitätssteigerung	Zeitersparnis, Automatisierung, digitale Assistenten
Spezifische Anpassung	Fertigung nach Kundenwunsch, Konfigurator

Eine gute Value Proposition ist leicht verständlich, kurz und präzise in der Sprache der relevanten Zielgruppe und aus ihrer Perspektive formuliert. Wenn es darum geht, etwas zu verkaufen, sollte das Wertversprechen darüber hinaus vom Wettbewerb differenzieren und ausdrücken, warum der Kunde gerade bei Ihnen kaufen sollte. Falls es also ein Alleinstellungsmerkmal gibt, sollte dieses in der Value Proposition enthalten sein.

Beispiele für konkrete Wertversprechen mitsamt Zielgruppe und den zugrunde liegenden Elementen finden sich auf der rechten Seite der folgenden Tabelle.

Betrachtungsgegenstand		Konkretes Wertversprechen		
Einheit	**Angebot / Wertversprechen**	**Aussage**	**Zielgruppe**	**Elemente**
Modelabel	Auffällige Trendkleidung	»Mit unserer neuen Kollektion bist du der Hingucker auf jeder Party.«	Konsument	Design, Neuigkeit, Status / Image
Industrielle 3D-Drucker	Höchste Zuverlässigkeit	»Mit unserem neuen 3D-Druckverfahren senken Sie die Ausschussquote um X Prozent.«	B2B-Kunde	Risikominimierung, Kostensenkung, Leistungsfähigkeit
Geschäftsführung	Gewinnoptimierung	»Durch die Auslagerung von X steigern wir unsere EBIT Marge langfristig um Y Prozent.«	Gesellschafter	Leistungsfähigkeit, Kostensenkung
Online-Händler	Größtes Sortiment von XY	»In unserem Onlineshop haben Sie die größte Auswahl an XY auf dem Markt mit Frei-Haus-Lieferung.«	Kunde	Verfügbarkeit, Bequemlichkeit
Anlagenbauer	Attraktiver Arbeitsplatz	»Bei uns finden Sie einen zukunftsfähigen, modernen Arbeitsplatz mit spannenden Gestaltungsmöglichkeiten.«	(Zukünftige) Mitarbeiter	Risikominimierung, Leistungsfähigkeit

Im Strategy Explorer braucht es allerdings nicht die vollständige Formulierung, sondern vielmehr den Kern derselben, um den Wettbewerb aufzuzeigen. Dafür muss das Wertversprechen ein wenig abstrahiert werden. In Anlehnung an die obigen Beispiele könnten die abstrahierten Wertversprechen in etwa wie im linken Teil der Tabelle dargestellt lauten und zusammen mit der zugrunde liegenden (noch konkret zu benennenden) Einheit einen vollständig definierten Betrachtungsgegenstand bilden. Hierdurch schärft sich das Verständnis sowohl für den Wettbewerb als auch für die Kunden- und Nutzerseite. Beides ist wichtig für die strategische Analyse.

Realität oder Planspiel?

Im Normalfall wird der Betrachtungsgegenstand einen tatsächlich vorliegenden Zustand abbilden. Beispielsweise, wenn für ein bestehendes Unternehmen eine Wettbewerbsstrategie erarbeitet werden soll. Ein Schwerpunkt liegt dann auf der Bestimmung der Position, die das Unternehmen, wie es heute ist, im Vergleich zu seinen Wettbewerbern hat, und welche Entwicklungen seine Zukunft beeinflussen (Umfeldanalyse). Alternativ kann man den Strategy Explorer aber auch für Planspiele verwenden, das heißt zur Analyse und Strategieentwicklung für einen hypothetischen Betrachtungsgegenstand. Auf diese Weise können nach dem Motto »Was wäre, wenn ...« unterschiedliche Szenarien durchgespielt und verglichen werden.

Ein Beispiel könnte der Sportverein aus der Tabelle auf Seite 26 sein. Nehmen wir einmal an, der Sportverein verfügt noch nicht über eine Tennissparte. Dann fällt der Vergleich mit anderen Vereinen (= Wettbewerb) deutlich anders aus, als wenn der Verein bereits eine solche Abteilung besäße. Im ersteren Fall, also real, könnte ein Ergebnis der Strategieentwicklung sein, dass es sinnvoll wäre, eine weitere Sparte aufzubauen, etwa um mehr Mitglieder zu gewinnen, attraktiver zu sein oder eine bestimmte regionale Lücke auszufüllen. Diese neue Sparte könnte durchaus Tennis sein, aber vielleicht auch etwas ganz anderes! Führt man die Betrachtung dagegen für den fiktiven Zustand »Der SV verfügt bereits über eine Tennissparte« und genau für diese Abteilung Tennis durch, so befindet man sich plötzlich mit anderen Vereinen im Wettbewerb, die ebenfalls Tennis anbieten. Der Fokus der Betrachtung verschiebt sich folglich automatisch mehr in Richtung Tennis, als dies vorher der Fall gewesen wäre. Das Ergebnis der Strategiearbeit könnte dann darin bestehen, vernünftige Schritte abzuleiten, diese Tennissparte erfolgreich zu machen, selbst wenn der Verein im Nachbardorf ebenfalls Tennisplätze hat. In diesem Fall handelt es sich also um ein einfaches Planspiel.

Klare Weichenstellung

Die Festlegung des Betrachtungsgegenstandes hat einen sehr starken Einfluss darauf, in welche Richtung sich die Strategiearbeit entwickelt, allein schon dadurch, dass auf die explizit dort aufgeführten Aspekte stärker fokussiert wird als auf andere. Darüber hinaus werden die möglichen Wege zu einem übergeordneten strategischen Ziel stark durch den Ausgangspunkt bestimmt. Dieser hat auch erhebliche Auswirkungen darauf, welche Ziele überhaupt realistisch erreicht werden können. Dennoch: Vermeiden Sie am Anfang der Strategieentwicklung möglichst die berühmte »Schere im Kopf«, die dazu führt, nicht offen und weit genug zu denken. Auch mit kleinen Organisationen oder unter widrigen Bedingungen lässt sich viel bewegen und Großes erreichen!

Das Ziel

Wohin soll die Reise gehen?

1.

Vision

Ein Bild der Zukunft aus heutiger Perspektive: Wie findet sich der Betrachtungsgegenstand darin wieder und welche großen Ziele gibt es?

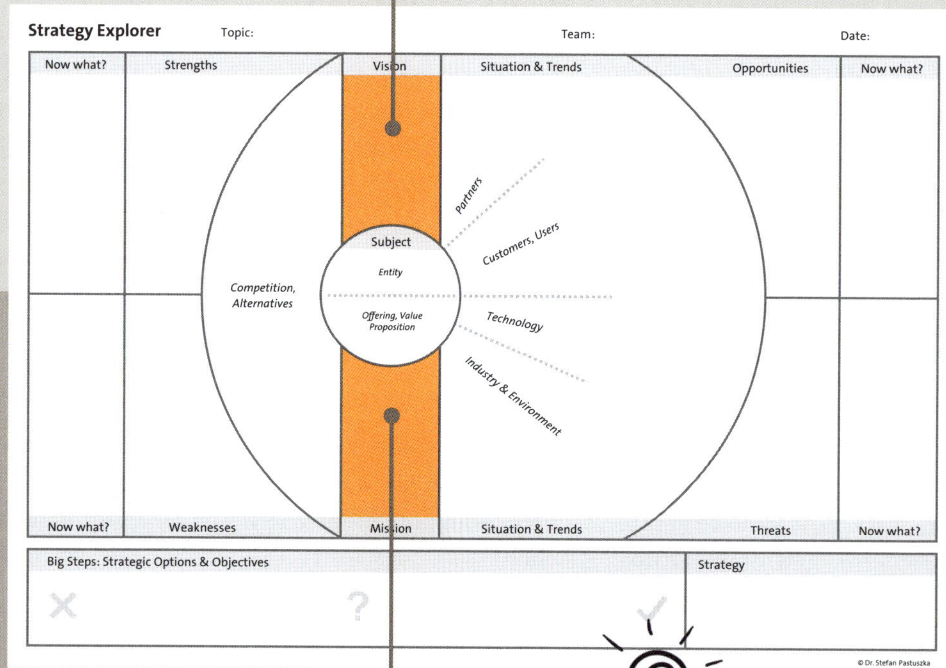

Mission

Sinn und Zweck des Betrachtungsgegenstandes (z. B. einer Organisation): Wozu gibt es ihn und was macht er im Grunde?

Das Ziel: Vision und Mission

Nachdem das Thema der Strategieentwicklung grob umrissen und der Betrachtungsgegenstand definiert ist, geht es nun um das langfristige, übergreifende Ziel (Vision) sowie um die Leitplanken, innerhalb derer man sich bewegt. Letztere sind gegeben durch Sinn und Zweck zum Beispiel der betrachteten Organisation (Mission). Beides ist von fundamentaler Bedeutung für die Entwicklung einer Strategie. Allerdings werden die Begriffe Vision und Mission im Business-Alltag oft nicht sauber verwendet, sondern miteinander vermischt oder gar vertauscht.

Die Vision – wohin soll die Reise gehen?

Die Vision ist ein Bild der Zukunft aus heutiger Perspektive. Es beschreibt möglichst anschaulich, wie diese Zukunft aussieht und wie sich der Betrachtungsgegenstand (Ihre Organisation, Ihr Produkt oder Sie selbst – je nach Definition) darin wiederfindet. Kurz gesagt, wie es ihm in dieser Zukunft geht, und vielleicht sogar, was er zur Realisierung dieser Zukunft beigetragen hat. Üblicherweise beschreibt eine Vision eine eher entferntere Zukunft, etwa in zehn bis zwanzig Jahren. Genauso wie der strategische Horizont aber sehr von der Branche und deren Veränderungsgeschwindigkeit abhängt, darf auch bei der Vision ein etwas lockerer Ansatz gewählt werden. Für viele Branchen und Themen sind fünf bis zehn Jahre schon ein visionärer Horizont. Manche Start-ups werden diesen Zeithorizont vielleicht gar nicht mehr erleben. Dennoch gilt »Think big!«, also sollte man im ersten Ansatz davon ausgehen, dass man wirklich etwas bewegen kann und sich dafür auch lange genug auf der Bildfläche befindet.

Visualisieren

Ein sehr erfolgversprechender Weg, um eine gemeinschaftlich getragene Vision zu erschaffen, ist es, tatsächlich ein gemeinsames Bild zu entwerfen. In meiner eigenen Arbeit mit Organisationen habe ich bereits einige solche Visionsbilder mit den (Führungs-)Teams von Unternehmen entwickelt und gezeichnet. Da ein großer Teil unserer unbewussten Gedankenprozesse darauf ausgerichtet ist, visuelle Informationen aufzunehmen, zu verarbeiten und sogar basierend darauf unbewusst Entscheidungen zu treffen (Mlodinov, 2012), wirken solche Visionsbilder auf einer anderen Ebene als rein verbale Beschreibungen. Dies gilt insbesondere, weil es bei einer Vision nicht nur um ein nüchternes Ziel geht, sondern auch darum, wie es sich anfühlen wird, wenn das Ziel irgendwann einmal erreicht wird. Durch eine visuelle Darstellung ist dieses Gefühl leichter zu transportieren, da Bilder einen direkteren Zugang zum Hirn haben als Worte beziehungsweise Text. Daher ist es auch wichtig, eine möglichst bildhafte Sprache und Erzählweise zu wählen, wenn die Vision lediglich verbal ausgedrückt wird – so entstehen die Bilder vor dem geistigen Auge des Lesers oder Zuhörers.

Eine klare Vision für die Zukunft ist ein mächtiges Instrument zur Motivation der Mitarbeiter, gemeinsam an dieser Zukunft zu arbeiten (solange sie als positiv und erstrebenswert empfunden wird). Daher ist die Vision nicht nur bei der Strategieentwicklung, sondern auch später bei der Umsetzung der entwickelten Strategie ein unverzichtbares Element. Bereits dem um das Jahr 500 v. Chr. in China lebenden

General Sunzi wird das Zitat »Derjenige wird gewinnen, dessen Armee in allen Rängen vom gleichen Geist beseelt ist« zugeschrieben.

Wenn Sie das Visionsbild gemeinsam im Team oder auch allein für sich persönlich entwickeln wollen: Es muss nicht notwendigerweise gezeichnet werden. Auch eine Collage von Bildern aus Zeitschriften, aus dem Internet oder dem eigenen Fotoalbum, die mit eigenen Skizzen angereichert wird, ist ein guter Weg.

Ziele ableiten

Hinter jeder Vision steckt ein großes übergreifendes Ziel, nennen wir es das Visionsziel. Die Kunst besteht nun darin, dieses Ziel aus dem vorgestellten Bild der Zukunft herauszuarbeiten sowie klar und griffig zu formulieren. Dazu muss die Essenz der visuellen Darstellung verbal auf den Punkt gebracht werden. Das ist nicht ganz leicht, aber auf Basis eines entwickelten Zukunftsbildes erfahrungsgemäß für viele Menschen deutlich einfacher, als ein Visionsziel »out of the blue« aufzuschreiben. Wichtig dabei: Auch wenn das große Ziel zunächst nur qualitativ beschrieben wird, muss auf irgendeine Art und Weise zu einem gegebenen Zeitpunkt feststellbar sein, ob es erreicht ist – es muss also beobachtbare Messgrößen geben.

Falls Sie bereits ein wohlformuliertes Visionsziel haben, dann gehört genau dieses in das Feld »Vision« im Strategy Explorer. Sind Sie noch nicht so weit, machen Sie einen Zwischenschritt und beschreiben Sie auf wenigen Haftnotizen Ihr Bild der Zukunft möglichst greifbar, also kurz und knackig. Es können durchaus unterschiedliche Aspekte einfließen, und es muss nicht automatisch einen fertigen, schön formulierten Satz ergeben, der sich schon für die Internetseite eignet. Der Inhalt zählt!

Je nach Anlass der Strategieentwicklung kann auch ein Teilaspekt einer umfassenderen, »großen« Vision für die Arbeit mit dem Strategy Explorer gewählt werden. Beispiel: Unternehmen X möchte der attraktivste Arbeitgeber der Branche werden, was ein Teilaspekt der Unternehmensvision ist. Wenn es bei der Strategieentwicklung also um genau diesen Teilaspekt geht, kann man diesen wählen und im Feld »Vision« weiter ausschmücken.

Die Arbeit mit dem Strategy Explorer findet unter den durch die Vision gesetzten Vorzeichen statt, das heißt, die Vision setzt den Kontext für die Strategiearbeit. Beispielsweise hängen die Einträge in einer SWOT-Analyse und die Schlussfolgerungen daraus nicht nur vom Betrachtungsgegenstand, sondern auch vom angestrebten Ziel ab.

Nicht nur für Organisationen

In den allermeisten Fällen wird eine Vision für eine Organisation aufgestellt – das ist der Normalfall. Doch es geht auch für andere Betrachtungsgegenstände, daher wird das Feld im Strategy Explorer auch dann ausgefüllt, wenn die Strategie nicht für eine Organisation entwickelt wird. Als Individuum (= Person) haben auch Sie sicher eine Vision Ihrer Zukunft oder könnten eine solche erarbeiten, das ist noch sehr naheliegend. Solange es um eine oder mehrere Personen (= Organisation) geht, können diese selbst auf das Erreichen dieser Vision hinwirken. Das unterscheidet sie von anderen, unbelebten Betrachtungsgegenständen wie einem Produkt oder Prozess. Hier müssen andere auf die Realisierung der Vision hinwirken, womit wir wieder bei einer Organisation wären. Trotzdem kann man auch für solche Fälle eine Vision formulieren, siehe die folgenden Beispiele.

Produkt: »Öko-Meat, unser künstliches Fleisch aus dem Labor (= Betrachtungsgegenstand), ist die bevorzugte Wahl für Fleischesser und beendet die Massentierhaltung, da Öko-Meat dem Original geschmacklich in nichts nachsteht und darüber hinaus preislich attraktiv ist (= Vision).« Das ist zwar ein dickes Brett zu bohren, aber eine klare Vision für ein Produkt. Daran arbeiten muss natürlich die Organisation, von selbst passiert da nichts.

Prozess: »Das neue Auftragsabwicklungsverfahren (= Betrachtungsgegenstand) schafft eine Effizienzsteigerung von mindestens 20 Prozent und wird von allen Filialen weltweit eingesetzt und gern genutzt (= Vision).« Man könnte hier noch darüber streiten, ob es sich um einen Prozess handelt oder schon um ein Produkt.

Wertversprechen: »Nie wieder einen Parkplatz suchen (= Vision) durch schnelle, kostengünstige und jederzeit verfügbare Mobilität von Tür zu Tür ohne ein eigenes Transportmittel (= Wertversprechen).« Das Wertversprechen lässt sich auf unterschiedliche Art und Weise realisieren, und es steht in Konkurrenz zu anderen Wertversprechen, wie »Unabhängigkeit durch eigenes Auto«. Es gibt also genügend Raum für strategische Überlegungen. Allerdings bleibt es recht abstrakt und theoretisch. Auch wenn es möglich ist, eine Vision für ein Wertversprechen zu formulieren, wird dieses üblicherweise durch ein Produkt oder eine Dienstleistung sowie eine umsetzende Organisation erfüllt. Mit anderen Worten: Das Wertversprechen ist immer an eine konkrete Einheit angedockt, daher werden im »Subject«-Feld des Strategy Explorer diese Einheit und das Wertversprechen zusammen definiert. Ein einfacherer und weniger abstrakter Weg für die oben beschriebene Vision wäre es, sie zum Beispiel für eine Organisation zu formulieren, die das Wertversprechen über eine entsprechende Dienstleistung (»Taxidienst«, »Carsharing«) oder ein Produkt (»autonom fahrendes Robotaxi«) abbildet und eine dazu passende Mission hat (»Wir schaffen individuelle Mobilität«).

Bei der Entwicklung und konkreten Formulierung einer Vision gibt es ein paar Dinge zu beachten, damit sie wirklich heraussticht und ihren Zweck erfüllt.

Charakteristika einer herausragenden Vision

Ein großer Balanceakt bei der Formulierung einer Vision besteht darin, dass sie einerseits anspruchsvoll sein sollte, andererseits aber auch machbar erscheinen muss. Visionen, die nicht ambitioniert genug sind, entfachen keine Motivation oder Leidenschaft, während Visionen, die von vornherein illusorisch und unerreichbar erscheinen, bei der Belegschaft eher auf Ablehnung stoßen (»Was für ein Quatsch, das schaffen wir niemals«, »Wolkenkuckucksheim«). Letzteres wäre ein Motivationsdesaster und der Umsetzung Ihrer Strategie definitiv nicht zuträglich. Es ist nicht leicht, das richtige Maß zwischen »zu leicht« und »zu ambitioniert« zu finden, aber auf keinen Fall sollte Ihre Vision eine sichere Wette sein. Eine

Charakteristika einer herausragenden Vision	
Bildhaft, griffig, klar	Sollte leicht vorstellbar und einprägsam sein.
Stimmig	Muss zur Kultur der Organisation passen.
Ambitioniert	Zeigt ein anspruchsvolles, aber erreichbares Ziel auf.
Positiv, idealistisch, erstrebenswert	Beschreibt eine gute / bessere Zukunft.
Motivierend, überzeugend	Mobilisiert Mitarbeiter und setzt Energien frei.
Einzigartig	Differenziert und ermöglicht Identifikation.

Typen von Visionszielen	
Qualitativ	»Wir revolutionieren XY und schaffen dadurch Z.« (spezifisch, aber nicht zahlenbasiert)
Quantitativ	»Wir werden Marktführer im XY-Segment mit Z Prozent Marktanteil.«
Rollenmodell	»Wir werden das ›Google‹ der XYZ-Branche.«
Kampfansage	»Wir schlagen Wettbewerber Z!« (gemeinsamer Feind)
Transformativ	»Wir werden vom Zulieferer zum Lösungsanbieter.«

Erfolgswahrscheinlichkeit um 70 Prozent (Collins u. Porras, 1996) kann hier als Richtwert dienen.

Die Tabelle verrät Ihnen, worauf Sie bei der Beschreibung Ihrer Vision achten sollten, und zeigt verschiedene Möglichkeiten auf, wie ein Visionsziel formuliert werden kann.

Wichtig ist in jedem Fall, dass auch die schriftliche und verbale Fassung Ihrer Vision oder des übergreifenden Ziels in den Köpfen der Menschen Bilder einer erstrebenswerten Zukunft entstehen lässt, welche sie erreichen wollen. Verwenden Sie also eine möglichst bildhafte Sprache. Das erleichtert das Verständnis und wird deutlich mehr Begeisterung und »Buy-in« erzielen als rein zahlenorientierte oder anderweitig abstrakte Beschreibungen. Idealerweise erreichen Sie einen Wow-Effekt in der Art »Diese Vision finde ich super und ich setze mich gern dafür ein!«. Ein paar Beispiele dazu:

»I believe that this nation should commit itself to achieving the goal, before this decade is out, of landing a man on the moon and returning him safely to the earth« (Präsident Kennedy, 1961). Hinter der Aussage steht ein klares und motivierendes Bild, das alle Mitarbeiter der NASA vor Augen haben konnten: der Mann auf dem Mond. Darüber hinaus ist dieses Ziel noch mit einem Zeithorizont versehen. Die Vision war sehr anspruchsvoll, aber dennoch mit den technischen Mitteln der damaligen Zeit machbar. Ein geradezu ideales Beispiel, welches sogar die Kriterien einer SMARTen Zielformulierung erfüllt (vgl. »Klare Ziele für die Umsetzung« in Kapitel 5).

»A computer on every desk and in every home – running Microsoft« (Bill Gates, 1980). Während heute in jedem Smartphone ein leistungsfähiger Computer steckt, war dies damals eine sehr progressive Vision. Insbesondere wenn man bedenkt, dass noch 1977 Ken Olson, der Gründer der Digital Equipment Corporation und eine echte Größe in der damaligen Computer-Welt, sagte: »There is no reason anyone would want a computer in their home.« Bill Gates' Vision ist sehr bildhaft und beschreibt eine Zukunft, die relevant und erstrebenswert ist, auch wenn Microsoft selbst keine Computer baute, sondern die Software dazu entwickelte. Für einen Reifenhersteller wäre eine Welt voller Autos ein äquivalentes Bild.

»To provide access to the world's information in one click« (Google). Die Vision ist sehr klar formuliert und definitiv ambitioniert: die Informationen der Welt mit nur einem Klick verfügbar zu machen. Auch wenn das Bild schon etwas abstrakter ist als die vorangegangenen Beispiele, wird jedem sofort klar, was das bedeutet und welch enorme Erleichterung damit verbunden wäre (oder auch Gefahren, je nach Standpunkt). Die Vision ist darüber hinaus authentisch und passt zum Unternehmen und seinen Aktivitäten.

»To create the most compelling car company of the 21st century by driving the world's transition to electric vehicles« (Tesla). Der erste Teil des Satzes beschreibt ein visionäres und ambitioniertes Ziel, wobei allerdings noch genauer zu spezifizieren wäre, was »most compelling« im Detail bedeuten soll (unwiderstehlich, beherrschend, inwiefern?). Als knapper Visionssatz trotzdem gut. Der zweite Teil des Satzes geht allerdings bereits in die Richtung des »Wie«, das heißt, er erklärt, auf welche Weise das Ziel erreicht wird. Dennoch ist er in der Interpretation dahingehend eindeutig, dass es sich um eine Zukunft von elektrischen (!) Fahrzeugen handelt und Tesla an diesem Wandel einen wesentlichen Anteil hat(te). Also alles in allem ein klares und motivierendes Zukunftsbild.

Die Mission – warum das Ganze?

Bei der Mission geht es um den Sinn und Zweck, üblicherweise einer Organisation. Entsprechende Leitfragen sind »Wozu gibt es unsere Organisation?« oder »Was tun wir im Grunde?«. Die Mission hat den Charakter eines Leitsterns, der die Richtung vorgibt, aber nie wirklich erreicht wird (Collins u. Porras, 1996). Sie bildet die Leitplanken ab, innerhalb derer sich eine Organisation bewegt, und gibt den Mitarbeitern Orientierung, Motivation und idealerweise auch ein Mittel der Identifikation. Die Mission ist daher ein wichtiger Bestandteil des sogenannten Leitbildes, welches weiter unten beschrieben wird. Die Tabelle auf der nächsten Seite zeigt einige Beispiele für Missionen von Organisationen, die nicht notwendigerweise Unternehmen mit Gewinnerzielungsabsicht sein müssen.

Auch wenn hier von Leitplanken die Rede ist, sollten diese auf keinen Fall zu eng gefasst sein, sonst besteht nicht genügend Spielraum für eine sinnvolle Weiterentwicklung der Organisation in der Zukunft. Ein sehr gutes Beispiel hierfür ist die ursprüngliche Mission von Walt Disney: »to make people happy.« Darin ist nicht beschrieben, was genau die Organisation macht, sondern was ihr Sinn und Zweck ist. Die verschiedenen tatsächlichen Aktivitäten und Produkte wie Comics, Zeichentrickfilme, Themenparks usw. erfüllen diese Mission mit Leben. Wäre die Mission von vornherein beispielsweise auf Comics fokussiert, so würden viele andere Möglichkeiten der Weiterentwicklung sofort ausgeschlossen. Gleichzeitig darf die Mission aber auch nicht zu breit sein, sonst geht der richtungsweisende Charakter verloren.

Typ	Beispiel	Mission
Unternehmen	Google	Die Informationen der Welt zugänglich und nutzbar machen – für alle Menschen, zu jeder Zeit.
	3M	Pursue purpose-driven innovation: to invent and market unique, customer-inspired products.
	Coca-Cola	To refresh the world, to inspire moments of optimism and happiness, [and] to create value and make a difference.
	Tesla	Die Beschleunigung des Übergangs zu nachhaltiger Energie. *[2016 geändert von Transport zu Energie.]*
	Sennheiser	Töne und Klänge in ein perfektes Sounderlebnis [zu] verwandeln.
	Virgin Galactic	To be the Spaceline for Earth.
	TED	Spreading ideas.
Non-Profit-Organisation	Greenpeace	To ensure the ability of the earth to nurture life in all its diversity.
	WWF	To stop the degradation of the planet's natural environment and to build a future in which humans live in harmony with nature.
	World Bank Group	To end extreme poverty [and] to promote shared prosperity.
	Ärzte ohne Grenzen	To provide medical aid to those most in need regardless of their race, religion, or political affiliation.

Wenn man genau hinschaut, stellt man fest, dass die Mission bereits ein grundlegendes Wertversprechen enthält: Erfrischung, ein perfektes Sounderlebnis, Hilfe in der Not usw. Tatsächlich erhalte ich in meinen Workshops zur Leitbildentwicklung auf die Frage nach der Mission aber oft die Antwort: »Geld verdienen!« Das Geldverdienen ist sicher ein positiver Nebeneffekt und eine Notwendigkeit für Unternehmen der Wirtschaft, fällt aber schwer, wenn kein Mehrwert für Kunden geliefert wird, den diese entsprechend honorieren. Daher werden die meisten Unternehmen zur Realisierung eines bestimmten Wertversprechens gegründet. Der Sinn und Zweck der Organisation orientiert sich am Wertversprechen, nicht an dessen Monetarisierung. Für andere Organisationen ist dies selbstverständlich, beispielsweise haben gerade NPO (Non-Profit-Organisationen) eine klare Mission, die nichts mit Gewinnerzielung zu tun hat.

Wenn eine Mission ein grundlegendes Wertversprechen enthält, so gibt es sie automatisch auch für andere Betrachtungsgegenstände als Organisationen, also auch für Produkte, Dienstleistungen und Prozesse. Auch hier gibt es einen Sinn und Zweck, wie die folgenden Beispiele zeigen:

Typ	Beispiel	Mission
Produkt	Auto	Individuelle Mobilität ermöglichen.
	Waschmittel	Wäsche sauber machen.
Dienstleistung	Taxi	Individuelle Mobilität ermöglichen.
	Reinigung	Wäsche sauber machen.
Prozess	Auftragsabwicklung	Bestellte Waren zum Kunden bringen.
	Strategieprozess	Kontinuierliche Weiterentwicklung der Firmenstrategie.

Was kommt zuerst?

Wo beginnen? Mit der Mission oder mit der Vision? Üblicherweise sollte zunächst die Mission festgelegt werden, da sie das grundlegende Wertversprechen des Betrachtungsgegenstandes beinhaltet und ihn damit näher beschreibt. Bei einer Organisation wird beschrieben, wofür sie steht, bei einem Produkt, wofür es gut ist. Tatsächlich ist die Mission ein Element, das bereits existiert, also zum Beispiel einem Unternehmen innewohnt – sie wurde vielleicht nur noch nicht sauber formuliert. Man kann also relativ leicht damit beginnen. Im Anschluss kann man über die Vision nachdenken, die häufig noch nicht existiert. Denn diese sollte nach Möglichkeit im Einklang mit der Mission stehen. Falls es hier Widersprüche gibt, ist die Wiederherstellung einer Harmonie zwischen beiden sicherlich eine der wichtigsten strategischen Aufgaben.

Die Erfahrung zeigt allerdings, dass es sich im Fall von Organisationen auch als hinderlich erweisen kann, zuerst an der Mission zu arbeiten. Diese fällt mitunter etwas ernüchternd aus, vielleicht weniger glamourös als gedacht, und diese Erkenntnis kann den nachfolgenden kreativen Schritt der Visionsentwicklung hemmen. Andererseits kann sich dabei auch herausstellen, dass die Mission vielleicht viel zu eng gefasst wurde und somit wenig Spielraum für eine konsequente zukünftige Entwicklung lässt.

Manchmal kann es hilfreich sein, mit der Vision zu beginnen, um bei Teams, die ansonsten wenig kreativ arbeiten, überhaupt erst einmal den Blick für die Möglichkeiten zu öffnen. Es kommt auch auf die Charaktere in der Gruppe an, die den Strategy Explorer bearbeitet. Allerdings ist bei der verdrehten Reihenfolge auch Vorsicht geboten, denn es kann leicht passieren, dass bei der Visionsentwicklung ohne Leitplanken unrealistische Wolkenschlösser gebaut werden, die losgelöst sind von der eigentlichen Mission.

Das Leitbild

Vision und Mission bilden einen substanziellen Teil des Leitbildes einer Organisation, das durch die Werte komplettiert wird:

Leitbild = Vision + Mission + Werte

Das Leitbild dient zur Positionierung einer Organisation nach außen und zur Motivation der Mitarbeiter nach innen.

Das Umfeld

Beschreibung der aktuellen Situation sowie erwarteter Entwicklungen und Trends

Partners

Kooperationspartner, die das Geschäftsmodell zum Laufen bringen

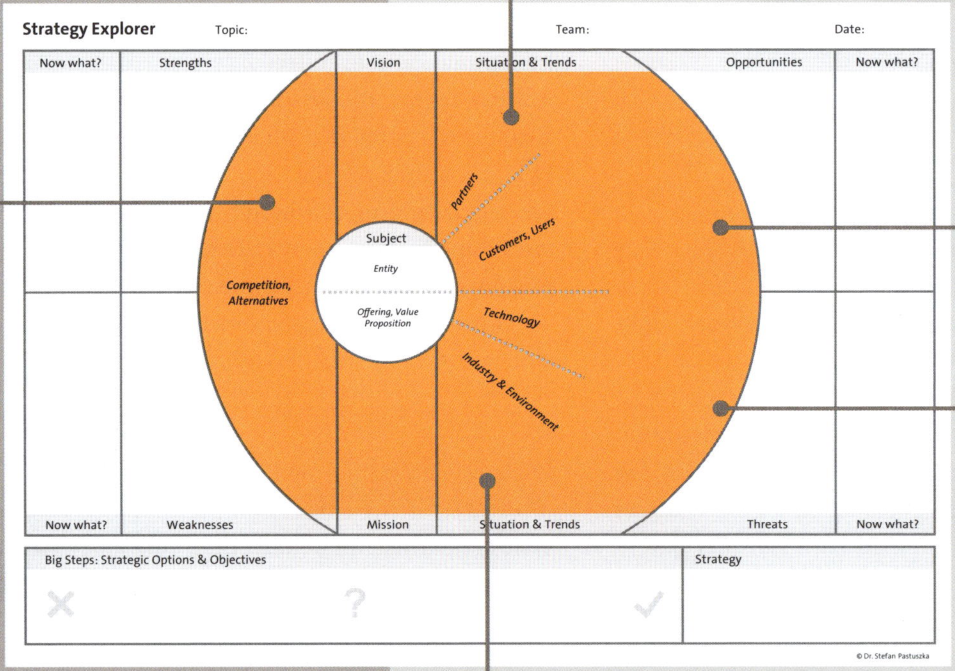

Competition, Alternatives

Wettbewerber der Organisation oder Alternativen zum betrachteten Angebot

Customers, Users

Kunden der Organisation, Käufer und Nutzer des betrachteten Angebots

Technology

Aktueller Stand und weitere Entwicklungen bei selbst genutzten und fremden / neuen Technologien

Industry and Environment

Situation und wichtige Entwicklungen in der Branche sowie im größeren Umfeld (Politik, Wirtschaft, Umwelt, Regulatorisches)

Darüber hinaus bietet es gute Anhaltspunkte für die Personalauswahl und -entwicklung.

Die Werte sind dabei ein essenzieller Bestandteil, stehen bei der Arbeit mit dem Strategy Explorer aber nicht im Vordergrund. Dennoch sollten sie in den Analysen zumindest am Rande bedacht werden, da sie den Rahmen für das Verhalten in einer Organisation beschreiben. Sie werden zum Beispiel relevant, wenn etwa das Nicht-Leben von Werten einen Nachteil für die Organisation im Wettbewerb darstellt, ein Wandel von Werten beobachtet wird (externe vs. interne Welt) oder sich mögliche strategische Optionen im Widerspruch mit dem Wertekanon befinden. Die Werte haben damit einerseits Einfluss auf das Ergebnis der Strategiearbeit und sind andererseits ein wichtiger Faktor für die Auswahl von Optionen und deren Umsetzung. Für die rein technische Erarbeitung von strategischen Optionen sind sie dagegen nicht vorrangig, sodass es hierfür kein explizites Feld im Strategy Explorer gibt.*

* Dies gilt genauso für andere Eigenschaften einer Organisation: Auch wenn es kein explizites Feld zum Beispiel für Finanzdaten gibt, kommen diese ins Spiel, wenn es um die Erarbeitung von Stärken, Schwächen, Chancen und Risiken geht – siehe Unterkapitel »SWOT: Now what?«.

Das Umfeld

Eine Organisation oder ein anderer Betrachtungsgegenstand bewegt sich niemals im Nichts, sondern wird von externen Kräften beeinflusst. Selbst wenn Sie mehr als nur einen einzigen Schritt zurücktreten und beispielsweise die Erde als Betrachtungsgegenstand nehmen, unterliegt diese den Gravitationskräften anderer Himmelskörper, insbesondere der Sonne. Sie wird von geladenen Teilchen, etwa dem Sonnenwind, bombardiert und kollidiert gelegentlich mit größeren Gesteinsbrocken wie Meteoriten – mit potenziell dramatischen Auswirkungen für die Bewohner, Stichwort Auslöschung der Dinosaurier. Der Gravitationseinfluss des Mondes bestimmt die Gezeiten in unseren Meeren und damit das Leben vieler Menschen. Man müsste also schon sehr weit herauszoomen, um einen Betrachtungsgegenstand zu finden, der nicht von externen Kräften beeinflusst wird. Noch dazu lassen sich diese externen Kräfte nicht von innerhalb des Systems heraus kontrollieren. Damit zurück auf den Erdboden und zur Strategieentwicklung.

Die Kräfte und Einflüsse des ihn umgebenden Umfeldes bestimmen die Situation und die Möglichkeiten des Betrachtungsgegenstandes (externe Einflussfaktoren). Daher ist selbiger auf dem Strategy Explorer von einem großen, angedeuteten Kreis umgeben, welcher das Umfeld symbolisiert. Das Verständnis der Einflussfaktoren des Umfeldes ist wichtig, um die aktuelle Situation des Betrachtungsgegenstandes zu analysieren und über die Herausforderungen und Möglichkeiten der Zukunft nachzudenken. Die Umfeldanalyse beantwortet eine der drei wesentlichen Fragen zur Strategieentwicklung: »Wo stehen wir heute?« (Vgl. Kapitel 1.)

Im Fall von **Unternehmen** unterteilt die Betriebswirtschaft das Umfeld weiter in das Mikro- und das Makroumfeld. Im Mikroumfeld finden sich Faktoren, die das Unternehmen unmittelbar beeinflussen (Wettbewerber, Kunden, Lieferanten usw.), während das Makroumfeld Faktoren enthält, welche Auswirkungen auf die gesamte Branche und damit auch auf das Mikroumfeld haben (Politik, Wirtschaft, Technologie usw.). Siehe dazu die folgende Grafik:

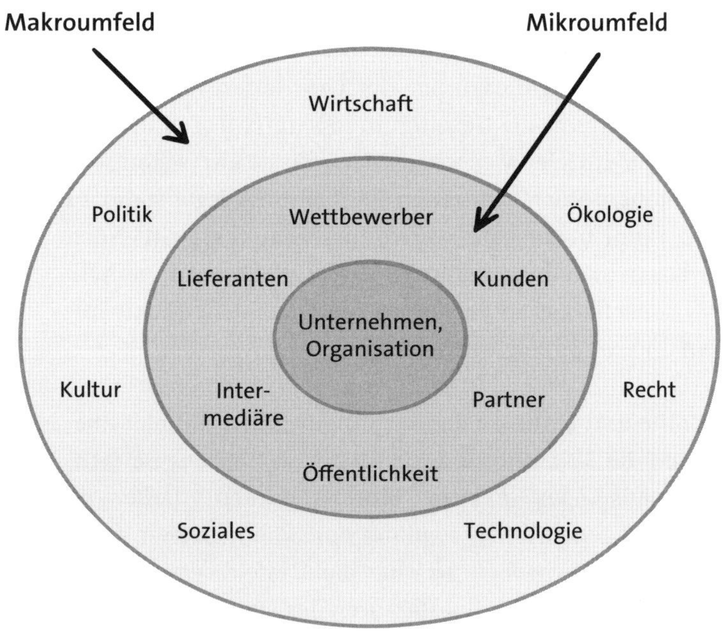

Verallgemeinert beinhaltet das Mikroumfeld die näheren (direkten) und das Makroumfeld die entfernteren (weniger unmittelbaren) Einflussfaktoren. Adaptieren Sie die Logik mit Fantasie und auf pragmatische Art und Weise an Ihre spezielle Aufgabenstellung beziehungsweise Ihren gewählten Betrachtungsgegenstand. Für den Fall einer **Abteilung** könnte das Mikroumfeld das restliche Unternehmen sein, während das Makroumfeld alle weiter entfernten Faktoren enthält, die ihrerseits auf das Unternehmen einwirken. Für eine **Person** könnte das Mikroumfeld die Kräfte der Abteilung, der Familie, des Sportvereins usw. enthalten. Für ein **Produkt** oder einen **Prozess** funktioniert es analog, nun werden die Wettbewerber zu Alternativen, Neueinsteiger in den Markt werden zu neuen Substituten.

Beachten Sie, dass die Umfeldfaktoren externer Natur sind und sich daher nicht oder nur sehr marginal kontrollieren lassen – im Gegensatz zu den internen Faktoren zum Beispiel eines Unternehmens. Im Mikroumfeld ist noch ein gewisses Maß an Beeinflussung möglich, im Makroumfeld nimmt dieses jedoch rapide ab, auch wenn beispielsweise über Lobbying eventuell eine gewisse Beeinflussung möglich ist. Allerdings werden die eigenen Möglichkeiten der Einflussnahme oft überschätzt. Ausnahmen finden sich in Form von marktbeherrschenden Unternehmen, wie bei Google oder Amazon, deren Aktivitäten ganze Branchen beeinflussen oder verändern. Die möglichst präzise Definition des Betrachtungsgegenstandes ist auch wegen dieser Abgrenzung von internen und externen Faktoren von Bedeutung.

Der Strategy Explorer bildet keine scharfe Trennung der Faktoren aus Mikro- und Makroumfeld ab, da sie für die prak-

Umfeldfaktoren im Strategy Explorer		
Kategorie	**Beschreibung**	**Inhalt (Stichworte)**
Competitors, Alternatives	Wettbewerber der betrachteten Organisation oder Alternativen zum betrachteten Angebot	Aktuelle Wettbewerber und Alternativen, mögliche Neueinsteiger
Customers, Users	Kunden einer Organisation, Käufer und Nutzer des betrachteten Angebots	Spezifische Beobachtungen und größere gesellschaftliche / soziokulturelle Trends: wichtige Kunden bzw. Kundensegmente, Situation und relevante Entwicklung (z. B. Kaufverhalten, Lieferantenstrategien, Werte, Präferenzen, Demografie, Lebensbedingungen, Einkommen)
Partners	Kooperationspartner, die das Geschäftsmodell zum Laufen bringen	Relevante Partner (z. B. Lieferanten, Dienstleister, Distributoren), Situation und erwartete Veränderungen diesbezüglich (z. B. Klima, Abhängigkeiten, Wirtschaftlichkeit)
Technology	Technologischer Stand und weitere Entwicklung: entscheidend für viele Ideen und Geschäftsmodelle, daher explizit hervorgehoben	Bestehende (z. B. selbst genutzte) und neue Technologien (Patentsituation, Marktreife, Substitution ...), (un-)erwartete Entwicklungen, Neues aus Wissenschaft und Forschung ...
Industry & Environment	Situation und wichtige Entwicklungen in der Branche und im größeren Umfeld (Politik, Wirtschaft, Umwelt, Regulatorisches)	Branchenstruktur, Konsolidierungstendenzen, Standort, Ressourcen, Wachstum, Konjunktur, spezifische Regularien, Gesetze, Umweltschutzanforderungen, Zulassungsbedingungen, Nachhaltigkeit, Globalisierung, Arbeitsmarkt ...

tische Strategiearbeit weniger wichtig ist und die Grenzen mitunter verschwimmen. Wichtig sind jedoch das Verständnis der Elemente und Haupteinflüsse des Umfeldes sowie eine möglichst gute Abdeckung der relevanten Aspekte. Der Strategy Explorer orientiert sich daher zur Beschreibung des Umfeldes an den vier wesentlichen Protagonisten in Porters Fünf-Kräfte-Modell (Kunden, Wettbewerber, Partner und Substitute) sowie an der sogenannten PESTEL-Analyse (**P**olitical, **E**conomical, **S**ociocultural, **T**echnological, **E**cological, **L**egal). Auf dieser Basis strukturiert der Strategy Explorer das Umfeld in Form der in der obigen Tabelle aufgeführten großen Kategorien.

Die Aufteilung der Umfeldfaktoren im Strategy Explorer in die Bereiche links und rechts des Betrachtungsgegenstandes dient der direkten Verknüpfung mit dem nächsten Schritt im Strategieprozess, der SWOT-Analyse. Der direkte Vergleich des Betrachtungsgegenstandes mit Wettbewerbern und Alternativen ist erkenntnisleitend in Bezug auf Stärken und Schwächen (links auf dem Canvas), während die Betrachtung der anderen Faktoren und ihrer potenziellen Entwicklung verstärkt Hinweise auf Chancen und Risiken (rechts auf dem Canvas) liefert.

Wettbewerber und Alternativen

Um Stärken und Schwächen des Betrachtungsgegenstandes zu identifizieren, ist ein rigoroser Vergleich mit dem Wettbewerb oder möglichen Alternativen erforderlich. Letztere hängen sehr von der genauen Definition des Betrachtungsgegenstandes ab. Leitfragen zur Bearbeitung des Feldes »Competition, Alternatives« sind in der Tabelle angegeben:

Wettbewerber und Alternativen	
Situation heute	**Trends, Entwicklungen**
• Wer sind unsere Wettbewerber? • Welche Alternativen gibt es zu unserem Produkt oder unserer Dienstleistung? • Wer macht etwas Ähnliches?	• Wer sind mögliche Neueinsteiger?
Stichworte	
Marktanteile relevanter Wettbewerber, (Un-)Zufriedenheit von Kunden mit dem Wettbewerber, finanzielle Situation, Schwierigkeiten aller Art (z. B. mit Lieferanten, bei der Erfüllung, Qualität, Mitarbeitern), wichtige Veränderungen (z. B. Wachstum, Zusammenschlüsse, Portfolio, Markteintritte), Abhängigkeiten von Kunden (z. B. durch großen Lieferanteil)	

Die Betrachtung von Wettbewerbern und Alternativen fokussiert sich auf die aktuelle Situation, jedoch sollten Sie auch Ihr Wissen bezüglich möglicher Neueinsteiger einfließen lassen. Wenn der Markt attraktiv und die Eintrittsbarrieren gering sind, gibt es eventuell auch Player, die mit relativ geringem Aufwand eintreten können – zum Beispiel wenn sie bereits über ein ähnliches Angebot verfügen und dieses nur modifizieren oder erweitern müssten. Gerade im digitalen Bereich sind die Eintrittsbarrieren oft sehr niedrig. Seien Sie auch im Hinblick auf Alternativen zu Ihrem Angebot eher großzügig: Auch wenn sich Ihr Produkt vielleicht in einem speziellen Aspekt von allen anderen Wettbewerbsprodukten unterscheidet, so stellen diese dennoch meistens gangbare Alternativen für Kunden dar. Stellen Sie sich am besten die Frage »Welches Problem löst mein Produkt / Verfahren und wie kann es sonst noch gelöst werden?« als erkenntnisleitendes Kriterium für Ihre Auswahl der möglichen Alternativen. Eine zu enge Sichtweise kann hier den Blick auf mögliche Gefahren verstellen. Vielleicht ist Ihr Produkt tatsächlich einzigartig, aber diese Einzigartigkeit muss nicht unbedingt erfolgskritisch sein, also durchaus »unique«, aber kein »Unique *Selling* (!) Point«.

Sammeln Sie im Feld »Competition, Alternatives« zunächst einmal wie bei einem Brainstorming auf Klebezetteln alle Wettbewerber oder Alternativen, die Ihnen einfallen. Sie können diese dann in einem nächsten Schritt zusammenfassen (clustern) oder weiter ausdünnen. Reichern Sie dann die einzelnen Einträge mit Zusatzinfos über Merkmale an, die Ihnen möglicherweise zum Vor- oder Nachteil gereichen könnten. Beispiel: Wettbewerber X: Marktführer (45 Prozent), starkes Wachstum; Wettbewerber Y: Lieferschwierigkeiten; kleine Wettbewerber: Fusionsgerüchte (könnte alternativ auch rechts bei »Industry & Environment« stehen). Generell ist die Regel bei der Arbeit mit Haftnotizen: »Immer nur ein Gedanke pro Zettel!« So können die Zettel leicht auf dem Strategy Explorer bewegt werden. Diese Regel dürfen Sie beim Ergänzen von Information zu einem bestimmten Eintrag ausnahmsweise ignorieren, um etwas Platz zu sparen. Lassen Sie sich durch die in der Tabelle angegebenen Stichworte inspirieren.

Vermutlich können Sie zu den Wettbewerbern aus dem Stand Unmengen von Informationen zusammentragen. Das ist gut, denn es zeigt, dass Sie wahrscheinlich einen guten Blick auf Ihren Wettbewerb haben. Fokussieren Sie sich bei der Arbeit mit dem Strategy Explorer jedoch auf das Wesentliche. Stellen Sie bei der Sammlung fest, dass die Informationsflut den verfügbaren Rahmen sprengt, sollten Sie vielleicht erst an anderer Stelle sammeln und dann die Essenz daraus in den Strategy Explorer übertragen (siehe auch den Abschnitt »Goldene Regeln« in Kapitel 3).

Kunden und Nutzer

Die Grundvoraussetzung für jedes funktionierende Geschäftsmodell ist, dass es Kunden gibt, die das zugrunde liegende Angebot nutzen und (finanziell) honorieren. Daher spielen Kunden und Nutzer (die nicht notwendigerweise identisch sind) auch bei der Strategieentwicklung eine wichtige Rolle. Es ist essenziell, existierende und zukünftige Kunden so gut wie möglich zu verstehen – sowohl bezüglich ihrer heutigen Situation als auch im Hinblick auf ihre mögliche Entwicklung. Dabei geht es nicht nur um individuelle Spezifika der aktuellen Zielgruppen, sondern auch um größere soziokulturelle Entwicklungen. So können beispielsweise gesellschaftliche Trends oder Zwänge dazu führen, dass Menschen ein bestimmtes Produkt kaufen, eine spezifische Dienstleistung nutzen oder dies eben nicht mehr tun. Leitfragen und Stichworte zur Inspiration finden sich in der folgenden Tabelle:

Kunden und Nutzer	
Situation heute	**Trends, Entwicklungen**
• An wen verkaufen wir (Kunden)? • Wer nutzt unser Produkt / unsere Lösung (Kunden / Nutzer)? • Was bewegt die Kunden / Nutzer heute? Welchen relevanten Einflüssen unterliegen sie?	• Wie verändert sich das Verhalten? • Welche gesellschaftlichen Trends sind relevant oder könnten es werden? • Wie entwickelt sich der Markt insgesamt über die Zeit? • Welche Pläne haben die Kunden?

Stichworte	
Kunden	Kundensegmente, Marktstruktur, Marktentwicklung, wichtige Einzelkunden, Marktanteile, Lieferantenanteile, Abhängigkeiten, Fluktuation, Lieferantenstrategien, Alternativen, Wachstum, Portfolio, neue Trends
Nutzer, soziokulturelle Faktoren	Motivation, wirtschaftliche Situation, Werte, Lebensstil, Einstellungen, Verhaltensweisen, Persona, Demografie, Einkommen, Bildung, Bevölkerungswachstum, Sicherheit, kulturelle Besonderheiten

Auch im Feld Kunden und Nutzer gelten bei der Arbeit mit dem Strategy Explorer die beiden goldenen Regeln »Konzentration auf das Wesentliche« sowie »kurz und präzise formulieren«. Ziel bei der Beantwortung der Frage »An wen verkaufen wir?« ist demzufolge keine detaillierte Auflistung, sondern eine treffende Beschreibung der Kundenstruktur, das heißt der Segmente, gern mit Beispielen, oder auch besonders wichtiger Einzelkunden. Konkret könnten hier Schlüsselkunden (z. B. Porsche, BASF) sowie bestimmte Segmente (z. B. Konzerne, Mittelständler) aufgeführt werden.

Bei aller Fokussierung auf das Wesentliche sollten Sie sich bei der Beschreibung der aktuellen Situation sowie der möglichen und erwarteten Veränderungen allerdings auch nicht zu stark selbst zensieren. Gerade über ungewohnte Aspekte, wie zum Beispiel selten betrachtete Veränderungen im sozialen Umfeld der Nutzer, geht man schnell hinweg, weil man sich auf das Bekannte konzentriert. Dies kann aber nach hinten losgehen, da relevante Chancen oder Risiken übersehen werden könnten. Die Kunst besteht also darin, die wesentlichen Aspekte mit möglicherweise relevanten Auswirkungen herauszuarbeiten und diese im Strategy Explorer festzuhalten.

Platzieren Sie generell Ihre Klebezettel zur aktuellen Situation im inneren Teil des Umfeldkreises, also in direkter Nähe des Betrachtungsgegenstandes, und die Aspekte zur weiteren Entwicklung im äußeren Teil, in Richtung von Chancen und Risiken. Die erleichtert später das Bilden von logischen Ketten, die zu konkreten Schlussfolgerungen führen. Dies gilt natürlich auch für alle weiteren im Folgenden beschriebenen Umfeldfaktoren.

Kunden und Nutzer unterscheiden

Die Unterscheidung von Kunden und Nutzern ist in bestimmten Situationen wichtig und auch hilfreich, um die Perspektive zu erweitern. Dies gilt häufig für B2B-Modelle (Business-to-Business), bei denen Kunde (= Käufer) und Nutzer oft nicht identisch sind:

Denken Sie beispielsweise an Softwarelösungen für Unternehmen. Entschieden wird vielleicht von der IT-Abteilung, beschafft wird durch den Einkauf und die Nutzer sind am Ende ein ganz bestimmter Mitarbeiterkreis oder gar alle Mitarbeiter des Unternehmens. Ist die beschaffte Softwarelösung suboptimal (z. B. unpraktisch, am Nutzerbedürfnis vorbei), so bekommt die IT-Abteilung den Druck. Wenn Sie also beide Fraktionen verstehen, können Sie als Softwareanbieter Ihr Angebot genau so gestalten, dass alle glücklich sind. Betrachten Sie also sowohl die direkten Kunden (»An wen verkaufen wir?«) als auch die Nutzer (»Wer nutzt unser Angebot?«).

Ein weiteres Beispiel aus dem B2B-Bereich ist das eines Bauunternehmens, welches unter anderem Bagger einkauft. Das Unternehmen lässt die Kaufentscheidung für die Bagger (Hersteller, Modell usw.) nicht von einer Zentralabteilung treffen, sondern von den Baggerführern, das heißt den Nutzern.

Das bedeutet eine Erweiterung der Kaufkriterien von Preis, Verbrauch, Förderleistung usw. hin zu Aspekten wie Ergonomie, Design oder persönlicher Anpassung. Ein Hersteller von Baumaschinen sollte sich folglich darauf einstellen, beispielsweise indem er den Umstand geschickt im Marketing ausnutzt oder die Baggerführer noch stärker in die Entwicklung der Produkte einbezieht.

Doch auch im Consumer-Segment gibt es Fälle, in denen Kunden und Nutzer nicht identisch sind. Ein einfaches Beispiel ist Kinderspielzeug: Die zahlenden Kunden sind die Eltern, während deren Kinder die Nutzer sind. Die Eltern entscheiden, aber die Kinder haben einen nicht zu unterschätzenden Einfluss auf die Kaufentscheidung.

Demgegenüber gibt es natürlich auch zahlreiche Geschäftsmodelle, bei denen Kunden und Nutzer identisch sind. Dies ist besonders häufig im Consumer-Segment der Fall, zum Beispiel bei Smartphones, Kleidung oder Fahrzeugen – hier ist eine Trennung daher nicht notwendig.

Partner

Kaum ein Geschäftsmodell kommt ohne Partner aus. Nur in den seltensten Fällen beherrscht ein Unternehmen alle Schritte in der Wertschöpfungskette und hat sie selbst in der Hand. Der Normalfall ist die Zusammenarbeit mit Partnern: Konzentration auf die eigenen Stärken und Fähigkeiten, Kooperationen für alles andere. Typische Partner sind beispielsweise Lieferanten von Vorprodukten, Distributoren und externe Dienstleister (z.B. für Personal, Buchhaltung, Marketing, Entwicklung). Durch die Zusammenarbeit mit externen und daher nur begrenzt beeinflussbaren Organisationen ergeben sich allerdings neben klaren Vorteilen auch gewisse Abhängigkeiten, die umso größer werden, je stärker die Verzahnung (Bindung) ist und je weniger Alternativen es gibt. Leitfragen sind:

Partner	
Situation heute	**Trends, Entwicklungen**
• Wer sind unsere Schlüsselpartner? • Wie ist die Zusammenarbeit? • Wie ist die wirtschaftliche Situation der Partner? • Wie wichtig sind wir als Kunde für unsere Lieferanten?	• Wie entwickelt sich das Verhältnis zu unseren Partnern? • Welche neuen oder alternativen Partnerschaften bieten sich an?
Stichworte	
Typen von Partnern (z.B. Lieferanten, Distributoren, Händler, Berater, Personaldienstleister, Hochschulen), Volumen, Abhängigkeiten, Arbeitsklima, Verhältnis, Wirtschaftlichkeit, Zukunftsfähigkeit, Potenzial	

Wieder ergibt die Betrachtung von aktueller Situation und möglichen Entwicklungen Hinweise auf Chancen und potenzielle Risiken. Auch für Stärken und Schwächen ist die Betrachtung relevant. Beispielsweise kann die Zusammenarbeit mit Partnern eine Stärke gegenüber dem Wettbewerb darstellen, da sie eine höhere Flexibilität, geringere Kosten oder andere Vorteile ermöglicht. Genauso gut können sich aber bestimmte Abhängigkeiten von Partnern, die bereits heute bestehen, auch als Schwächen gegenüber dem Wettbewerb erweisen – wenn Sie beispielsweise durch langfristige Verträge an einen zu teuren Lieferanten gebunden sind und diesen nicht leicht wechseln oder im Preis drücken können.

Betrachten Sie daher Ihre Partnerschaften möglichst objektiv und nüchtern. Seien Sie besonders sensitiv für Signale, die einen Hinweis auf die zukünftige Entwicklung der Zusammenarbeit liefern könnten.

Technologie

Technologie und der Zugang dazu sind einer der bedeutendsten Treiber für neue Geschäftsideen, Produkte und Lösungen und können ein enormer Wettbewerbsvorteil sein. Gerade die Informationstechnologie ermöglicht es Neueinsteigern mit Ideen und Know-how, auch ohne große Investitionen ganze Branchen aufzumischen, Stichwort Digitalisierung. Dabei beinhaltet »Digitalisierung« mehr als nur die reine Informationstechnologie (IT), genauso wie die Kategorie Technologie mehr als nur IT umfasst, obwohl im aktuellen Sprachgebrauch »Technology« oft synonym mit »IT« verwendet wird.

In der Umfeldanalyse werden technologische Faktoren in einer breiteren Sichtweise betrachtet. Es geht hier um Ergebnisse und Entwicklungen aus Wissenschaft und Forschung in allen Disziplinen (Quantencomputer, künstliche Intelligenz, Treibstoff aus CO_2, saubere Energie, autonomes Fahren, Krebsmedikamente ...), neue Produkte (E-Mobilität, Solarstrom, Virtual Reality, OLED, Brennstoffzelle, Drohnen ...) und Prozesse (Produktionsmethoden, 3D-Druck, Automatisierung, Cloud-Computing, Dünnschichtverfahren ...), Produktlebenszyklen, (staatliche) Forschungsausgaben usw. Es kommt hier darauf an, die für Sie relevanten Themen herauszuarbeiten und zu interpretieren. Auch der Blick auf die eigene aktuelle Situation ist wichtig für die Schlussfolgerungen im nächsten Kapitel. Leitfragen sind daher:

Technologie	
Situation heute	**Trends, Entwicklungen**
• Welche Technologien nutzen wir bzw. welche sind erfolgskritisch für uns? • Wie »state-of-the-art« sind wir aufgestellt? • Welche Alternativen gibt es bereits heute?	• Welche technologischen Entwicklungen sind relevant für uns? • Welche Zukunftstechnologien werden demnächst marktreif, die uns betreffen könnten?
Stichworte	
Stand der Technik, eigene Kompetenzen, neue Produkte, Prozessinnovationen, alternative Lösungsansätze, Produktlebenszyklen, Wissenschaft und Forschung, Patente	

An dieser Stelle sind besondere Kreativität und Weitsicht gefordert, da die Fokussierung und stetige Beschäftigung mit der aktuellen Herangehensweise (z. B. einer bestimmten Produktionstechnik) durchaus den Blick auf mögliche Alternativen verstellen kann. Zu hohes Selbstvertrauen rührt häufig daher, dass das Ausmaß dessen, was man nicht weiß, unterschätzt wird, und führt häufig zu schlechten Entscheidungen (Walters, 2017). Es ist also ausschlaggebend, mit offenem Blick und auch mit der Perspektive von Nicht-Experten an die Technologiethematik heranzugehen. Manchmal ist der Einfluss von technologischen Entwicklungen auch nicht sehr direkt, sondern wird erst klar, wenn man etwas weiter oder um die Ecke denkt.

Ein besonders gut sichtbares Beispiel für den Einfluss von technologischen Faktoren ist die Ersetzung der klassischen Glühbirne durch LEDs. Getrieben wurde das Ganze durch ökologische Erwägungen (Energieeffizienz) und ermöglicht durch alternative Technologien, von denen sich die LEDs durchgesetzt haben. Dazwischen gab es noch den Schritt über Kompaktleuchtstofflampen, die aber unter Umwelt- und Effizienzaspekten den LEDs deutlich nachstehen. Ausschlaggebend für den Siegeszug der LEDs waren ein Durchbruch in der Halbleiterforschung zur Reproduktion des Blauanteils im Spektrum des Tageslichts und die Einführung günstiger Massenfertigungsprozesse. Das ist gut für die Verbraucher, die Umwelt und die Hersteller von LED-Leuchtmitteln, aber schlecht für die Hersteller von Glühbirnen, deren Verkauf auch von regulatorischer Seite im Wesentlichen unterbunden wurde. Unwahrscheinlich ist, dass zum Beispiel ein Hersteller von Teilen für Glühlampen einfach auf die Herstellung von LEDs oder Teilen davon umschwenken kann – daher ist die beschriebene Entwicklung absolut kritisch für deren Geschäftsmodell und läutet dessen Ende ein.

Ein weiteres Beispiel ist die beginnende Ersetzung von Verbrennungsmotoren durch Elektroantriebe in Automobilen. Diese Entwicklung ist so tiefgreifend, dass sie die komplette Branchenstruktur verändern und wahrscheinlich eine Menge Arbeitsplätze kosten wird, da Elektrofahrzeuge aus deutlich weniger Teilen bestehen und weder Kupplung noch Getriebe, Abgassystem usw. benötigen.

Die Betrachtung von technologischen Einflussfaktoren ist also ein wichtiger Aspekt bei der Umfeldanalyse und Strategieentwicklung, der auf keinen Fall unterschätzt werden sollte.

Während die Betrachtung der aktuellen Situation und der zukünftigen Entwicklungen wieder Input für die Bestimmung von Chancen und Risiken liefert, ist auch die Betrachtung der eigenen technologischen Fähigkeiten im Vergleich zum Wettbewerb hilfreich, um Stärken und Schwächen zu identifizieren. Eine Stärke kann zum Beispiel darin bestehen, dass Sie das einzige Unternehmen sind, das über ein patentiertes Verfahren etwas besonders günstig herstellen kann.

Industry & Environment

Diese Rubrik fasst die bisher noch nicht betrachteten Umfeldfaktoren zusammen. Dies sind unter dem Stichwort »Industry« branchenspezifische Entwicklungen und Trends, die noch nicht weiter oben abgebildet wurden (z. B. Regulierung, Wettbewerbstrends wie Konsolidierung, Preisdruck), sowie unter »Environment« Situation und Entwicklungen bezüglich Wirtschaft, Politik, Umwelt (Ökologie) und Recht.

Wie im Fall der technologischen Umfeldfaktoren ist die Rubrik »Industry & Environment« recht umfassend, und für Ihre spezifische Strategieentwicklung mag nur ein sehr kleiner Teil davon relevant sein. Daher sind die im Folgenden angegebenen Leitfragen eventuell zu allgemein formuliert. Eine umfassende Liste würde jedoch den Rahmen sprengen. Lassen Sie sich durch die Fragen leiten, betrachten Sie aber zur Inspiration auch die Liste von Stichworten, und formulieren Sie im Geiste Ihre eigenen Fragen dazu. Sofern ein Stichwort zu Ihrem Thema passt, werden Ihnen automatisch weitere relevante Aspekte dazu einfallen. Das Feld im Strategy Explorer ist jedoch begrenzt, daher sollte hier wieder eine scharfe Selektion von möglichen Einträgen und das Herausarbeiten der Essenz erfolgen.

Auf der folgenden Seite finden Sie Leitfragen und Stichworte zur Inspiration:

Industry & Environment	
Situation heute	**Trends, Entwicklungen**
· Welche Eigenschaften unserer Branche sind besonders relevant für uns? · Welche Faktoren in Wirtschaft, Politik, Umwelt und Recht helfen uns oder machen uns besonders zu schaffen?	· Welche Entwicklungen in Bezug auf die Branche lassen sich erkennen? · Welche absehbaren Entwicklungen im weiteren Umfeld betreffen uns?

Stichworte	
Branche	Struktur, Konsolidierungstendenzen, spezielle Regularien, Wachstum
Wirtschaft	Konjunktur, Arbeitsmarkt, Einkommen, Handelsklima, Kapitalmarkt, Standort, Ressourcen, Wirtschaftswachstum, Inflation, Zinsen, Wechselkurse, Besteuerung
Politik	Globalisierung, Außenpolitik, Gesetzgebung, Handelsbarrieren, politische Stabilität, Subventionen, Wettbewerbsaufsicht, politische Stabilität, Steuerrichtlinien
Umwelt	Nachhaltigkeit, Umweltschutz, Entsorgung, Recycling, Emissionsregelungen, Klimawandel, Energieverbrauch, Klimaschutz, Standort
Recht	Genehmigungsverfahren, Arbeitsrecht, Gesundheitsvorschriften, Patentrecht, Sicherheitsvorgaben

Solide Vorarbeit

Damit ist die Analyse der Umfeldfaktoren abgeschlossen und das systematische Durchgehen der verschiedenen Aspekte sollte Ihnen einen umfassenden Blick auf die relevanten Einflüsse auf Ihren Betrachtungsgegenstand verschafft haben. Wie bereits erwähnt, kommt es bei der Arbeit mit dem Strategy Explorer nicht darauf an, ein möglichst detailliertes, feingranulares Bild zu entwerfen, das alle nur denkbaren Aspekte enthält. Vielmehr geht es darum, sich auf die wesentlichen und ausschlaggebenden Punkte zu konzentrieren. In Kapitel 3 finden Sie Tipps dazu, wie Sie diese wichtigen Punkte durch Priorisierung pragmatisch herausarbeiten können, wenn Sie so viele Ideen haben, dass der verfügbare Platz nicht mehr ausreicht.

An verschiedenen Stellen wurde bereits auf die SWOT-Analyse verwiesen. Diese stellt den nächsten Schritt im Prozess dar. Das Verständnis der aktuellen Lage und der möglichen Entwicklungen durch sorgfältige Diskussion der Umfeldfaktoren im divers zusammengesetzten Team mit unterschiedlichen Perspektiven und Assoziationen bildet dafür die Grundlage. Der nächste Abschnitt widmet sich dediziert dieser Methode.

SWOT: Now what?

Die SWOT-Analyse ist eine der zentralen und bekanntesten Methoden in der Strategieentwicklung. Die Abkürzung steht für Stärken (**S**trengths), Schwächen (**W**eaknesses), Chancen (**O**pportunities) und Risiken (**T**hreats). Sie basiert auf einem guten Verständnis des Betrachtungsgegenstandes und seines Umfeldes, sowohl bezogen auf die aktuelle Situation als auch auf die möglichen und erwarteten Entwicklungen. Die identifizierten Stärken, Schwächen, Chancen und Risiken bilden dann die Grundlage zur Erarbeitung von möglichen strategischen Zielen und Maßnahmen, wie mit den verschiedenen Erkenntnissen umzugehen ist. Diese Schlussfolgerungen werden in den vier »Now what?«-Feldern festgehalten, die direkt an die SWOT-Felder im Strategy Explorer angrenzen.

SWOT-Analyse

Die SWOT-Analyse sollte eigentlich einen der letzten Schritte bei der Strategieentwicklung bilden. In der Praxis wird sie jedoch oft ohne viel Vorarbeit »aus dem Stand« durchgeführt. Durch die Struktur des Strategy Explorer und die Arbeitslogik von innen nach außen auf dem Modell vermeiden Sie diesen Fehler: Sie haben die Vorarbeiten bereits erledigt und können guten Gewissens in eine solide SWOT-Analyse einsteigen. Sowohl das Thema der Strategieentwicklung als auch der Betrachtungsgegenstand sind jederzeit präsent und erlauben es, die Analyse in die richtige Richtung, das heißt mit dem Ziel vor Augen, durchzuführen. Die gleichzeitige Sichtbarkeit aller Analyseergebnisse aus dem Umfeld bezüglich Situation und Entwicklung erlaubt es, in einer direkten logischen Kette zu den Stärken, Schwächen, Chancen und Risiken zu gelangen. Die Grundlogik der SWOT-Analyse ist sehr einfach:

Stärken und Schwächen ergeben sich aus dem Vergleich des Betrachtungsgegenstandes mit dem Wettbewerb (im Fall von Organisationen) oder Alternativen (in allen anderen Fällen). Daher ist die Definition des Betrachtungsgegenstandes an dieser Stelle besonders wichtig, denn nur so kann das Feld des Wettbewerbs beziehungsweise der Alternativen vernünftig bestimmt werden. Stärken und Schwächen sind immer interne Faktoren, das heißt, sie unterliegen normalerweise Ihrer Kontrolle und lassen sich beeinflussen. Beispiele für Schwächen: ein schlechter Marketingauftritt, geringe Arbeitgeberattraktivität oder unzulängliches Funktionsspektrum eines Produkts – alles behebbar. Stärken haben Sie sich dagegen bereits erarbeitet und können sie nutzen sowie weiter ausbauen. Dazu später mehr. Stärken und Schwächen sind außerdem ein Ausdruck der gegenwärtigen Situation, des Hier und Jetzt. Spekulationen über die Zukunft werden an dieser Stelle nicht angestellt, sondern gehören in den Bereich der Chancen und Risiken.

Chancen und Risiken ergeben sich aus den externen Umfeldfaktoren, das heißt, sie werden durch die Bedingungen und Entwicklungen in der äußeren Welt bestimmt. Die externen Faktoren lassen sich nur sehr begrenzt bis überhaupt nicht beeinflussen, aber durch Ihre Aufstellung und Ihren Umgang mit ihnen können Chancen und Risiken daraus entstehen. Beispiel: Die Digitalisierung unserer Welt ist ein Trend, an dem Sie vermutlich nichts ändern können. Ob sie allerdings Fluch oder Segen für Ihr Unternehmen ist, hängt maßgeb-

SWOT: Now what?

Analyse von Stärken, Schwächen, Chancen und Risiken sowie Ableitung von Schlussfolgerungen

Strength

Stärken gegenüber dem Wettbewerb oder möglichen Alternativen zum Angebot: Wichtig: der rigorose Vergleich!

Weaknesses

Schwächen gegenüber Wettbewerbern und möglichen Alternativen zum Angebot

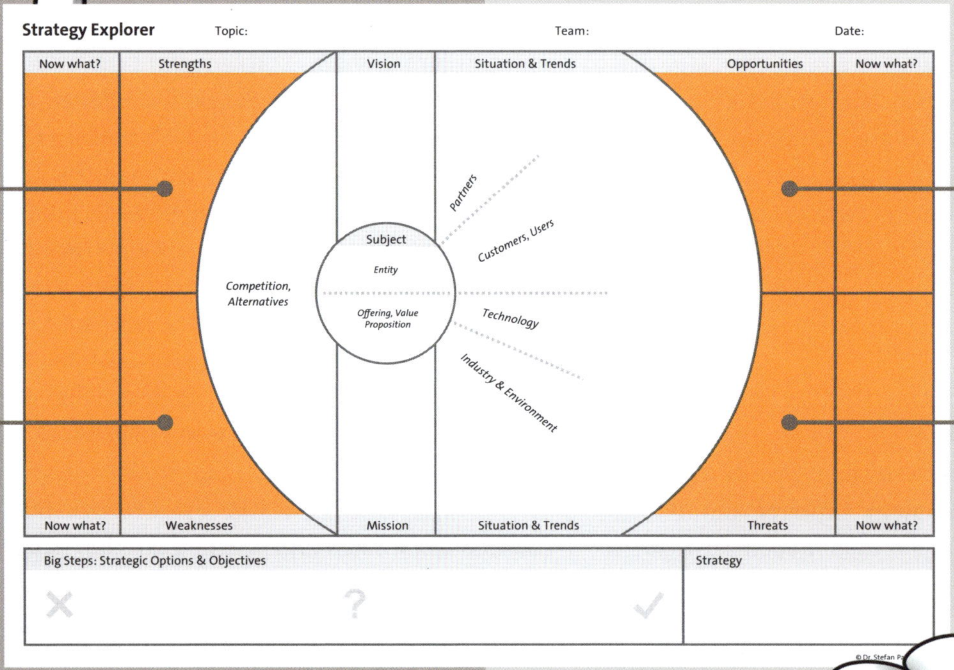

Opportunities

Chancen, die sich aus der Situation und möglichen / erwarteten Entwicklungen im Umfeld ergeben

Threats

Risiken, die durch die Situation und mögliche / erwartete Entwicklungen im Umfeld entstehen

lich von Ihrem Umgang damit ab. Sie müssen die beobachtete Entwicklung für sich interpretieren und das Ergebnis im Feld der Chancen oder Risiken verorten. Da sich Chancen und Risiken sowohl aus der aktuellen Situation als auch aus absehbaren Entwicklungen speisen, liegen sie und Ihre Reaktion darauf konsequenterweise in der Zukunft. Die im Rahmen der SWOT-Analyse durchgeführte Zukunftsbetrachtung erstreckt sich dabei allerdings auf die nähere, absehbare Zukunft. Längerfristige Betrachtungen sollten separat durchgeführt werden, da sich der Raum der Möglichkeiten erweitert, je länger der Zeithorizont ist.

Die folgende Tabelle zeigt einige Leitfragen zur SWOT-Analyse in der bekannten Zwei-mal-zwei-Matrix-Darstellung:

INTERN	EXTERN
Stärken (Strengths)	**Chancen** (Opportunities)
• Was können wir besser als andere? • Was können wir besonders gut? • Was war entscheidend für unsere bisherigen Erfolge? • Worauf dürfen wir stolz sein?	• Welche Möglichkeiten bieten sich? • Was sind Zukunftschancen? • Welche Trends sind günstig für uns? • Welche Veränderungen im Umfeld sind vorteilhaft?
Schwächen (Weaknesses)	**Risiken** (Threats)
• Was können andere besser als wir? • Worin sind wir nicht gut? • Was fiel uns bislang schwer? • Was fehlt uns?	• Was bedroht unser Geschäftsmodell? • Welche Entwicklungen und Trends im Umfeld sind potenziell schlecht für uns? • Wie entwickelt sich der Wettbewerb?

Nutzen Sie die Leitfragen für ein erstes Brainstorming vor dem Hintergrund Ihrer Umfeldanalyse. Gehen Sie danach aber insbesondere bei den Stärken und Schwächen noch einmal durch, ob es sich wirklich um Vorteile oder Nachteile im Vergleich zum Wettbewerb beziehungsweise zu den Alternativen handelt. Dabei muss nicht jede Ihrer identifizierten Stärken unbedingt ein absolutes Alleinstellungsmerkmal sein, aber es sollte sich zumindest um einen belegbaren Vorsprung zu einem größeren Teil des Wettbewerbs handeln. Beispiel: Sie sind zu Recht stolz auf Ihren tollen technischen Kunden-Support. Solange der Support der Wettbewerber aber ebenfalls gut ist und nicht zu Klagen seitens deren Kunden führt, handelt es sich wohl nicht um eine differenzierende Stärke. Diese Logik gilt analog auch für die Schwächen: Erst wenn es sich um wirkliche Nachteile – nicht um vermutete oder eingebildete – handelt, sollten Sie sie in den Strategy Explorer aufnehmen. So ist beispielsweise ein Aspekt, der Sie zwar stören mag, aber allen Wettbewerbern gemein ist, keine echte Schwäche. Beispiel: Wenn Ihrem Produkt eine gewisse Eigenschaft fehlt, die es für Kunden noch interessanter machen könnte, aber die Wettbewerbsprodukte diese Eigenschaft ebenfalls nicht besitzen, handelt es sich nicht um eine akute Schwäche. Betrachten Sie die Situation stattdessen eher als eine Chance, durch eine Modifikation Ihres Produkts ein (eventuell noch zu validierendes) Kundenbedürfnis zu befriedigen!

Konzentrieren Sie sich also auf die wirklichen Stärken und Schwächen, und finden Sie geeignete Maßnahmen dafür. So fokussieren Sie Ihre Kräfte, anstatt sich zu verzetteln.

Bei den Chancen und Risiken dürfen Sie dagegen etwas liberaler vorgehen, da Sie sich hier mehr im Bereich der zukünftigen Möglichkeiten als im Bereich der harten Fakten bewegen. Es schadet also nicht, die Augen offen zu halten und beispielsweise mehr Chancen zu identifizieren, als Sie später tatsächlich aktiv nutzen. Gehen Sie bei der Bearbeitung der beiden Felder insbesondere auf die Aspekte ein, die Sie in der Umfeldanalyse identifiziert haben. Stellen Sie also die oben angegebenen Leitfragen im Hinblick auf genau diese Punkte. Auf diese Weise kommen Sie auf spezifischere Fragen, wie zum Beispiel:

- Wie lässt sich der Marktanteil steigern?
- Welche neuen Kundenbedürfnisse könnten wir bedienen?
- Was könnten wir outsourcen, was in Zukunft (wieder) selber machen?
- Drohen Preiserhöhungen, Lieferschwierigkeiten oder der Wegfall von Lieferanten?
- Aus welcher Richtung droht Substitutionsgefahr?
- Besteht die Möglichkeit, dass unser Produkt langfristig obsolet wird? (Beispiel: Eine Glatze ist kein Makel mehr, daher sind Haarwuchsmittel und Haartransplantationen »out«.)

Der Fantasie sind hier keine Grenzen gesetzt. Ihr Thema und das Ergebnis Ihrer Umfeldanalyse bestimmen die Richtung der Fragen und damit die Einträge bei Chancen und Risiken.

Die häufigsten Gründe für schlechte SWOT-Analysen liegen im fehlenden rigorosen Vergleich mit dem Wettbewerb, einem ungenau definierten Betrachtungsgegenstand sowie einer Vermischung von internen und externen Faktoren. Auch eine allzu verklärte Sicht der eigenen Situation (»Wir sind doch die Besten, oder?«) durch den sogenannten Groupthink kann sich kontraproduktiv auswirken. Dagegen hilft das Einbeziehen ungewohnter Perspektiven – entweder durch andere Menschen aus dem eigenen Unternehmen oder von extern. Es muss nicht unbedingt ein Experte für Ihre Branche oder Ihr Produkt sein. Offenheit, Auffassungsgabe und ein gutes Urteilsvermögen reichen aus und sind beste Voraussetzungen, um lieb gewonnene Einstellungen zu hinterfragen. Die Bearbeitung des Strategy Explorer im divers zusammengesetzten Team ist daher eine klare Empfehlung. Seien Sie andererseits aber auch nicht überkritisch mit sich selbst. Organisationen sehen beispielsweise von außen immer besser aus als von innen – die Externen kennen einfach nur nicht die schmutzigen Details. Das gilt für Ihre Wettbewerber andersherum genauso.

Now what?

Eine noch so gründliche SWOT-Analyse ist nichts wert, wenn aus den Ergebnissen keine geeigneten Schlussfolgerungen gezogen werden. Sie bleibt dann eine akademische Übung. Fragen Sie sich also: »Now what?« Was machen wir aus den Erkenntnissen, was bedeutet das für uns? Orientieren Sie sich dazu an den folgenden Leitfragen für die an die SWOT-Analyse angrenzenden Felder:

Now what?	
Stärken	Wie lassen sich die Stärken weiter ausbauen und optimal nutzen, um dem Ziel näher zu kommen?
Schwächen	Wie können Schwächen verringert oder ausgemerzt werden?
Chancen	Wie lassen sich die Chancen erfolgreich ergreifen?
Risiken	Wie kann man sich vor den Risiken schützen oder sie verringern?

Die Beantwortung dieser Fragen bildet den letzten Schritt der Von-innen-nach-außen-Bearbeitungsphase im Strategy Explorer. Die während der Arbeit entstandenen logischen Ketten laufen dann beispielsweise so: Unternehmen → Wettbewerber → Stärken → Schlussfolgerungen. Oder: Produkt → Nutzer → Trend → Chancen → Schlussfolgerungen. Das heißt, zu jeder Ihrer Schlussfolgerungen gibt es eine idealerweise möglichst plausible Story, eine Argumentationslinie zur Erklärung und Begründung Ihrer potenziellen nächsten Schritte.

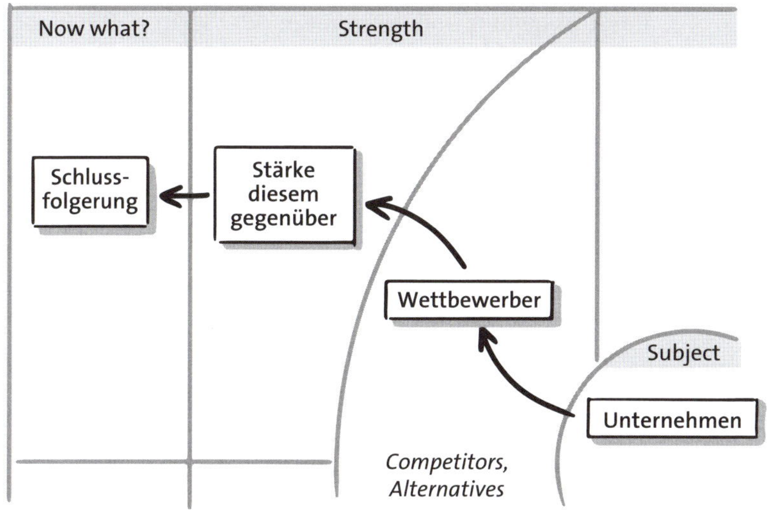

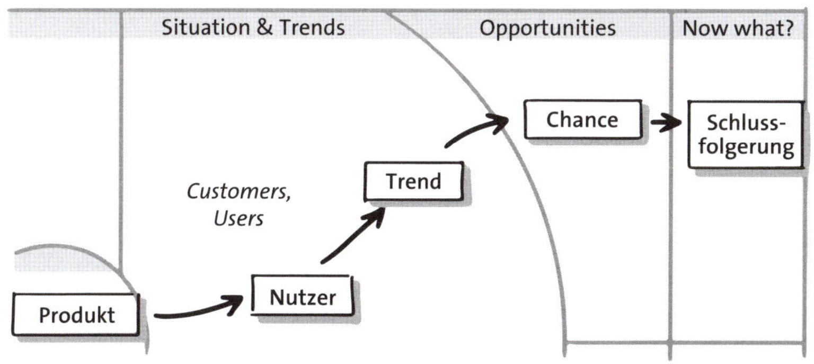

Gehen Sie also Ihre Erkenntnisse in den SWOT-Feldern mitsamt ihren logischen Ketten durch und überlegen Sie, wie Sie damit umgehen wollen, könnten oder sollten. Die Ergebnisse tragen Sie in die »Now what?«-Felder ein. Dabei ist es erst einmal nicht so wichtig, welchen formalen Kategorien Ihre Ergebnisse zugeordnet werden können – handelt es sich um Ziele, Maßnahmen, strategische Optionen, Handlungsfelder oder was auch immer? Hierüber kann man zwar trefflich streiten, aber das ist an dieser Stelle nicht das Ziel, sondern es geht darum, **sinnvolle Handlungsoptionen** für Ihr Thema festzuhalten. Schreiben Sie diese also zunächst so auf, wie Sie wollen, aber präzise genug, dass Sie auch später noch daraus schlau werden.

Beispiel 1: Sie haben festgestellt, dass Sie Schwierigkeiten haben, neue Mitarbeiter zu gewinnen, und führen das darauf zurück, dass Ihr Unternehmen nicht sehr bekannt ist. Im »War for Talents« konkurrieren Sie mit deutlich bekannteren Playern, deshalb haben Sie Ihre geringe Bekanntheit bei den Schwächen verortet. Eine mögliche Handlungsoption wäre die Durchführung einer Employer-Branding-Kampagne. Nur einen Zettel mit »Employer Branding« aufzukleben, trifft zwar grob den Punkt, indem ein Handlungsfeld beschrieben wird, ist aber nicht sehr präzise. Was genau steckt dahinter? Bauen Sie zumindest ein spezifizierendes Verb ein. Der Unterschied zwischen »Employer Branding verstärken« und »Employer-Branding-Kampagne aufsetzen« ist eklatant. Wenn Ihnen schon sehr klar ist, was Sie wollen, können Sie auch ein qualitatives oder quantitativ messbares (SMARTes) Ziel formulieren: »Employer-Branding-Kampagne bis Ende 20xx starten.«

Beispiel 2: Sie erwarten, dass in den nächsten zwei Jahren eine neue Umweltrichtlinie in Kraft tritt, die Ihnen verbieten wird, eines Ihrer Produkte weiterhin mit dem bestehenden Verfahren zu fertigen. Es gibt zwar Alternativverfahren, aber Sie haben keine eigene Kompetenz diesbezüglich. Das könnte zu einem Risiko für Ihr Geschäft werden. Mögliche Handlungsoptionen wären der rechtzeitige »Aufbau eigener Kompetenz«, eine »Strategische Partnerschaft (Outsourcing)« oder der »Zukauf eines spezialisierten Unternehmens«. Alles ist mit großem Aufwand oder Investitionen verbunden, und Sie müssen sich für einen Weg entscheiden. Diese Entscheidung ist richtungsweisend, also handelt es sich um strategische Optionen. Wenn Ihnen noch nicht klar ist, was Sie genau wollen, halten Sie einfach alle Optionen fest und entscheiden Sie später.

Generell sollten Sie immer dann, wenn es grundlegend verschiedene Möglichkeiten gibt und nicht gleich offensichtlich ist, welche davon die für Sie geeignetste ist, die attraktivsten notieren. Hauptsache ist, dass alles in verständlicher und nachvollziehbarer Form festgehalten wird.

Der nächste Schritt bei der Arbeit mit dem Strategy Explorer beschäftigt sich mit der Konzentration auf die wirklich strategischen Optionen und Ziele sowie deren Priorisierung.

Big Steps: Strategische Optionen und Ziele

Im Feld »Big Steps« geht es darum, sowohl Alternativen für den generellen Weg zum übergreifenden Ziel als auch weitere erwägenswerte strategische Ziele und Ansätze zu erfassen und dann zu selektieren.

Bei den »strategischen Optionen« handelt es sich um die großen, richtungsweisenden Schritte, die Sie Ihrem übergreifenden Ziel näherbringen und sich durchaus gegenseitig ausschließen können. Daneben gibt es auch »kleinere« strategische Schritte, die das Ziel auf die eine oder andere Weise unterstützen, aber keine so schwerwiegenden Konsequenzen haben wie die Entscheidung für eine grundlegende strategische Option. Von strategischen Optionen kann man sprechen, wenn ihre Umsetzung die Ausrichtung und Struktur einer Organisation deutlich verändert und sich der gewählte Weg – sobald eingeschlagen – nicht oder nur sehr schwer wieder verlassen lässt. Das macht sie erst strategisch. Beispiele hierfür sind:

- Entscheidung über die grundlegende Wettbewerbsstrategie: Kostenführerschaft, Differenzierung oder Fokussierung
- Aufbau neuer Geschäftsbereiche, Schließen oder Restrukturierung von bestehenden
- Eintritt in neue Märkte oder Verlassen von bestehenden
- Aufbau neuer oder signifikanter Ausbau vorhandener Kompetenzen
- Eingehen von strategischen Partnerschaften
- Akquisition von Firmen oder Verkäufe von Unternehmensteilen
- Signifikante Veränderungen des Geschäftsmodells

Der Weg zum übergeordneten Ziel ist maßgeblich durch die Entscheidung für oder gegen derartige strategische Optionen charakterisiert. Dabei gibt es meist nicht nur den »einen« Weg: Selbst wenn Ihnen nur eine bestimmte Option einfällt, haben Sie immer auch die Möglichkeit, diese nicht zu verfolgen und im Grunde ähnlich weiterzumachen wie bisher. Dann bleiben die kleineren strategischen Schritte übrig, die Sie auf Ihrem bereits eingeschlagenen Weg halten.

Das Feld »Big Steps: Strategic Options & Objectives« im Strategy Explorer dient der Sammlung und Priorisierung von strategischen Optionen sowie auch der kleineren strategischen Schritte, die notwendig oder erfolgversprechend zum Erreichen des großen Ziels erscheinen.

Leitfragen sind:

- Welche großen Schritte bringen uns unserem übergeordneten Ziel näher?
- Welche strategischen Ziele können wir setzen, die uns dabei helfen?
- Was sollten wir auf jeden Fall tun?
- Was können wir noch in Betracht ziehen?
- Was sollten wir eher bleiben lassen?

Big Steps

Sammlung und Priorisierung von strategischen Optionen

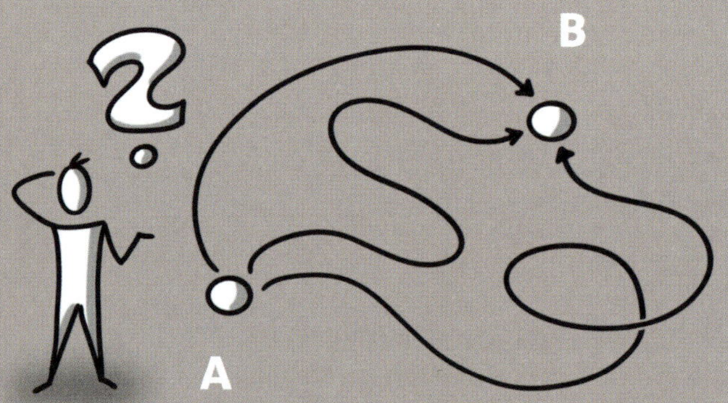

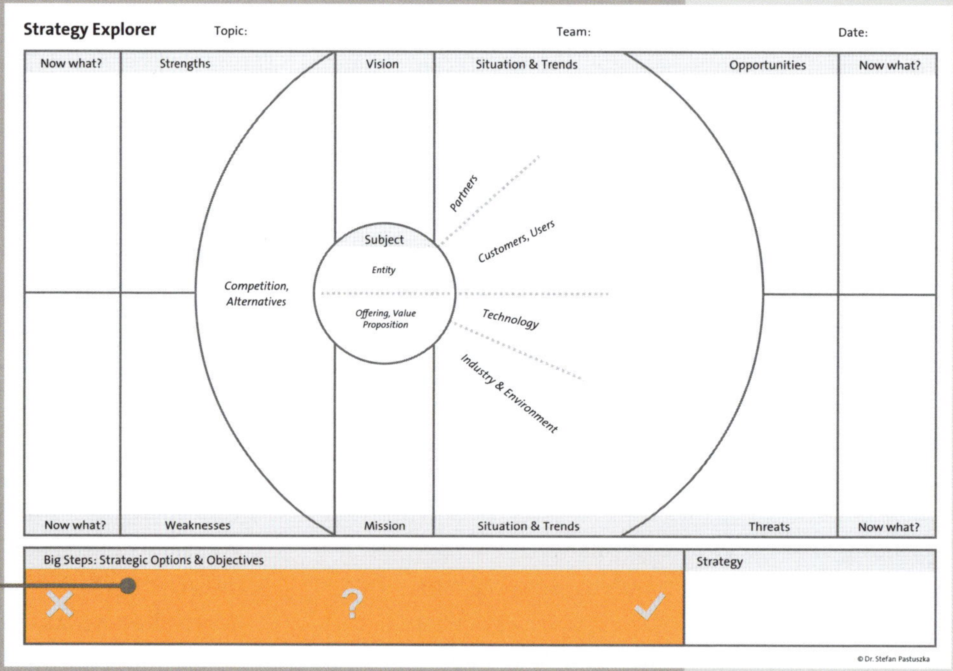

Big Steps

Mögliche Alternativen für den generellen Weg zum übergreifenden Ziel sowie strategische Schritte, welche die Erreichung des Ziels signifikant voranbringen

Input generieren

Die Ideen für die Einträge im Feld »Big Steps« kommen idealerweise aus den folgenden drei Richtungen:

1. aus spontanen, kreativen Ideen angesichts des übergeordneten Ziels (Vision),
2. aus der Essenz der systematisch erarbeiteten Antworten auf die »Now what?«-Frage,
3. aus der geschickten Kombination von Stärken und Schwächen mit Chancen und Risiken.

Einen Schritt zurücktreten (1)

Verschenken Sie nicht das Potenzial dieser intuitiven ersten Variante, die Sie kreativ auf völlig unerwartete Wege führen kann. Wenn nicht, bleiben immer noch die systematischeren Ansätze. Diese liefern mit an Sicherheit grenzender Wahrscheinlichkeit relevante Ergebnisse, können aber durch die fokussierte Art der Analyse auch dazu führen, dass man den Wald vor lauter Bäumen nicht sieht. Man ist sprichwörtlich zu nah dran. Dagegen hilft die intuitive erste Variante: Machen Sie sich locker, treten Sie einen Schritt zurück, nehmen Sie sich ein Bier* oder etwas anderes und überlegen Sie, welcher große Schritt nötig wäre, damit Sie Ihre Vision wirklich erreichen: »Eigentlich müssten wir ja XYZ tun.« Das darf gern radikal sein und im ersten Moment auch verrückt erscheinen – es geht um Kreativität und auch um Ehrlichkeit ohne die berühmte Schere im Kopf à la »Das geht doch

* Jetzt ist es amtlich: Betrunkene können kreative Aufgaben besser lösen (Jarosz, 2018).

Input für Big Steps generieren

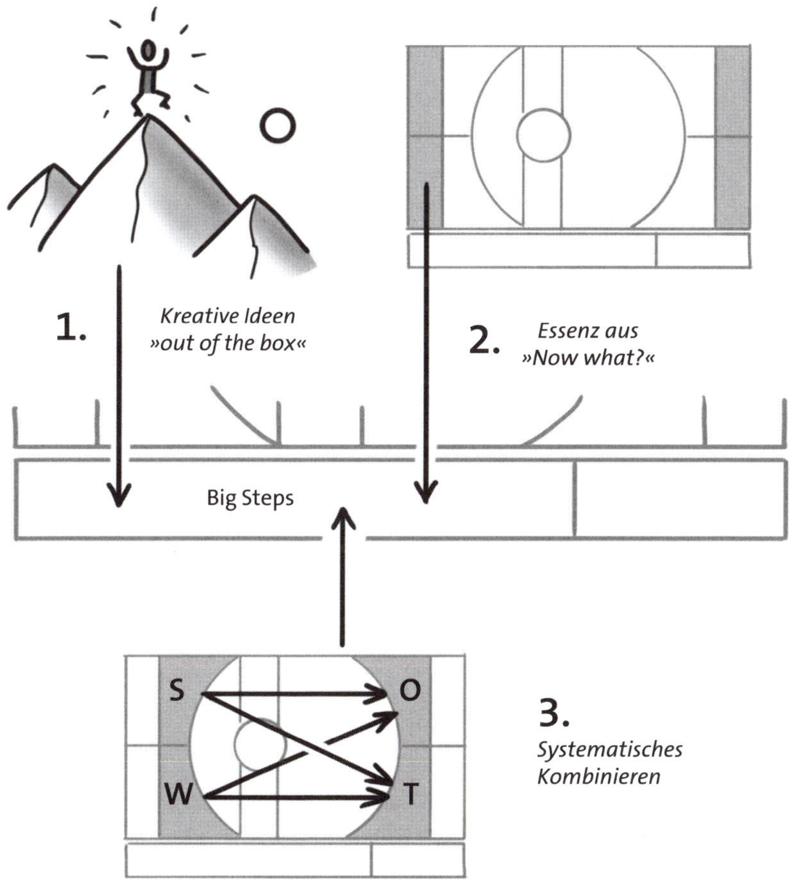

sowieso nicht«. Stichwort: Regeln brechen! Das Aussortieren kommt später. Beispiele:

- »Wir sollten nicht mehr über den Handel gehen, sondern online direkt an die Endnutzer verkaufen!«
- »Am besten wäre es, wir verabschieden uns komplett von dem Geschäft mit XY, anstatt es weiter hindümpeln zu lassen!«
- »Wir sollten radikal auf Nachhaltigkeit setzen, um uns im Markt abzusetzen, gerade weil das in unserer Branche alle für unmöglich halten!«
- »Was, wenn wir in Zukunft gar nichts mehr selbst herstellen – also die Produktion dichtmachen und nur noch mit Partnern arbeiten?«

Es kann sogar sinnvoll sein, die Ideengenerierung für strategische Optionen noch vor der Umfeldanalyse durchzuführen, um sich nicht durch die eventuell harte Realität in der Kreativität bremsen zu lassen. Lassen Sie sich dafür auch durch die Methoden im Kapitel 3 inspirieren (»Was tun, wenn's klemmt?«).

Filtern und Fokussieren (2)

Betrachten Sie die zweite Variante als eine Art Filter- und Konsolidierungsstufe, die Sie auf die Ergebnisse des »Now what?« anwenden. Bei der vorangegangenen Analyse und den darauf aufbauenden Überlegungen ist vermutlich ein ganzer Blumenstrauß unterschiedlichster Ergebnisse herausgekommen – von eher operativem Kleinkram bis zu großen strategischen Schritten, von schwammig bis präzise, von Maßnahmen über Handlungsfelder bis hin zu konkreten Zielen. Nun gilt es, hieraus eine Essenz zu bilden und diese möglichst klar formuliert in das Feld »Big Steps« zu übertragen. Wichtig: Es werden keine Zettel von oben nach unten umgehängt – was übertragen wird, wird neu geschrieben und dabei präzisiert! Gehen Sie dazu wie folgt vor:

1. Die erkennbar großen Schritte und relevanten Ziele übernehmen Sie, auch wenn sie widersprüchlich erscheinen mögen. Formulieren Sie sie klar und konkretisieren Sie sie so weit wie möglich.
2. Fassen Sie Ähnliches zusammen. Vielleicht gehören einzelne Maßnahmen oder Ziele zum gleichen Handlungsfeld. Übernehmen Sie dann nicht alle Einzelteile, sondern benennen Sie das Handlungsfeld und formulieren Sie ein Ziel dafür.
3. Kleinere Aspekte, die zwar wichtig sind, aber weder einem wichtigen Handlungsfeld zugeordnet werden können noch anderweitig kriegsentscheidend sind, werden nicht übertragen. Das heißt nicht, dass diese für die Zukunft verloren sind – Sie sollten sie gegebenenfalls sowieso verfolgen –, aber sie sind nicht maßgeblich für Ihre Strategieentwicklung.

Wenn Sie Schwierigkeiten haben, diese Priorisierung durchzuführen, nutzen Sie eines der einfachen Verfahren aus Kapitel 3. Beispielsweise könnten Sie im Team alle Aspekte nach den Kriterien »eher strategisch vs. weniger strategisch« oder »eher wichtig vs. weniger wichtig« sortieren und dann die relevanten 50 Prozent übernehmen.

Systematisch kombinieren (3)

Der dritte Weg zu nützlichen Ideen liegt in der geschickten Kombination von Stärken und Schwächen mit Chancen und

Risiken. Die Wahrscheinlichkeit ist groß, dass Sie bereits bei den vorangegangenen Arbeitsschritten mit dem Strategy Explorer auf intuitive Weise Ideen entwickelt haben, die auf solchen hilfreichen Kombinationen beruhen. Es schadet aber nicht, sich den Stärken, Schwächen, Chancen und Risiken auf etwas systematischere Weise erneut zuzuwenden und zu versuchen, aus den folgenden Kombinationsrichtungen neue strategische Ansätze abzuleiten:

Strategische Ansätze durch Kombination	
Richtung	**Leitfrage**
S → O	Wie lassen sich die Stärken verwenden, um die Chancen optimal auszunutzen?
S → T	Inwiefern können die Stärken eingesetzt werden, um Risiken zu verringern oder abzuwenden?
W → O	Wie können durch das Ergreifen von Chancen bestimmte Schwächen überwunden werden?
W → T	Welche Schwächen sollten wie beseitigt werden, um sich vor bestimmten Risiken zu schützen?

Zwei einfache Beispiele:

- **S → O:** Eine gut gefüllte Kriegskasse (**Stärke**) in Verbindung mit einem stark wachsenden Markt in Asien (**Chance**) könnte Anlass dazu geben, eine Dependance in der Region aufzubauen oder sogar einen lokalen Wettbewerber zu übernehmen.
- **W → O:** Sie haben bislang über Distributoren gearbeitet und haben daher nur wenige Informationen über Ihre Endkunden (**Schwäche**). Durch den Aufbau eines eigenen Onlineshops schaffen Sie einen direkten Vertriebskanal zu den Endkunden (**Chance**) und beheben den Missstand über kurz oder lang.

Im Prinzip kann man ganz mechanisch vorgehen, indem man alle möglichen Kombinationen durchprobiert und schaut, ob sie zu Inspirationen bezüglich interessanter strategischer Schritte führen. Das ist zwar etwas mühselig, aber das Vorgehen kann ein gewisses Gefühl der Sicherheit vermitteln, dass keine naheliegenden und möglicherweise cleveren strategischen Schachzüge übersehen werden. Ergeben sich auf diese Weise neue strategische Ansätze, so sollten Sie diese in das Feld der Big Steps aufnehmen: Sie könnten weitere entscheidende Bausteine für den erfolgversprechenden Weg in die Zukunft darstellen. Finden sich dagegen nur kleinere Aspekte, die zwar nützlich sind, aber nicht die richtige Flughöhe haben, speichern Sie diese einfach an anderer Stelle außerhalb des Strategy Explorer.

Ziele formulieren

Ein Ziel (engl. »Objective«) beschreibt per definitionem einen in der Zukunft liegenden, angestrebten Zustand (Zielvorgabe), meist als Ergebnis einer menschlichen Handlung zu einem bestimmten Zweck. So weit ganz einfach. Bereits bei der Frage, wodurch sich ein wohlformuliertes Ziel auszeichnet, gibt es aber unterschiedliche Sichtweisen. Häufig findet im Alltag eine Vermischung statt und die eigentlichen Handlungen (Maßnahmen, Aktivitäten) werden mitunter bereits als Ziele betrachtet. Daher gibt es bestimmte Ansätze und Verfahren, Ziele sauber zu formulieren.

Bei der sehr bekannten Formulierung eines Ziels auf »SMARTe« Art kommt es beispielsweise auf maximale Präzision an, und das Ziel muss zugleich **s**pezifisch, **m**essbar, **a**usführbar, **r**elevant (für das übergeordnete Ziel) und **t**erminiert sein. Das ist nicht ganz leicht, hilft aber später bei der Umsetzung und der Erfolgskontrolle. Wenn Sie bereits im jetzigen Stadium Ihrer Strategieentwicklung bestimmte wichtige Ziele in dieser Genauigkeit beschreiben können – super, tun Sie's! Falls nicht, kein Problem. In der aktuellen Phase geht es darum, zwischen verschiedenen möglicherweise widersprüchlichen Zielsetzungen und Optionen auszuwählen, um einen Weg zu identifizieren, der Sie Ihrem übergreifenden Ziel, also Ihrer Vision, näherbringt. Es könnte also an dieser Stelle vergebene Liebesmühe sein, ein Ziel mühsam auszugestalten, welches vielleicht wieder verworfen wird. Eine verständliche, wenn auch etwas weniger konkrete Beschreibung erfüllt die aktuell nötigen Voraussetzungen genauso gut, zum Beispiel ohne Messkriterium oder Termin. Daher:

Formulieren Sie für diesen Arbeitsschritt *qualitative Ziele*!

Solche qualitativen Ziele werden zum Beispiel bei der OKR-Methode (Objectives & Key Results) genutzt, die auf einer Aufspaltung von Zielen in einen qualitativen und einen quantitativen Teil beruht:

- **Ziel** (Objective, qualitativ): Was soll erreicht werden? Die Ziele sollten relevant, fokussiert, verständlich und idealerweise inspirierend sein, bleiben aber qualitativ und damit nur bedingt konkret bezüglich ihrer Umsetzung.
- **Schlüsselergebnis** (Key Result, quantitativ): Was muss dafür getan werden und wie wird es gemessen? Die Schlüsselergebnisse sollten anspruchsvoll sein und müssen eine klare Metrik zur Erfolgskontrolle enthalten.

Ein Vorteil der Trennung besteht in einer stärkeren Fokussierung auf das Ergebnis anstatt auf die Aktivitäten. Mehr dazu unter »Klare Ziele für die Umsetzung« in Kapitel 5.

Die Arbeit mit qualitativen Zielen ist für den aktuellen Arbeitsschritt der Sammlung und Strukturierung relevanter Ziele und Optionen praktisch und ausreichend. Die Konzentration liegt auf den zunächst nur bedingt konkreten Objectives, die in einer Gruppenarbeit sehr viel einfacher und schneller formuliert werden können, ohne sich in Detaildiskussionen zu verstricken, welche den Fluss der Arbeit behindern. Die Objectives können dann später um Key Results ergänzt oder in SMARTer Form ausgestaltet werden, nachdem eine Selektion erfolgt ist und der strategische Pfad festgelegt wurde (siehe nächstes Unterkapitel). Diese klar definierten Ziele sind dann die Basis für die Übersetzung in konkrete Aktionspläne.

Die folgende Tabelle enthält Beispiele für unterschiedliche Zielformulierungsvarianten und zeigt auch die grundlegende Handlung auf, die zum Ergebnis führt.

Zielformulierungsvarianten		
SMART	**Objective (qualitatives Ziel)**	**Handlung**
Funktionierendes Key-Account-Management mit zehn Vertrieblern bis Ende 20xx eingerichtet.	Key-Account-Management eingeführt.	Key-Account-Management aufbauen.
Strategische Partnerschaft zur Herstellung von Z im Umfang von Y Stück pro Jahr bis 20xx etabliert.	Fremdvergabe der Herstellung von Z.	Herstellung von Z outsourcen.
Weltweite Online-Sales-Plattform in 20xx einsatzbereit.	Weltweite Online-Sales-Plattform ist live.	Weltweite Online-Sales-Plattform aufbauen.
Kauf eines kleineren Wettbewerbers mit Kompetenz in Technologie X bis 20xx.	Akquisition eines Players mit Technologie X.	Technologie X zukaufen.
Verlagerung des technischen Supports nach Rumänien bis 20xx.	Technischer Support erfolgt aus dem Ausland.	Technischen Support ins Ausland verlagern.
Wahrnehmung als umweltfreundlicher Anbieter bei 80 Prozent der Kunden bis 20xx.	Wahrnehmung als umweltfreundlichster Anbieter von X.	Positionierung als umweltfreundlicher Anbieter.

Bei genauer Betrachtung sieht man, dass sich das qualitative Ziel (Objective) und die grundlegende Handlung inhaltlich nicht wesentlich voneinander unterscheiden. Sie brauchen beim Schreiben der Zettel für das Feld »Big Steps« also nicht päpstlicher als der Papst zu sein: Beide Formulierungsvarianten sind okay. Und natürlich gilt nach wie vor: Wenn Sie ein Ziel bereits in SMARTer Formulierung benennen können, so ist das gewiss kein Nachteil.

Auf beide Varianten der Zielformulierung kommen wir noch einmal im Kapitel 5 zurück, insbesondere auf die OKR-Methode. Dort geht es um die Umsetzung der erarbeiteten Strategie, wobei rein qualitative Ziele nicht mehr ausreichen.

Selektieren

Jetzt kommt der schwierigste Teil: die Auswahl derjenigen Option(en) und Ziele, die Sie tatsächlich verfolgen möchten. Schwierig vor allem deshalb, weil es vom reinen Analyse- und Kreativmodus nun in den Entscheidungsmodus geht. Der Strategy Explorer nutzt dazu ein intuitives Selektionsverfahren, das Sie jedoch nach Belieben mit analytischen Verfahren unterstützen können und bei schwerwiegenden Entscheidungen auch sollten. Im Feld »Big Steps« sind dazu drei Bereiche angedeutet:

- Rechts: Auf jeden Fall machen, unbedingt! (✓)
- Mitte: Vielleicht, beziehungsweise nicht jetzt. (?)
- Links: Eher nicht. (×)

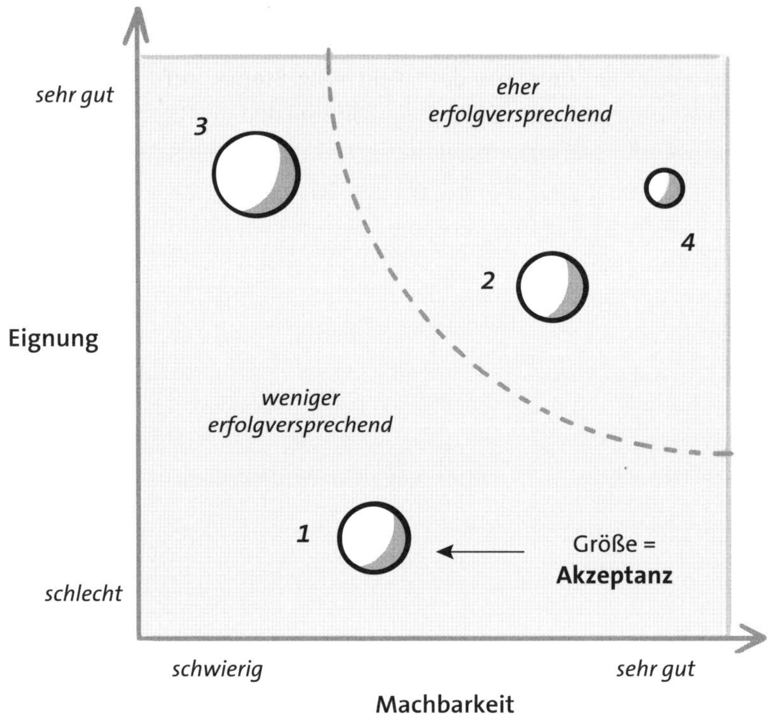

Nach der Bearbeitung und Diskussion des kompletten oberen Teils des Strategy Explorer in der Gruppe sollten Sie bereits intuitiv ein Gespür dafür entwickelt haben, welcher Ihrer erarbeiteten Big Steps in welche Kategorie fällt, insbesondere im Hinblick auf Eignung und Realisierbarkeit. Ordnen Sie Ihre Zettel entsprechend an, und betrachten Sie das Ergebnis: Erscheint es stimmig und passend oder haben Sie kollektive Bauchschmerzen? Korrigieren Sie, bis Sie sich mit dem Ergebnis gut fühlen. Meiner Erfahrung nach funktioniert die intuitive Methode beim Strategy Explorer sehr gut und führt recht schnell zu einem akzeptierten und mitunter sogar überraschenden Ergebnis.

Falls Ihnen diese intuitive Methode etwas zu bauchorientiert erscheint, machen Sie einen Zwischenschritt. Ein gängiges Verfahren zur Beurteilung von strategischen Optionen stützt sich auf das Einschätzen und Abwägen der folgenden drei Parameter (Johnson et al., 2008):

- **Eignung:** Wie gut ist die Option geeignet, Ihr Ziel zu erreichen? Passt sie darüber hinaus zur grundsätzlichen Ausrichtung Ihres Unternehmens?
- **Machbarkeit:** Inwiefern haben Sie die Mittel und Wege, die Option umzusetzen? Können Sie die Voraussetzungen dafür schaffen? Gibt es bereits bedeutende Hindernisse oder ist Gegenwind zu erwarten, sobald Sie diesen Weg einschlagen?
- **Akzeptanz:** Wie groß ist der Mehrwert für das Unternehmen, wie groß sind die Risiken und wie würden die internen und externen Stakeholder reagieren (Mitarbeiter, Kunden, Partner usw.)?

Typischerweise lassen sich diese Größen nicht auf einer absoluten Skala bemessen. Stattdessen kommt es auf den relativen Vergleich von verschiedenen Optionen untereinander an. Das bedeutet aber dennoch nicht, dass die beste von mehreren schlechten Optionen automatisch gut ist! Bei der Arbeit im Team bietet es sich an, auf einem großen Moderationspapier oder Flipchart ein Koordinatensystem wie in der Abbildung zu zeichnen und Ihre Optionen mithilfe von Klebezetteln oder elektrostatischen Haftnotizen darin zu verorten. Die dritte Dimension »Akzeptanz« lässt sich in Form einer Skala von »– –« über »0« bis »+ +« direkt auf den Zetteln festhalten. Verschieben Sie dann die Zettel so lange, bis Sie mit dem Gesamtbild als Ergebnis zufrieden sind. Tendenziell sind die Optionen in der rechten oberen Ecke die attraktivsten, da Möglichkeiten mit geringer Eignung oder schlechter Machbarkeit eher ausscheiden. Doch Vorsicht: Eine Option kann noch so geeignet und gut machbar sein, wenn die Akzeptanz nicht gegeben ist, kann das ein K.-o.-Kriterium sein. Würden zum Beispiel Kunden oder Lieferanten abspringen oder die Mitarbeiter einen Kulturschock erleiden?

Wenn Sie gründlich vorgehen wollen, sollten Sie noch weitere Daten zusammentragen und eventuell vorsichtige weitere Gespräche führen, um die verschiedenen Parameter so weit wie möglich zu erhärten. Machen Sie sich aber bewusst, dass es meistens keine analytische Lösung oder vollständige Sicherheit gibt und die Entscheidung für eine bestimmte Option eine unternehmerische ist, die auch angesichts von Unsicherheiten getroffen werden muss. Die sorgfältige Diskussion und das Abwägen im Team helfen dabei, verschiedene Perspektiven einzubeziehen und so zu einer solideren Einschätzung zu gelangen.

Tipp: Falls Sie mit der Eignungs-Machbarkeits-Matrix arbeiten, nehmen Sie neben den großen Optionen auch die anderen strategischen Ziele aus dem Feld »Big Steps« auf. Durch die zweidimensionale Anordnung können sich größere Sinnzusammenhänge, wie zum Beispiel Handlungsfelder, herauskristallisieren, die sich für die spätere Strategieformulierung und Umsetzung in Projektteams als nützlich erweisen. Dies könnten beispielsweise Kategorien sein wie operative Exzellenz, neue Positionierung, externes Wachstum, Arbeitgeberattraktivität, Innovation, neues Geschäftsmodell, Konsolidierung usw.

Die Strategie

Der Weg zum Ziel

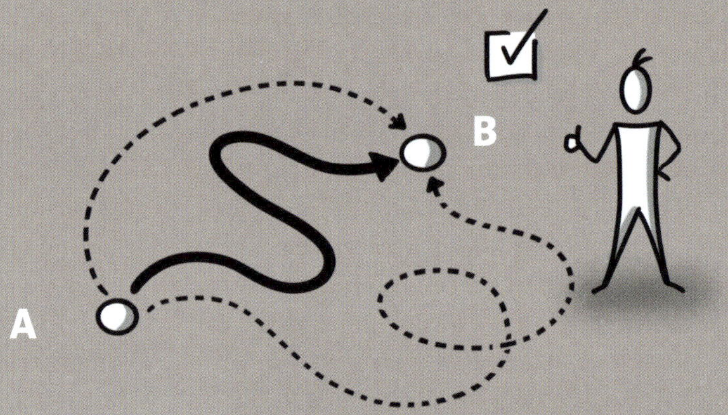

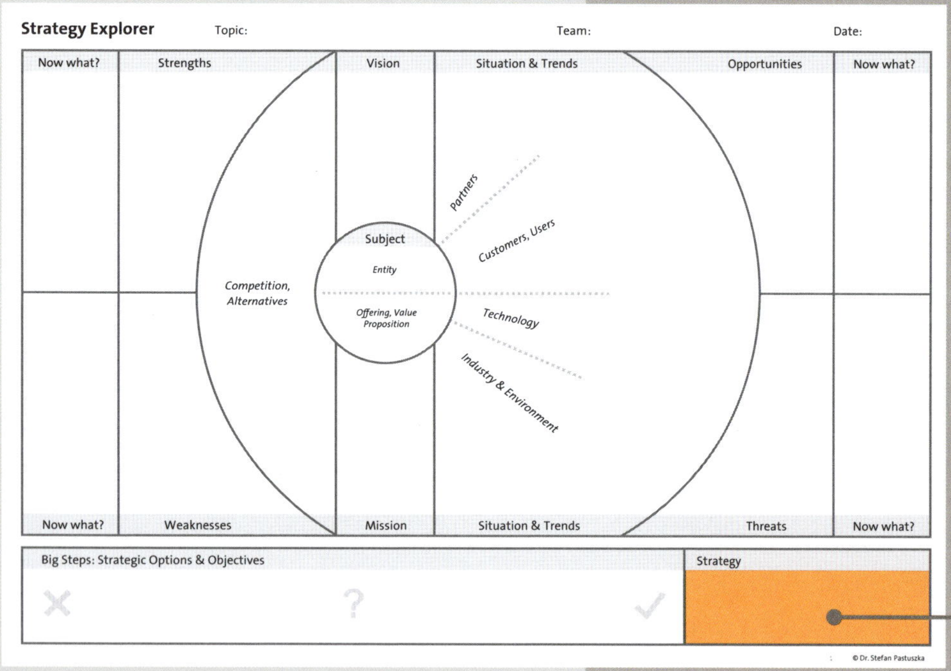

Strategy

Kurze Beschreibung des aus den verfügbaren Optionen gewählten Weges zum Erreichen des übergreifenden Ziels

Die Strategie

Die Formulierung der Strategie ist der letzte Schritt bei der Arbeit mit dem Strategy Explorer. Hier sind erneut Kreativität und etwas Abstand gefragt. Sie erinnern sich an die verschiedenen Definitionen von Strategie im Kapitel 1: In erster Linie handelt es sich um einen **langfristigen Plan, um ein bestimmtes Ziel zu erreichen**. Allerdings geht es dabei nicht um akribische Langfristplanung, sondern um das Bündel wegweisender Schritte, die Sie Ihrem übergeordneten Ziel näherbringen. Diese haben Sie im vorherigen Abschnitt bei der Erarbeitung der Big Steps bereits identifiziert. Nun gilt es, sie zu einem verständlichen, logischen Sinnzusammenhang zu verknüpfen – »connecting the dots«. Hier kommt die zweite Definition ins Spiel, der zufolge eine Strategie **eine Story ist, die Orientierung gibt**. Entwickeln Sie nun diese Geschichte!

Strategie auf den Punkt bringen

Die Geschichte sollte kurz und knackig sein, das heißt, sie sollte den Kern Ihres Plans in ein, zwei Sätzen zusammenfassen und transportieren. Das kann dann naturgemäß nicht sehr detailliert sein und auch nicht alle Zusammenhänge erklären, aber darauf kommt es an dieser Stelle auch nicht an. Auf die Frage, was Ihre Strategie ist, möchten die Menschen normalerweise keinen viertelstündigen Monolog hören. Je klarer und fokussierter Sie das Ganze auf den Punkt bringen, desto mehr zeigt es, dass Sie selbst wirklich wissen, was Sie vorhaben. Darüber hinaus verstehen die Menschen auf diese Weise leichter, welche zukünftige Entwicklung Sie anstreben, und umso besser ist der Eindruck, den Sie bei Ihrer Zuhörerschaft hinterlassen. Idealerweise lässt sich eine Strategie in nur einem Satz in der folgenden Struktur formulieren:

»Wir erreichen unser Visionsziel (= ?), indem wir XYZ (Aufzählung) tun.«

Darin beschreibt die »Aufzählung« den Weg, den Sie einschlagen wollen, um Ihr übergreifendes Ziel zu erreichen oder sich ihm zumindest signifikant zu nähern. Vielleicht ist es nicht einmal eine Aufzählung, die hier zum Tragen kommt, sondern nur ein einziger, sehr wesentlicher Punkt. Betrachten Sie den Schritt der Formulierung als eine weitere Filterstufe im Prozess nach der Identifikation der Big Steps, bei dem es darum geht, weiter zu fokussieren und eventuell zu abstrahieren.

Formulieren Sie also Ihre Geschichte als eine Essenz des oder der von Ihnen favorisierten Big Steps, und verknüpfen Sie diese zu einem möglichst logischen Sinnzusammenhang. Gegebenenfalls können Sie die Favoriten mit Schritten geringerer Priorität anreichern, wenn dadurch die gewählten Big Steps unterstützt oder sinnvoll ergänzt werden. Damit Ihre Aufzählung nicht zu einer Wäscheliste mit zu vielen Punkten wird, ist es eventuell erforderlich, thematisch zusammenhängende Aspekte zu clustern, das heißt unter einen Überbegriff, wie beispielsweise ein Handlungsfeld, zu stellen. Beispiel: Sie haben erkannt, dass Ihr Unternehmen attraktiver für neue Mitarbeiter werden muss, und mehrere Ihrer Big Steps zahlen auf dieses Handlungsfeld ein (z. B. Employer-Branding-Kampagne, Social-Media-Recruiting, mehr Ressourcen für HR). Dann ist der springende Punkt in Ihrer

Story eher die »aktive Gewinnung neuer Mitarbeiter« als eine Aufzählung der Unterpunkte. Das mag für einen Konzern nicht besonders strategisch klingen, kann aber für ein kleines Unternehmen angesichts von Fachkräftemangel und Co. eine ganz andere Dimension haben.

Denken Sie bei der Aufzählung an den alten Spruch »Aller guten Dinge sind drei«. Dieser gilt auch für die Zusammenfassung Ihrer Strategie. Als Geschichte, die Orientierung gibt, muss man sich die wesentlichen Punkte merken können, und das funktioniert bei mehr als dreien im Allgemeinen eher schlecht. Eine Ausnahme mögen Gedächtniskünstler bilden, aber selbst diese bauen Fakten in eine Geschichte ein, die sich leichter merken lässt. Es ist also Ihre Aufgabe, den Menschen diesen Zwischenschritt abzunehmen.

Beachten Sie aber, dass Sie je nach Art Ihrer Strategie vermutlich verschiedene Varianten der Geschichte brauchen. Wenn es zum Beispiel Bestandteile gibt, die streng geheim bleiben müssen, sollten Sie diese für die Öffentlichkeit außerhalb des innersten Kreises verallgemeinern, sie umschreiben oder Teile weglassen. Ein Beispiel dafür wäre die angestrebte Akquisition eines ganz bestimmten Unternehmens: Wenn dies publik würde, könnten Sie sich den Deal vermutlich abschminken oder er wäre nicht mehr attraktiv, da der Kaufpreis in die Höhe schnellen würde. Eine Verallgemeinerung im Sinne von »externem Wachstum« wäre in diesem Fall in der Kommunikation sicherlich angebracht.

Den Strategie-Satz testen

Ein einfacher und effektiver Test ist es, sich den anvisierten Weg noch im Workshop selbst vorzusagen. Dabei merkt man schnell, ob er sinnvoll und nachvollziehbar klingt. Vermutlich wird die Aussage nicht beim ersten Mal passen und Sie werden einige Anläufe brauchen, bis Sie eine gute Formulierung gefunden haben, aber die Arbeit lohnt sich. Nutzen Sie die folgenden Punkte als eine kleine Checkliste:

- ✓ Ist der Strategie-Satz nachvollziehbar, glaubwürdig und stimmig?
- ✓ Erscheint der beschriebene Weg aus heutiger Sicht zielführend?
- ✓ Adressiert er wichtige und vielleicht auch wunde Punkte?
- ✓ Wird klar, was im Grunde zu tun ist beziehungsweise erreicht werden muss?
- ✓ Fühlt sich der beschriebene Weg gut und machbar an?
- ✓ Hat das Ganze eine ausreichende Flughöhe, das heißt, ist es wirklich »strategisch«?
- ✓ Kann man sich die Aussage leicht merken und wiedergeben, ist sie eingängig?

Passt alles so weit? Wenn Sie im Team das gute Gefühl haben, dass der beschriebene Weg erfolgversprechend ist, und Sie Ihren Strategie-Satz mit Überzeugung aufsagen können, haben Sie bereits viel erreicht.

Beispiele für Strategie-Sätze

Die folgenden zwei Beispiele machen deutlich, wie sich ein Strategie-Satz anhören könnte:

- »Wir werden der kostengünstigste Anbieter von XY im Markt, indem wir unseren Standort in Indonesien massiv ausbauen, alternative Lieferanten qualifizieren und konsequent auf digitale Vertriebskanäle umstellen.«
- »Wir machen Öko-Meat zu einer echten Alternative zu natürlichem Fleisch, indem wir die aktuelle Labormethode industriell skalieren, das Produkt im Einzelhandel platzieren und es über Meinungsführer bekannt machen.«

Ein Negativbeispiel für eine Antwort auf die Frage »Was ist Ihre Strategie?« wäre zum Beispiel: »Wachstum!« Wachstum ist für sich allein genommen keine Strategie. Stellen Sie sich das mal in einem ganzen Satz vor: »Wir werden der weltweit führende Anbieter von XY, indem wir wachsen!« Nun, kann schon sein, dass man dazu wachsen muss, aber bietet diese Aussage eine Orientierung? Bekommt irgendjemand eine Idee, was zu tun ist? Eine sinnvolle Strategie muss erklären, wie das Wachstum im Grundsatz erreicht werden soll.

Die Beispiele mögen hypothetisch sein (bis auf das Negativbeispiel mit dem Wachstum), aber sie taugen durchaus als Strategie-Sätze: Es sind kurze Sätze, die das Ziel beschreiben und die wesentlichen Schritte, wie es erreicht werden soll. Natürlich ist vieles davon erklärungsbedürftig und muss noch weiter ausgearbeitet werden, aber das ist erst der nächste Schritt.

Wie geht es weiter?

Die genaue Ausgestaltung des Weges erfolgt durch feinere strategische Ziele und Aktionspläne, die deren Umsetzung ermöglichen. Siehe hierzu Kapitel 5. Dabei kann sich im schlimmsten Fall noch herausstellen, dass der beabsichtigte Weg doch nicht gangbar ist, weil es zum Beispiel unerwartete Hindernisse gibt oder Ihnen die nötigen Ressourcen schlichtweg fehlen. In diesem Fall müssen Sie wieder einen Schritt zurückgehen und andere aussichtsreiche Optionen prüfen oder entwickeln.

Die weitere detaillierte Ausarbeitung des Weges ist nicht Teil der Arbeit mit dem Strategy Explorer, sondern findet im Nachgang dazu mit Standardmethoden statt. Ziel des Strategy Explorer ist es, Sie bis zu dem Punkt zu führen, an dem Sie den erfolgversprechendsten Weg zum Ziel erkennen und ihn effektiv benennen können. Denken Sie an den weisen Sunzi (»Derjenige wird gewinnen, dessen Armee in allen Rängen vom gleichen Geist beseelt ist«): Wenn alle Mitarbeiter in Ihrem Unternehmen die Grundzüge der Strategie verstehen und auch wiedergeben können, so können sie sehr viel besser gemeinsam an einem Strang ziehen. Dazu müssen sie nicht jedes Detail verstehen und auch keinen akribischen Fünfjahresplan haben. Das Verständnis des Bündels wegweisender Schritte ist viel wichtiger.

Strategy Explorer

3 Arbeiten mit dem Strategy Explorer – los geht's!

Können Sie es kaum abwarten, mit der neuen Methode anzufangen und sie auf Ihr spezielles Strategiethema loszulassen? Klasse, so soll es sein! Der Strategy Explorer ist intuitiv nutzbar und so gut wie selbsterklärend, aber es empfiehlt sich dennoch, vorab etwas in die Theorie einzusteigen. Wenn Sie dazu Kapitel 2 durchgearbeitet haben, ist dieser Punkt bereits abgehakt, und Sie haben die Hintergründe und die Arbeitslogik der Methode im Detail kennengelernt. Vielleicht haben Sie beim Lesen sogar Ihr eigenes Thema schon vor dem geistigen Auge durchgespielt? Umso besser!

Oft ist es allerdings noch einmal etwas ganz anderes, die Theorie auch praktisch anzuwenden. Dabei stellt sich dann heraus, wie gut man etwas wirklich verstanden hat. Gerade in Workshops sind viele Situationen und Entwicklungen nicht vorhersehbar, daher wird es immer die eine oder andere Frage geben, die spontan zu klären ist. Durch Ausprobieren und Übung, gepaart mit einer offenen und konstruktiven Herangehensweise, lässt sich aber schnell Sicherheit gewinnen. In diesem Sinne: einfach anfangen, getreu dem Motto »Learning by Doing«!

Dieses Kapitel konzentriert sich dazu in Ergänzung der in Kapitel 2 beschriebenen Arbeitslogik auf praktische Aspekte für die Gestaltung der Strategiearbeit in der Gruppe. Es liefert Ihnen erfahrungsbasierte Hinweise für die Ausrichtung eines Strategieworkshops, die tatsächliche Bearbeitung im Team und Hilfestellungen, wenn die Kreativität einmal nicht so sprudelt wie gewünscht. Dabei können Ihnen die Tipps auch außerhalb der Arbeit mit dem Strategy Explorer von Nutzen sein.

Grundlegender Workshop-Aufbau

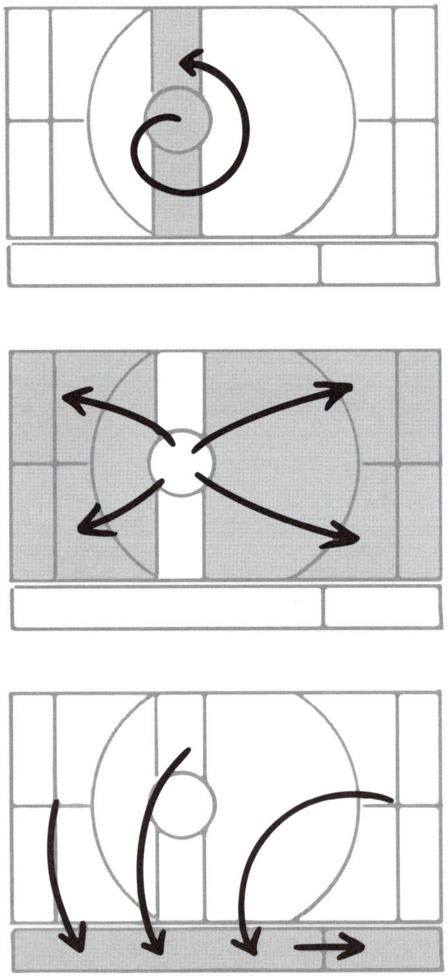

1.

Subject, Vision & Mission:

Was wird analysiert und was ist das Ziel?

2.

Umfeld & SWOT:

Wie ist die Situation und welche Ansatzpunkte ergeben sich?

3.

Big Steps & Strategie:

Welche Schritte führen zum Ziel?

Ablauf

Der Ablauf der Arbeit mit dem Strategy Explorer und die Logik, der dieser Ablauf folgt, wurden bereits in Kapitel 2 detailliert beschrieben. Allerdings wurde die praktische Gestaltung eines Strategieworkshops dabei noch weitestgehend außen vor gelassen. Darum soll es nun gehen. Zur besseren Handhabbarkeit lässt sich der gesamte Prozess in Form drei größerer Arbeitsblöcke strukturieren. Zusätzlich werden zwei verschiedene Varianten dieser Herangehensweise vorgestellt, die jeweils eine etwas andere Ausrichtung haben und ein unterschiedliches zeitliches Investment erfordern.

Drei Blöcke

Die Arbeit von innen nach außen und von oben nach unten mit dem Strategy Explorer lässt sich grob in drei Blöcke unterteilen. Sie haben jeweils einen eigenen Abschluss in Form von relevanten Zwischenergebnissen, sodass die Blöcke nicht notwendigerweise lückenlos »in einem Rutsch« aufeinanderfolgen müssen. Die drei Blöcke orientieren sich im Wesentlichen an den drei grundlegenden Fragen aus Kapitel 1:

1. **Subject, Vision und Mission:** Was analysieren wir und was wollen wir erreichen?
2. **Umfeld und Schlussfolgerungen:** Wo stehen wir, was bedeutet das und welche Ansatzpunkte bieten sich?
3. **Big Steps und Strategie:** Welche Schritte bringen uns zum Ziel?

Die **Klärung des Betrachtungsgegenstandes** und der damit verbundenen Vision und Mission ist der erste und richtungsweisende Schritt. Die drei Aspekte gehören zusammen und müssen ein in sich stimmiges Ganzes ergeben. Bei der Diskussion von Vision und Mission kann sich beispielsweise der Betrachtungsgegenstand weiter schärfen, daher ist es sinnvoll, dies alles im Rahmen einer einzelnen zusammenhängenden Session zu bearbeiten.

Die folgende **Betrachtung des Umfelds** und die sich daraus ergebenden Schlussfolgerungen sollten ebenfalls innerhalb einer Session diskutiert werden, da sich logische Ketten vom Betrachtungsgegenstand über eine Beobachtung oder Entwicklung im Umfeld und die damit verbundene Implikationen bis hin zu möglichen Maßnahmen entwickeln. Wenn man gedanklich »im Thema« ist, wird die ganze Kette präsent. Dieser Prozess sollte nicht durch künstliche Unterbrechungen zerstückelt werden, sonst könnten gute Einfälle verloren gehen.

Der dritte Block beschäftigt sich zuletzt mit dem **einzuschlagenden Weg**. Er basiert auf den Ergebnissen der beiden anderen Blöcke. Generell sollten die Big Steps nicht von der Formulierung der Strategie als deren Essenz getrennt werden. Da es darum geht, mit etwas mentalem Abstand noch einmal kreativ zu werden, um die wirklich großen Schritte zu identifizieren, kann es unter Umständen von Vorteil sein, bewusst auch einen zeitlichen Abstand zum zweiten Block einzubauen.

Zwei Varianten

Die drei großen Blöcke geben die Grundstruktur eines Strategieworkshops mit dem Strategy Explorer vor. Allerdings gibt es verschiedene Möglichkeiten, diese zeitlich zu arrangieren. Die im Folgenden beschriebenen Bearbeitungsvarianten »Start-up-Style« und »Corporate Style« sind sehr unterschiedlich in ihrem Charakter. Daneben sind selbstverständlich noch weitere Varianten denkbar, die Sie nach Ihren eigenen Vorstellungen selbst gestalten können.

Variante 1: Start-up-Style (all at once)

Charakteristika: schnell und iterativ
→ Rapid Prototyping + Verfeinerung

Bei dieser Variante versucht man, das strategische Gesamtbild so schnell wie möglich zu entwickeln und zu durchdenken – am besten in einem Rutsch, an nur einem Tag. Selbstverständlich eignet sich diese Variante auch für Nicht-Start-ups! Es kommt dann allerdings auch auf die Komplexität der Gesamtsituation und die Unternehmenskultur an, daher ist etwas Augenmaß gefragt.

Beim Start-up-Style kommen alle Themen sehr zügig auf den Tisch. Das Ergebnis ist vielleicht nicht gleich perfekt, aber es kristallisiert sich sofort heraus, wo noch Unklarheiten oder Wissenslücken bestehen, die im Nachhinein beseitigt werden können. Wie beim sogenannten Rapid Prototyping, also der schnellen Entwicklung von Prototypen, generiert man auf diese Weise eine Rohversion von Analyse und Strategie, die sich durch weiteres Diskutieren und Testen verfeinern lässt. Auch kann man das komplette Ergebnis etwas »sacken« lassen, woraus sich neue Erkenntnisse ergeben können.

Iterativ können dann im Anschluss die Einträge im Strategy Explorer so lange weiterentwickelt werden, bis man mit dem Ergebnis zufrieden ist. Wenn die Diskussion ins Stocken gerät und sich nicht wieder vernünftig in Gang bringen lässt, kann man sich auch einfach vertagen und später weitermachen. Darüber hinaus kann man problemlos zur Variante 2 wechseln, wenn man feststellt, dass das schnelle Prototyping in der gegebenen Gruppenkonstellation nicht funktioniert – wenn beispielsweise das Festlegen von Mission und Vision eine größere Aktion wird als gedacht.

Damit Sie in einer einzigen Session ein sinnvolles Ergebnis mit dem Strategy Explorer generieren können, sollten Sie sich mindestens einen halben bis ganzen Tag Zeit nehmen. Um genügend Raum für Diskussionen – auch unerwarteter Natur – zu haben, bietet es sich an, etwa sechs Stunden zuzüglich Pausen einzuplanen. Diese verteilen sich wie folgt auf die drei Blöcke: 1,5 Stunden für Subject, Vision und Mission, 3 Stunden für Umfeld und SWOT sowie 1,5 Stunden für Big Steps und Strategie. Wenn es in einem der Blöcke schneller geht, umso besser, dann haben Sie mehr Zeit für den Rest! Die Bearbeitung der Vision und Mission sollten Sie auf jeden Fall vor der Mittagspause einplanen, da hier das größte Maß an Kreativität und Vorstellungskraft gefragt ist. Sorgen Sie außerdem dafür, dass nach hinten heraus noch etwas Puffer besteht, damit nicht plötzlich alle dringend nach Hause müssen, während Sie gerade mitten in der Formulierung der Strategie stecken. Ein bisschen Zeitdruck kann allerdings auch hilfreich sein, um ein Ergebnis herbeizuführen, anstatt ewig zu diskutieren.

Start-up-Style – Tag 1

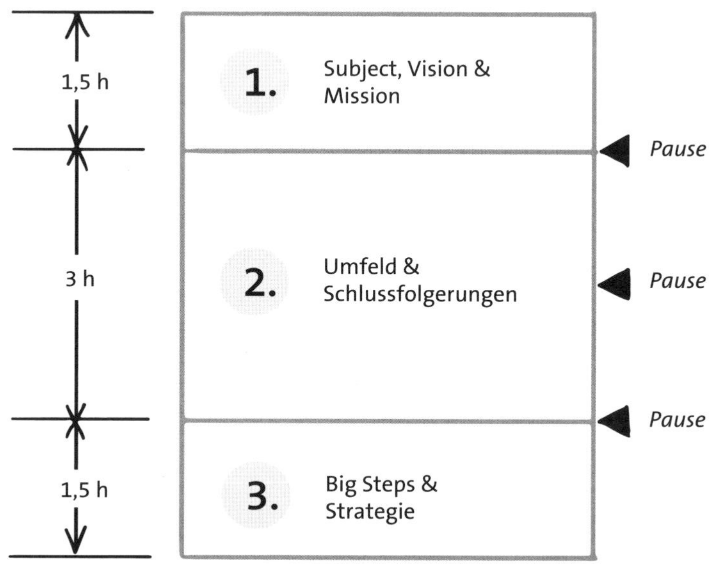

Die nächste Iteration, also ein weiteres Treffen zur Verfeinerung, bietet sich am Folgetag oder innerhalb weniger Tage (maximal etwa eine Woche später) an, solange die Diskussion noch einigermaßen präsent ist. Dazu können Sie den Teilnehmerkreis auch erweitern oder modifizieren, um Ihren »Prototypen« zu testen und weiterzuentwickeln. Sollte ein einziger Schritt zur Verfeinerung nicht ausreichen, lassen sich bei Bedarf so lange weitere anhängen, bis ein akzeptiertes und erfolgversprechendes Ergebnis erreicht ist. Dies deutet der gestrichelte Pfeil in der Grafik an.

Start-up-Style – iterative Fortsetzung

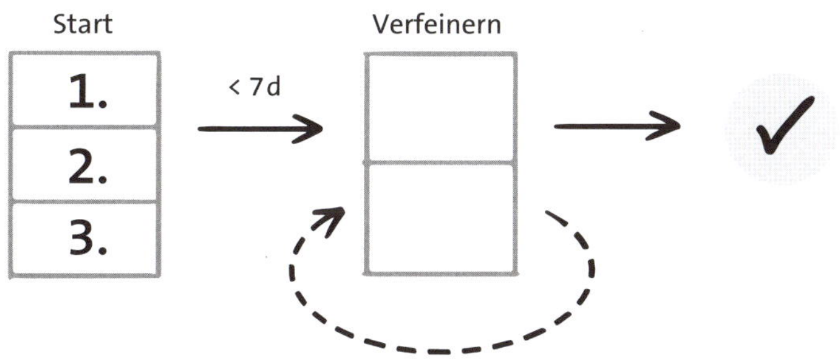

Die Verfeinerungsschritte können Sie bequem auf Ihrem Firmencampus durchführen, dafür reicht das normale Besprechungszimmer oder Büro. Überlegen Sie aber, den Start-Workshop und vielleicht auch die erste Iteration direkt im Anschluss daran in einer besonderen Location durchzuführen (siehe »Das Setting für den Workshop« in Kapitel 3).

Variante 2: Corporate Style (step by step)

Charakteristika: gründlich und schrittweise aufbauend → kontinuierliche Entwicklung

Wenn Sie etwas mehr Zeit haben und die Sache von Grund auf angehen wollen, bietet sich die Variante »Corporate Style« an. Sie ist zum Beispiel dann empfehlenswert, wenn es nicht darauf ankommt, so schnell wie möglich einen Überblick zu generieren, wenn die Situation sehr komplex ist oder Ihnen bereits bewusst ist, dass Themen wie Vision und Mission oder das sorgfältige Abwägen von Optionen in Ihrer Gruppe etwas länger dauern werden. Es ist wichtig, dass der gewählte Ansatz zu Ihrer Unternehmenskultur passt. Wenn diese weniger auf schnellem, bauchorientiertem Entscheiden beruht als vielmehr auf »ZDF« (= Zahlen, Daten, Fakten) und ausführlicher Diskussion, ist dieser Tatsache Rechnung zu tragen. Generell ist der Strategy Explorer darauf ausgerichtet, eher zügig zu arbeiten und auf immanentes Wissen zu setzen, aber mit dem Corporate Style schaffen Sie den Rahmen für einen Mittelweg.

In dieser Variante geht man Schritt für Schritt vor, indem man sich für jeden der drei großen Blöcke mindestens einen halben oder ganzen Tag Zeit nimmt. So ist es auch möglich, weitere zeitintensive Methoden im Workshop anzuwenden, beispielsweise ein echtes Zukunftsbild zu entwerfen und daraus das Visionsziel abzuleiten. Bevor es in den nächsten Block geht, wird der jeweils vorherige Block finalisiert und abgeschlossen. Dazu wird den Teilnehmern zwischen den Workshops genügend Zeit zur Reflexion und Recherche eingeräumt. Das gemeinsame Finalisieren kann in einem relativ kurzen Zeitslot am Anfang des jeweils nächsten Blocks erfolgen (ca. 30 Minuten bis eine Stunde). Die Grafik auf der folgenden Seite zeigt mehrere Gestaltungsmöglichkeiten, die auch eventuelle Iterationen berücksichtigen.

Ein Vorteil dieser Vorgehensweise besteht darin, dass eine Fehlerfortpflanzung weitgehend vermieden wird. Während bei der Start-up-Variante möglicherweise viele Schlussfolge-

Corporate Style – Varianten über mehrere Tage

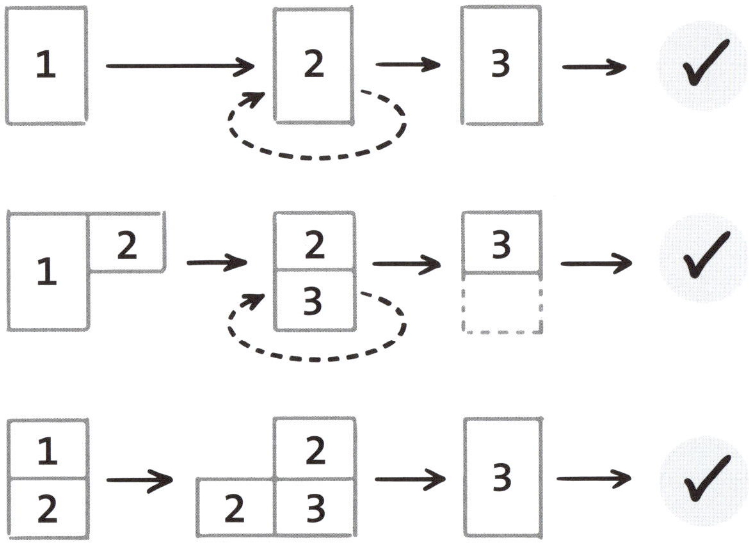

rungen und strategische Optionen revidiert werden müssen, wenn sich im Nachhinein noch Änderungen zum Beispiel an Betrachtungsgegenstand oder Vision ergeben, beschäftigen Sie sich in der Corporate-Variante so intensiv mit den Grundvoraussetzungen, dass nachträgliche Änderungen weniger wahrscheinlich sind.

Da bei der Corporate-Variante dediziert Blöcke auf ganze Tage verteilt werden und es sich bei den Folgeworkshops nicht um reine Verfeinerungen des Gesamtbildes handelt, bietet es sich an, zu allen Terminen eine Location außerhalb der üblichen Arbeitsumgebung zu wählen.

Für Einzelkämpfer

Vieles, was hier über die Arbeit mit dem Strategy Explorer gesagt wird, betrifft vor allem Unternehmen, in denen sich mehrere Teilnehmer im Workshop mit dem Thema Strategieentwicklung beschäftigen. Doch die Methode ist auch bestens für die Einzelarbeit geeignet, etwa für Freiberufler und andere Soloselbstständige wie auch für Angestellte, die beispielsweise eine Strategie für ihre Karriere entwickeln möchten. Für Strategieentwickler ohne Team bieten sich die folgenden Vorgehensweisen an.

1. Alleine erarbeiten (einen Prototypen oder komplett): Das ist der schlankeste, schnellste und flexibelste Weg. Sie brauchen nicht viel dafür: den Strategy Explorer auf A4 oder A3 ausdrucken und direkt mit Bleistift und Radiergummi loslegen. Alternativ arbeiten Sie gleich digital, indem Sie die Vorlage beispielsweise in PowerPoint übernehmen und dort Ihre Einträge mit Textfeldern statt Klebezetteln machen. Das bietet maximale Veränderbarkeit der Inhalte. Natürlich können Sie auch alle anderen Varianten nutzen, wie ein großes Poster und Haftnotizen, aber da Sie allein arbeiten, sind Sie frei in der Ausgestaltung. Sie können an Ihrer Strategie arbeiten, wie und wann immer Sie wollen. Das hat auch den Vorteil, dass Sie den ersten Wurf sehr schnell entwickeln können, da Sie nicht diskutieren müssen. In ein bis zwei Stunden lässt sich schon ein gutes Ergebnis erreichen. Wenn Sie dann noch eine weitere Perspektive einbeziehen wollen, machen Sie mit Punkt 3 weiter.

2. Mit Partner(n) arbeiten: Holen Sie sich Hilfe – zwei Personen sind auch schon ein Team! Beziehen Sie externe Perspektiven direkt während der Erarbeitung Ihres ersten Wurfs für die Strategie ein, anstatt erst allein zu arbeiten. Die Arbeit im Tandem oder sogar mit mehreren Partnern kann die Motivation stärken und direkt für neue Einblicke und mehr Verbindlichkeit sorgen. Entwickeln Sie Ihre Strategie beispielsweise mit Freunden, Weggefährten, Ihrem Mentor oder auch jemand Professionellem, etwa einem Coach. Dafür ist es allerdings angebracht, mit einem Poster an der Wand zu arbeiten, so wie es im Text ganz allgemein für Teams geschildert wird.

3. Weiterentwicklung durch Sparring: Beziehen Sie (weitere) externe Sichtweisen ein, nachdem Sie einen Prototypen Ihrer Strategie entworfen haben. Externe Sichtweisen können von Personen Ihres Vertrauens kommen, wie im vorigen Punkt beschrieben. Idealerweise haben Sie jemanden, der sich im Themengebiet Ihrer Strategieentwicklung oder bestimmten Aspekten davon auskennt, vielleicht sogar besser als Sie selbst. Das könnte beispielsweise ein Business- oder Karrierecoach oder sogar Ihr Steuerberater sein. Zeigen Sie dieser Vertrauensperson Ihren ausgefüllten Strategy Explorer und erklären Sie die wesentlichen Gedankengänge darin. Es wird sich fast automatisch eine Diskussion ergeben, in deren Verlauf Sie neue Anregungen für Ihre Strategiearbeit gewinnen und Ihre Überlegungen schärfen können. Oft zeigt sich erst beim Erklären, ob die eigenen Gedankengänge nachvollziehbar sind. Neue Sichtweisen können Sie direkt im Strategy Explorer ergänzen. Einen solchen Iterationsschritt mit Verfeinerung Ihres Strategieentwurfs können Sie natürlich beliebig oft mit weiteren Partnern wiederholen.

Vorteile des Alleinarbeitens sind die große Flexibilität und Unabhängigkeit von Zeit und Ort. Selbst auf externe Sichtweisen müssen Sie nicht verzichten. Darüber hinaus gelten alle weiteren Hinweise im Text auch für Einzelarbeiter, insbesondere zur Location und der Arbeit mit dem Canvas. Das betrifft allerdings auch den Abstand zum operativen Geschäft: Versuchen Sie nicht, »mal eben« zwischen zwei Telefonterminen ein bisschen Strategie zu machen. Schaffen Sie erst einmal etwas mentale Distanz, und arbeiten Sie dann möglichst konzentriert und ohne Störungen.

Vorgehen für Einzelkämpfer

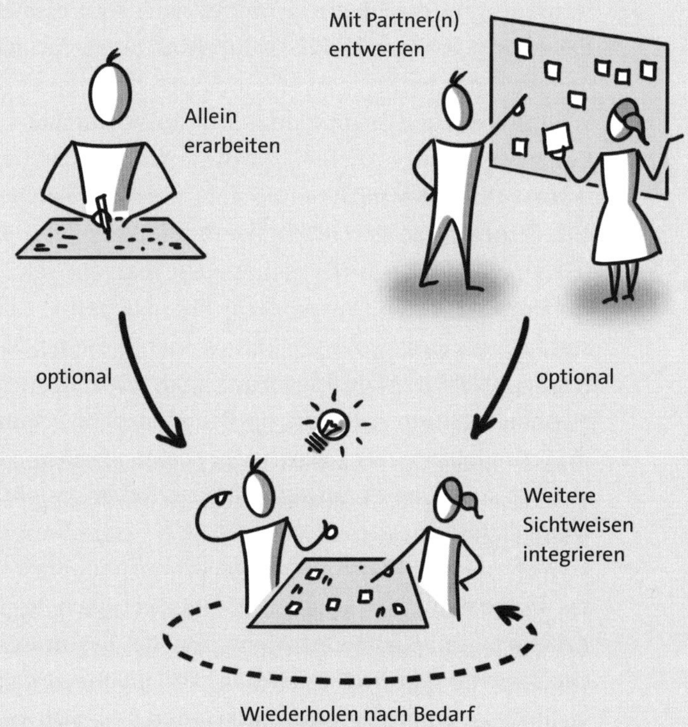

Teilnehmer

An mehreren Stellen in diesem Buch wurde bereits darauf hingewiesen, wie wichtig unterschiedliche Perspektiven für die Strategieentwicklung sind. Erst ein divers zusammengestelltes Team ermöglicht eine produktive Diskussion mit neuen, mitunter unbequemen Sichtweisen.

Teamzusammensetzung

Neue und unterschiedliche Sichtweisen sind essenziell, um das häufig vorkommende Groupthink (engl. für »Gruppendenken«, das heißt, Individuen passen ihre eigene Meinung an eine erwartete Gruppenmeinung an) zu durchbrechen und lieb gewonnene Ansichten zu hinterfragen. Das Geheimnis lautet »Diverse Mindset« und geht über die üblichen Diversitätsaspekte wie Geschlecht, Herkunft, Religion usw. hinaus (Harrin, 2015). Doch wie genau stellt man ein solches Team zusammen? Es sind meist nicht die üblichen Verdächtigen, sondern die ungewohnten Teilnehmer, die eine Diskussion enorm beleben. Allerdings muss man dazu etwas über den eigenen Schatten springen, da sich Menschen erfahrungsgemäß am liebsten mit solchen Menschen umgeben, die ihnen ähnlich sind. Das gilt auch für Teams. Daher besteht eine gewisse Gefahr, dass man eine Gruppe zusammenbringt, die keine besonders kontroversen Ansichten hat – ein verschenktes Potenzial! Also schauen Sie gezielt nach bestimmten Kriterien, und suchen Sie Menschen, die bestimmte, nützliche Aspekte einbringen können. Das eigene Unternehmen stellt meist einen Riesenfundus dar, in dem sich spannende Kandidaten für den Workshop finden lassen, wenn man den Blick einfach einmal schweifen lässt. Bitten Sie gegebenenfalls Kollegen um Tipps!

Im Folgenden werden einige Aspekte vorgestellt, an denen Sie sich orientieren können, um ein gutes Maß an Diversität zu generieren. Vielleicht fallen Ihnen beim Durchlesen der Kategorien spontan potenzielle Kandidaten ein:

Funktion: Mitarbeiter aus unterschiedlichen Funktionen bringen naturgemäß andere Sichtweisen auf das Geschäft mit und unterhalten unterschiedliche Verbindungen zur Außenwelt. Beispiele: Marketing, Forschung und Entwicklung, Personal, Innovation, Produktion, Finanzen, Vertrieb, Technischer Service, Geschäftsführung, Filialleitung …

Hierarchie: Ein Mix kann hier sehr hilfreich sein. Beispielsweise ist das höhere Management oft weit von der Basis entfernt und hat entsprechend eine ziemlich andere Erlebenswelt und Wahrnehmung (was besagtes Management eventuell bestreiten wird). Es ist wichtig, die verschiedenen Perspektiven zu integrieren, wobei gleichzeitig sichergestellt werden muss, dass die Anwesenheit zum Beispiel eines Geschäftsführers oder Vorstandes nicht den offenen Austausch verhindert. Hier kommt es stark auf die Firmenkultur an.

Background: Mischen Sie unterschiedliche Fachrichtungen – nichts ist schlimmer als zum Beispiel eine Runde von Ingenieuren, die die Marketing-Strategie der Zukunft entwerfen soll. Seien Sie offen, und kombinieren Sie BWLer, Techniker, Naturwissenschaftler, Theologen, Germanisten und was auch immer sinnvoll und bereichernd für Ihr Thema ist.

Betriebszugehörigkeit: Überwinden Sie Betriebsblindheit, indem Sie auch neue Mitarbeiter einbinden. Warum nicht den Vertriebler, der letztes Jahr von Ihrem größten Wettbewerber zu Ihnen gewechselt ist? Die Extremform wäre hier gar keine Betriebszugehörigkeit: Laden Sie wenn möglich jemand Externes ein – das beschert Ihnen auf jeden Fall eine neue Perspektive.

Geschlecht: Vielleicht eine etwas problematische Aussage in der aktuellen Genderdebatte, aber: Männer und Frauen denken anders und bringen unterschiedliche Erfahrungshintergründe und Lösungsansätze mit. Teilnehmer aus beiden Lagern erweitern also das Spektrum enorm und führen zu einer anderen Art der Diskussion.

Charakter: Bloß keine Runde, die nur aus Alpha-Tieren besteht, die alle ihren jeweiligen Standpunkt durchsetzen möchten! Bringen Sie unterschiedliche Charaktere zusammen: laute und leise, temperamentvolle und nachdenkliche, kreative Querdenker und disziplinierte Macher usw.

Erfahrung: Binden Sie Experten, aber auch Generalisten ein. Selbstverständlich muss jeder Teilnehmer zumindest ein grundlegendes Verständnis Ihres Strategiethemas besitzen, aber es müssen nicht alle Spezialisten dafür sein. Experten liegen mit ihren Einschätzungen zu ihrem eigenen Thema oft daneben, weil sie Einflüsse vernachlässigen, die sie selbst nicht auf dem Radar haben. Gottlieb Daimler sagte 1901 beispielsweise: »Die weltweite Nachfrage nach Kraftfahrzeugen wird eine Million nicht überschreiten – allein schon aus Mangel an verfügbaren Chauffeuren.« Er hatte dabei offenbar nicht in Betracht gezogen, dass die Menschen ihr Auto auch selbst fahren könnten. Derlei Expertenirrtümer gibt es massenhaft. Laden Sie also zu Ihrem Workshop auch Generalisten mit breitem Erfahrungshintergrund, schneller Auffassungsgabe und gutem Urteilsvermögen ein.

Sie müssen natürlich nicht alle der gelisteten Kategorien möglichst vielfältig bedienen, sonst kommen Sie schnell auf 20 Personen und mehr, was definitiv nicht zielführend wäre. Jeder Mensch vereint eine andere Kombination von Merkmalen, sodass Sie auch bei geringerer Teilnehmerzahl ein breites Spektrum an Eigenschaften und Perspektiven abdecken können.

Moderation

Es ist sehr zu empfehlen, dass jemand die Diskussion leitet und die Gruppe durch den Prozess führt. Falls noch nicht geschehen, lautet daher der klare Rat: Bestimmen Sie einen Moderator! Das kann jemand aus dem Team sein, der sich in die Strategy-Explorer-Methode eingearbeitet hat, oder auch ein externer Moderator mit entsprechenden Kenntnissen. Die Erfahrung zeigt, dass ein Workshop mit Moderation schneller und fokussierter abläuft. Allein schon das schnelle Festhalten von Gedanken, die in der Diskussion aufkommen, funktioniert besser, wenn diese Aufgabe jemandem fest zugeteilt ist. Und wenn die Diskussion abdriftet – was früher oder später immer passiert –, kann der Moderator sie jederzeit wieder fokussieren. Darüber hinaus hat der Moderator die Zeit im Blick, was besonders wichtig ist, wenn diese sehr begrenzt ist.

Teilnehmerzahl

Eine gute Teilnehmerzahl für einen produktiven Workshop mit dem Strategy Explorer ist die sprichwörtliche Handvoll, also etwa fünf aktive Diskutanten plus Moderator. Diese Gruppengröße hat sich als gut handhabbar erwiesen und ermöglicht es, das gesamte Modell in überschaubarer Zeit durchzuarbeiten. Es geht natürlich auch mit mehr Teilnehmern, mit sechs oder sieben, aber ab acht wird es schon schwieriger. Je kleiner die Gruppe, desto schneller geht das Ganze, weil Diskussionen kürzer ausfallen, allerdings kann eventuell die Perspektivenvielfalt leiden. Daher gilt es, einen vernünftigen Mittelweg zu finden.

Wenn Sie nicht einen einzelnen Workshop veranstalten, sondern in mehreren Phasen arbeiten, können Sie für einzelne Veranstaltungen die Teilnehmer durchwechseln. Im Idealfall bilden Sie ein Kernteam, welches über den gesamten Prozess gleich bleibt, und laden abhängig von bestimmten Teilaspekten verschiedener Workshops dazu weitere Teilnehmer, zum Beispiel Experten, ein. Wenn Sie darüber hinaus nicht unter Zeitdruck stehen, darf die Gruppengröße in diesem Fall die Anzahl von fünf Personen durchaus überschreiten.

Arbeitsweise

Die Arbeitsweise mit dem Strategy Explorer ähnelt derjenigen mit anderen Canvas-Formaten: Es geht darum, gemeinsam und schnell Ideen zu entwickeln, sie strukturiert festzuhalten und flexibel zu modifizieren.

Material

Das dafür erforderliche Material ist recht überschaubar und ein großer Teil oft in den »Bordmitteln« enthalten. Es lohnt sich aber, ein paar Spezifika und mögliche Alternativen in Betracht zu ziehen.

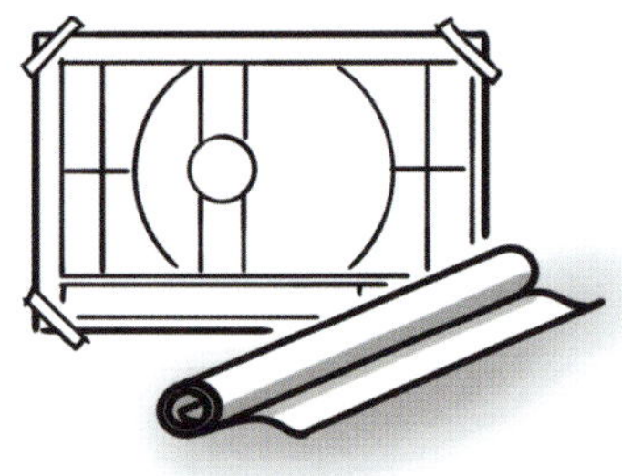

Strategy Explorer: Als Basis für die Arbeit benötigen Sie eine ausgedruckte Variante des Strategy Explorer. Sie können das Modell als PDF-Datei auf der Buch-Website kostenlos herunterladen: **www.strategy-explorer.xyz**. Lassen Sie es auf dem eigenen Drucker, im Copyshop oder bei einer Online-Druckerei ausdrucken. Für die Einzelarbeit genügt ein Ausdruck im A4- oder A3-Format, der sich einfach mit Bleistift und Radiergummi bearbeiten lässt. Für die Arbeit in der Gruppe empfiehlt sich ein Ausdruck im B0-Querformat (entspricht etwa 140 cm × 100 cm). Falls Sie im Copyshop drucken lassen, können Sie den Ausdruck häufig auf die dort verfügbare maximale Rollenpapierbreite von 90 cm oder 100 cm hochskalieren lassen. Eine normale Papierqualität ab 80 g/m^2 ist völlig ausreichend.

Haftnotizen: Hier bieten sich entweder klassische Haftnotizen aus Papier (z.B. Post-its) oder elektrostatisch haftende Folienprodukte (z.B. Stattys oder Slickynotes) an. Vorteil der elektrostatischen Variante ist, dass sich die Notizen einfach auf der Unterlage verschieben lassen. Nachteilig ist allerdings, dass man spezielle Stifte zur Beschriftung benötigt. Dazu kommen der höhere Preis und die Umweltbelastung durch Plastikmüll. Die Verwendung von elektrostatischen Haftnotizen empfiehlt sich daher für spezielle Aspekte, wie das Abwägen von Optionen, bei dem die Notizzettel besonders häufig neu positioniert werden müssen. Der Strategy Explorer lässt sich im Allgemeinen sehr gut mit der klassischen Papier-Version der Haftnotizen bearbeiten. Die empfohlene Größe für die Zettel ist klassisch quadratisch mit 76 mm × 76 mm.

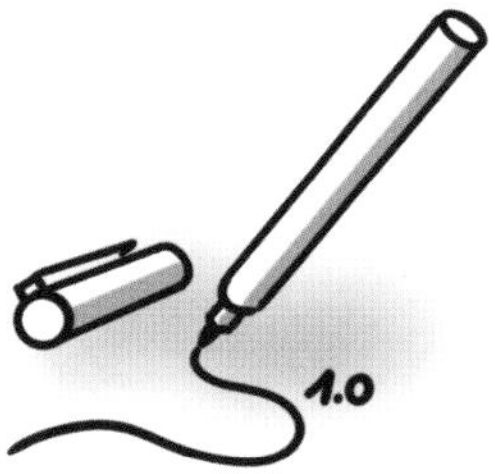

Stifte: Kugelschreiber schreiben zu dünn, als dass sich aus größerer Entfernung etwas lesen ließe, während Moderationsmarker zu dick sind für eine aussagekräftige Notiz auf einem Klebezettel. Besorgen Sie daher Stifte mit einer Strichstärke von etwa einem Millimeter, zum Beispiel Lumocolor nonpermanent von Staedtler oder die berühmten Sharpies. Diese Strichstärke ist auf Distanz noch gut lesbar, und es lassen sich auch komplexere Gedanken auf einem einzelnen Zettel festhalten.

Malerkrepp: Die ideale Möglichkeit, einen großen Ausdruck des Strategy Explorer auf reversible Weise an einer vertikalen Fläche zu befestigen, ist Malerkrepp. Das gibt es in jedem Baumarkt und ist in den meisten Moderationskoffern bereits enthalten.

Flipchart: Nicht alles lässt sich im Workshop direkt im Strategy Explorer erledigen. Vielleicht gibt es Nebendiskussionen oder wichtige Punkte, die Sie anderweitig festhalten müssen. Ein Flipchart sollte daher nicht fehlen.

Pinnwand: Ein sehr nützliches Utensil, das bei Bespannung mit Moderationspapier deutlich mehr Fläche bietet als ein Flipchart, ist eine Pinnwand. Darüber hinaus kann diese als Alternative zum Aufhängen des Strategy Explorer dienen, wenn es keine geeignete Wand gibt – allerdings ist das B0-Format breiter als eine handelsübliche Pinnwand, es sei denn, sie hat ebenfalls Querformat, sonst benötigen Sie zwei Pinnwände nebeneinander.

Flipchart und Pinnwand sind optional (»nice to have«), während alles andere gebraucht wird, um in einem Workshop effektiv mit dem Strategy Explorer arbeiten zu können.

Vorbereitung

Eine häufige Frage ist, ob sich die Teilnehmer auf den Strategieworkshop vorbereiten müssen und wenn ja, wie. Zunächst sollten alle Teilnehmer natürlich die maximale Expertise für ihren eigenen Fachbereich mitbringen und das zu bearbeitende Thema von dort her denken können. Darüber hinaus sind Art und Umfang der Vorbereitung im Wesentlichen Geschmackssache und abhängig vom Themenblock, der im Workshop bearbeitet werden soll. Generell schadet es nicht, wenn sich die Teilnehmer im Vorfeld des Workshops mit aktuellen Trends im Umfeld, dem Wettbewerb oder mit Kundenbedürfnissen auseinandersetzen, indem sie recherchieren, Studien und Artikel zusammentragen und lesen usw. Das erhöht noch einmal die Chance, neue Gedanken und Perspektiven außerhalb des Gewohnten einzubringen. Grundsätzlich können Sie aber auch auf das implizite Wissen setzen, das die Workshopteilnehmer ohnehin mitbringen, und den ersten Wurf der Strategie zunächst darauf begründen. Abzuraten ist allerdings davon, die Teilnehmer im Vorfeld um die Ausarbeitung von konkreten Lösungsvorschlägen zu bitten. Denn wenn Teilnehmer bereits eigene Lösungsansätze entwickelt haben, fällt es später erfahrungsgemäß sehr schwer, davon wieder abzurücken. Stattdessen besteht das Risiko, dass solche Lösungsideen vehement verteidigt werden.

Zusammengefasst: Zur Vorbereitung soll man sich gern mit der Materie im Allgemeinen beschäftigen, um Wissen zu generieren und die Perspektive zu erweitern, aber bitte keine konkreten Lösungsvorschläge entwickeln!

Goldene Regeln

Damit der Workshop rund läuft und Sie hinterher ein verständliches, nutzbares Ergebnis haben, sollten ein paar Regeln beachtet werden, die teilweise bereits angeklungen sind. Die folgende Liste liefert eine Zusammenfassung der wichtigsten davon. Einige der Punkte sind zwar ziemlich naheliegend, werden aber dennoch nicht immer beherzigt.

1. Auf das Wesentliche konzentrieren. Eine Zettelüberflutung torpediert die Übersichtlichkeit des Modells und ist kontraproduktiv für die Klarheit, die für die Strategieentwicklung gewonnen werden soll. Wenige Zettel mit den wirklich relevanten Punkten sind zielführender als ein Wust von Notizen mit zum Teil untergeordneter Bedeutung. Falls nicht schnell klar wird, welche Punkte die relevanten sind, kann auch erst separat gesammelt werden. Nach einer geeigneten Priorisierung werden dann die wichtigsten Zettel in das zu bearbeitende Feld im Strategy Explorer übertragen. Nützliche Priorisierungsmethoden finden sich im Kapitel 3 (»Was tun, wenn's klemmt?«).

2. Kurz und präzise formulieren. Auf einer Haftnotiz ist meist nicht genügend Platz für die umfassende Beschreibung eines Sachverhalts, und das ist auch nicht das Ziel. Die Kunst besteht darin, auf eine Weise zu verkürzen, dass der ursprüngliche Gedanke auch nach ein paar Wochen noch nachvollziehbar ist, wenn man sich das Arbeitsergebnis noch einmal anschaut. Vermeiden Sie Zettel mit nur einem einzelnen Stichwort darauf, wie »Digitalisierung« oder »Marktführerschaft«. Das ist meist viel zu ungenau und gibt später eher Rätsel auf, als erhellend zu sein – vor allem, wenn es sich um beobachtete Entwicklungen, Schlussfolgerungen oder Maßnahmen handelt. Ein kurzer Satz im Telegramm-Stil oder die Präzisierung durch Adjektive ist da deutlich hilfreicher, zum Beispiel »Neue digitale Vertriebskanäle« oder »Marktanteil größer 40 Prozent erreichen«. Das hilft auch dabei, eventuell heruntergefallene Zettel wieder korrekt ihrem Kontext zuzuordnen.

3. Nur ein Gedanke pro Zettel. Das Grundprinzip der Arbeit mit einem Canvas besteht darin, dass man einzelne Einträge unproblematisch verschieben, modifizieren oder gar entfernen kann. Sobald mehrere unterschiedliche Gedanken auf ein und demselben Zettel stehen, geht das nicht mehr. Mehrere Punkte auf einem einzigen Zettel zusammenzufassen, mag platzsparend sein, kann aber die weitere Arbeit behindern oder verkomplizieren. Umgekehrt sollten Sie aber auch nur eine Haftnotiz pro Gedanke verwenden, sonst besteht die Gefahr, den ursprünglichen Gedanken später auseinanderzureißen.

4. Ideen schnell zu Papier bringen. Haftnotizen kosten nicht viel, daher kann man viele schreiben und die meisten davon problemlos wieder verwerfen. Wichtig ist, dass keine Ideen beziehungsweise guten Gedanken verloren gehen. Daher lieber etwas schnell und grob aufschreiben, auch wenn der Gedanke noch nicht ausgereift ist. Präzisieren kann man ihn später immer noch.

5. Nicht festbeißen. Wenn sich bei der Diskussion eines bestimmten Aspekts zeigt, dass keine gemeinsame Sichtweise herbeigeführt werden kann, Unklarheiten bestehen oder Informationen fehlen, dann ist das eben so! Lassen Sie es erst einmal so stehen, und diskutieren Sie nicht endlos weiter. Gehen Sie zum nächsten Aspekt über und klären Sie den anderen »offline«, zum Beispiel im Zeitraum bis zum nächsten Treffen.

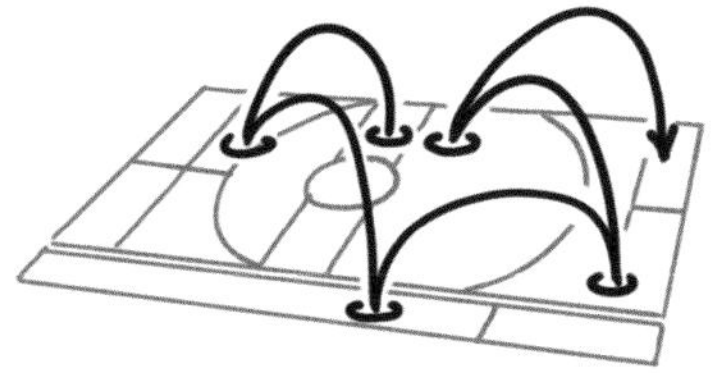

6. Springen ist okay. Man muss sich bei der Bearbeitung des Strategy Explorer nicht sklavisch an die vorgeschlagene Reihenfolge halten. Wenn plötzlich aus der Diskussion ein guter Gedanke für ein anderes als das gerade bearbeitete Feld entsteht, dann halten Sie ihn einfach schnell fest und kleben ihn an die richtige Stelle, bevor er wieder weg ist. Viele gute Ideen kommen überhaupt erst durch Assoziationen während des Prozesses zustande.

7. Das ganze Team nutzen. Im Workshop kommt eine Gruppe von Menschen mit unterschiedlichen Persönlichkeiten, Erfahrungshintergründen und Sichtweisen zusammen. Nutzen Sie diese, indem Sie allen die Gelegenheit geben, etwas beizutragen, und sie gegebenenfalls gezielt dazu ermuntern. Das erfordert etwas Geschick, ist aber absolut lohnenswert.

8. Zuhören und verstehen. Unterschiedliche und vielleicht unkonventionelle Perspektiven sind bereichernd für die Diskussion – man muss sich allerdings darauf einlassen. Hören Sie also lieber zu und versuchen Sie andere Standpunkte nachzuvollziehen, anstatt gleich Gegenargumente vorzubereiten. Wenn Querdenkern keine Wertschätzung entgegengebracht wird, halten sie ihre Äußerungen in Zukunft zurück.

Der Moderator sollte diese Regeln eingangs kurz erläutern. Bei Bedarf können sie auch ausgedruckt und aufgehängt werden, damit sie jederzeit präsent sind.

Das Setting für den Workshop

Strategieentwicklung ist etwas Besonderes, das Sie vermutlich nicht jeden Tag im großen Stil betreiben. Um sich der Thematik angemessen zu widmen, sollte man die täglichen Denkprozesse nach Möglichkeit hinter sich lassen und Abstand zur Routine und der operativen Hektik des Tagesgeschäfts gewinnen. Das führt am ehesten zu frischen Perspektiven, unerwarteten Einsichten und einem offenen Blick aufs große Ganze. Entsprechend sollte auch der Rahmen, in dem Sie Ihre strategischen Überlegungen vorantreiben, idealerweise etwas Besonderes sein und sich von Umfeld und Art Ihrer täglichen Arbeit unterscheiden. Abgesehen von den rein räumlichen Gegebenheiten gibt es noch einige weitere Aspekte, die große Auswirkungen auf den Erfolg der Strategieentwicklung haben, wenn Sie nicht als Einzelperson arbeiten. Im Falle eines Strategieworkshops ist dies vor allem die bereits behandelte Teilnehmerauswahl, aber auch eine positive Atmosphäre.

Raum

In der Regel werden Strategieworkshops in geschlossenen Räumen abgehalten. Andererseits, warum nicht mal die Regeln brechen, der Strategy Explorer ist schließlich auch eine ungewöhnliche Methode? Im Prinzip können Sie mit dem Strategy Explorer überall arbeiten, wo Sie eine glatte Fläche finden, an der Sie ihn aufhängen und mit dem Team davorstehen können – im Extremfall also sogar im Freien, wenn Sie das möchten. Allerdings haben geschlossene Räume unter anderem den Vorteil, dass vertrauliche Inhalte nicht unbeabsichtigt nach außen dringen. Es spricht also mehr als möglicherweise nur schlechtes Wetter für die Nutzung eines geschlossenen Raumes.

Im Workshopraum wird der Strategy Explorer idealerweise an einer glatten Wand befestigt (kein Rauputz oder Raufasertapete!), alternativ gehen auch Pinnwände. Vor dem Strategy Explorer sollte genügend Platz sein, damit das Team komfortabel arbeiten kann. Räumlichkeiten mit fest installierten Konferenztischen sind dafür oft nicht geeignet. Darüber hinaus sollte der Raum groß genug sein, um sich darin bewegen zu können. Im Sitzen kommen meist nicht die besten Ideen zustande. Dennoch sollte es natürlich Sitzgelegenheiten geben, aber sie sollten auf den Strategy Explorer ausgerichtet sein, zum Beispiel in Form eines offenen Stuhlkreises. Zu viele Tische im Raum schaden der Bewegung und begrenzen das Gefühl der Offenheit, also weg damit!

Last, but not least: In einem dunklen Raum ohne Fenster kommt selten kreative Stimmung auf. Besorgen Sie also am besten einen lichtdurchfluteten Raum, von dem man auch einmal ins Freie gelangen kann.

Die nötige Raumgröße hängt stark von der Teilnehmerzahl ab. Hier sollten Sie mit etwas Augenmaß herangehen. Ein zu kleiner, beengt wirkender Raum kann genauso ungeeignet sein wie ein viel zu großer, in dem sich die Gruppe verloren vorkommt.

Location

Für die Strategieentwicklung in Einzelarbeit, vielleicht mit einem A3-Ausdruck des Strategy Explorer und einem Bleistift bewaffnet, ist die Frage nach der Location eher unkompliziert – Sie können leicht einen für Sie persönlich inspirierenden Ort aufsuchen. Das mag eine Bank im Park mit Blick auf den See, das Starbucks um die Ecke, Ihr Garten oder auch die Couch im Wohnzimmer sein, je nachdem, wo Sie sich wohlfühlen und sich von externen Störungen wie Telefon, E-Mail und Co. loseisen können. Idealerweise ist es nicht Ihr normaler Arbeitsplatz.

Sobald es um einen Workshop mit mehreren Personen geht, ist es dagegen oft eine Frage von Kosten und Bequemlichkeit, ob man den Strategieworkshop in der Firma oder in einer externen Location durchführt. Allein unter diesen Kriterien wird meist das Besprechungszimmer nebenan gewinnen. Unter inhaltlichen Gesichtspunkten ist es allerdings vermutlich die schlechteste Wahl: Die Teilnehmer verschwinden in den Pausen in ihre Büros, kümmern sich um ihre E-Mails, erledigen noch das wichtige Telefonat zwischendurch und kommen auf diese Weise nicht wirklich vom Tagesgeschäft los. Darüber hinaus sehen sie das, was sie immer sehen, also keine besondere Stimulation fürs Hirn. Eine andere geeignete Räumlichkeit auf dem Firmencampus wäre schon besser, zum Beispiel im Meeting- oder Innovationszentrum – falls Ihre Firma so groß ist. Das wird schon unbequemer, man kann nicht »mal eben« im Büro vorbeischauen, und die Umgebung ist bereits etwas ungewohnter. Dennoch haben Sie immer noch nicht Ihren normalen Business-Kontext verlassen. Sie sehen Ihre Firma sprichwörtlich immer noch von innen. Diese Perspektive ändert sich erst, sobald Sie das Firmengrundstück verlassen und einen externen Veranstaltungsort wählen. Mit dem physischen Abstand ist auch ein größerer mentaler Abstand möglich. Sobald Sie diese Entscheidung einmal getroffen haben, können Sie üblicherweise auch frei entscheiden, wie die Location aussehen soll, und Sie können sie entsprechend der Anforderungen Ihres Strategieworkshops auswählen. Zur Inspiration ein paar Beispiele:

Ein Seminarhotel im Grünen: Frische Luft, sattes Grün und die Möglichkeit, zwischendurch für einen Spaziergang nach draußen zu gehen, kurbeln die Kreativität an.

Ein Coworking-Space in der Stadt: Das bunte Treiben und die meist modern gestalteten Räumlichkeiten wirken inspirierend, insbesondere wenn Sie sonst eher in klassischen Büroräumen arbeiten. Gut für Innovationsthemen! Darüber hinaus sind oft alle Voraussetzungen für modernes, agiles Arbeiten gegeben.

Eine Hütte in den Bergen: Abgefahren! Die ungewöhnliche Location zwingt fast schon zu neuen Perspektiven, der Blick ins Weite hilft dabei. Darüber hinaus kann hier niemand wegrennen und mitunter ist auch der Mobilfunkempfang miserabel – beste Voraussetzungen für eine Strategieklausur (»Strategy Retreat«), bei der Sie sich voll auf die Diskussion konzentrieren. Man hört auch des Öfteren, dass die gewaltige Bergkulisse so manches relativiert, was je nach Situation ganz förderlich sein kann.

Ein Kongresshotel am Meer: Den Kopf beim Spaziergang durchlüften und sich von der Weite des Meeres inspirieren lassen – einfach perfekt!

Ein Öko-Veranstaltungszentrum auf dem Kiez: In eine ungewohnte Umgebung hineinzuschnuppern, stimuliert neue Gedanken.

Ein Kreuzfahrtschiff: Hierbei handelt es sich im Wesentlichen um eine Kombination von »Hütte in den Bergen« und »Hotel am Strand«, allerdings mit begrenztem Auslauf.

Ein (Industrie-)Museum: Das ist nicht nur ein guter Ort für Inspiration und Innovation, sondern zugleich auch eine eindringliche Erinnerung daran, dass Stillstand keine Alternative ist.

Die Liste lässt sich beliebig fortsetzen. Finden Sie eine Location, die für Ihr Thema und die Umstände geeignet ist – und natürlich zu Ihren finanziellen Möglichkeiten passt.

Die richtige Location hat auch einen großen Einfluss auf die Atmosphäre des Workshops, welche einen weiteren Erfolgsfaktor darstellt. Die visuellen Reize, die damit gesetzt werden, werden vom Unterbewusstsein direkt verarbeitet und können damit die Atmosphäre sowohl positiv als auch negativ beeinflussen.

Ein weiterer Vorteil einer externen Location liegt darin, dass niemand sieht, dass eine bestimmte Gruppe zu einem Strategietreffen zusammenkommt, was bei der Belegschaft den Verdacht erwecken könnte, es könnte etwas im Busch sein.

Je nach Gesamtsituation und Stimmung im Unternehmen kann es hilfreich sein, solche Situationen zu vermeiden.

Das Schöne am Strategy Explorer: Egal wo Sie arbeiten wollen – Sie können den Arbeitsstand jederzeit mitnehmen und woanders wieder aufhängen. Sie können die Location also jederzeit wechseln!

Atmosphäre

Die coolste Location und das beste Team nützen nichts, wenn die Atmosphäre nicht passt. Wenn die Teilnehmer beispielsweise das Gefühl haben, ihre Gedanken nicht offen aussprechen zu können, lähmt das den Prozess und verhindert gute Ergebnisse. Die Gründe hierfür können vielfältig sein. Vielleicht befürchten die Teilnehmer Repressalien, ihr anwesender Chef vertritt eine andere Meinung, es gibt Tabu-Themen, sie sind eher schüchtern, sie fühlen sich nicht wohl oder ihre Ideen werden gleich mit Totschlagargumenten gekillt ... Vieles davon mag bereits in der Firmenkultur begründet liegen, aber man kann durch eine gute und produktive Workshop-Atmosphäre noch eine Menge herausholen. Die Atmosphäre lässt sich wesentlich durch die Stimmung der Location, die Moderation und einen Satz gemeinsam akzeptierter Regeln beeinflussen.

Hier ein paar Charakteristika, die eine für die Strategieentwicklung förderliche Atmosphäre ausmachen:

Offenheit: Eine der wichtigsten Voraussetzungen für einen erfolgreichen Strategieworkshop. Eine gute Strategie entsteht durch unterschiedliche Perspektiven und neue Einsichten, daher sollten die Teilnehmer auch ungewohnten Standpunkten gegenüber aufgeschlossen sein. Hören Sie lieber zu und versuchen Sie zu verstehen, anstatt auf Positionen zu beharren!

Wertschätzung: Gerade ungewöhnliche Ansichten können einen entscheidenden Beitrag zu einer genialen Strategie leisten. Es ist daher wichtig, sowohl diese Inputs als auch die Menschen, von denen sie kommen, wertzuschätzen – auch wenn man nicht einer Meinung ist. Wenn die Teilnehmer das Gefühl haben, dass ihre Beiträge nicht wertschätzend aufgenommen werden, gehen wesentliche Einsichten verloren, weil sie gar nicht erst geäußert werden.

Diskussionsfreude: Durch einen lebhaften Diskurs kommen die besten Ergebnisse zustande. Bloß keine Konsensveranstaltungen, bei denen von vornherein alle die gleiche Meinung haben! Ohne Dissens keine gute Diskussion, ohne gute Diskussion kein gutes Ergebnis. Am Ende sollte jedoch ein gemeinschaftlich getragenes Resultat stehen. Doch Vorsicht: Ein gewisses Maß an Diskussion ist produktiv, sie darf aber auch nicht ausarten. Ein Moderator kann dies im Blick behalten und entsprechend steuern.

Konstruktivität: Ideen-Bashing geht gar nicht, also bitte keine Totschlagargumente. Üben Sie konstruktive Kritik, indem Sie nicht »Nein, weil ...« oder »Ja, aber ...« denken und sagen, sondern »Ja, und ...«, um Ideen weiterzuentwickeln.

Kreativität: Der gesamte Prozess der Strategieentwicklung lebt von guten Einfällen. Bereits die Wahl der Location kann hier inspirierend wirken und eine Atmosphäre schaffen, die Kreativität fördert (wohlfühlen, entspannen). Ein weiterer wichtiger Faktor für die Kreativität ist der offensichtliche Umgang mit kreativen Ideen (siehe Offenheit und Wertschätzung: »Kreative Ideen sind willkommen«). Im Sinne einer Fehlerkultur sollte es möglich sein, auch einmal eine wenig durchdachte Schnapsidee zu äußern, ohne für den Rest des Workshops als Spinner dazustehen.

Vertraulichkeit: »What happens in Vegas, stays in Vegas.« Bei der Strategieentwicklung geht es meist um kritische Themen. Sie müssen sich deshalb gemeinsam darauf verständigen, dass vertrauliche Themen im Raum bleiben und nicht nach außen dringen. Das gilt insbesondere, weil eventuell drastische Schritte angesprochen und durchgespielt werden, die außerhalb des Strategieteams zu Unruhe oder zum vorzeitigen Aus einer tollen Idee führen könnten.

Teamgeist: Sie wollen ein gemeinsames Ziel erreichen? Dann sollten Sie sich als Team fühlen, das gemeinsam an einem Strang zieht und das Beste für das Thema herausholen möchte. Ein gutes Wir-Gefühl sorgt automatisch für eine lockere und konstruktive Atmosphäre und einen wertschätzenden Umgang miteinander.

Fokus: Konzentration aufs Thema und Aufmerksamkeit in der Diskussion sind wichtige Erfolgsfaktoren. Also vermeiden Sie Störungen jeglicher Art, und schalten Sie Ihre Smartphones aus.

Klarheit: Versuchen Sie, in der Diskussion nicht um den heißen Brei herumzureden, sondern auf den Punkt zu kommen. Vereinbaren Sie, direkt zu sein, ohne zu verletzen.

Veränderungswille: Ein geteilter Wille oder zumindest die Bereitschaft zur Veränderung, idealerweise eine Art Aufbruchsstimmung, ist eine sehr gute Basis für einen produktiven Strategieworkshop.

Spaß: Mag vielleicht seltsam klingen, gehört aber auch dazu – nennen Sie es »Freude«, wenn das für Sie besser klingt. Wenn Sie keinen Spaß bei der Strategieentwicklung und an den damit möglicherweise einhergehenden Veränderungen haben, wird das Ergebnis ebenso lustlos ausfallen. Eine gelöste Atmosphäre mit Humor trägt auch massiv zur Kreativität bei. Habt Spaß!

Ein Teil dieser Charakteristika, insbesondere Offenheit, Wertschätzung und Vertraulichkeit, lässt sich auch mit dem Begriff »geschützter Raum« überschreiben, in dem Gedanken, Meinungen und Gefühle offen und ohne Angst vor Abwertung oder Bestrafung geäußert werden können. Es schadet nicht, vor Beginn des Workshops diese Grundregeln zu besprechen und gemeinsam anzunehmen, wenn sie nicht ohnehin klar und in Ihrer Kultur bereits verankert sind. Man kann auf die Schnelle sicher keinen generellen Wandel in der Diskussionskultur herbeiführen, aber es hilft, die wesentlichen Aspekte ins Bewusstsein zu rufen und gelegentlich daran zu erinnern.

Was tun, wenn's klemmt?

Eigentlich ist es in vielen Workshops weniger die Frage, ob es passiert, sondern eher, wann es passiert: Man steckt irgendwie fest, die Ideen sprudeln nicht so, wie sie sollten, die Diskussion hängt sich an einem Detail auf, man verliert den Überblick darüber, was wirklich wichtig ist, oder man kommt einfach nicht zu einer gemeinsam getragenen Sichtweise. Falls nichts davon eintritt – super, weitermachen! Wenn doch, dann bietet es sich an, spezielle Methoden zur **Ideengenerierung**, **Priorisierung** oder **Entscheidungsfindung** einzusetzen. Davon gibt es unzählige, und vielleicht haben Sie bereits ein eigenes Repertoire von präferierten Verfahren. Betrachten Sie die nachfolgend beschriebenen Methoden als Auffrischung und Anregung – sie sind einfach anzuwenden und haben sich in der Praxis bewährt. Beachten Sie jedoch, dass gerade die Methoden zur Ideengenerierung und Priorisierung zum Teil recht zeitaufwendig sind und einen ohnehin zeitlich knapp bemessenen Workshop schnell sprengen können. Verwenden Sie diese Methoden in zeitkritischen Situationen also am besten nur im Notfall.

Ideen generieren

Kreativitätsmethoden zur Generierung von Ideen lassen sich grob in die drei Kategorien Inspiration, Weiterentwicklung und Problemlösung einteilen. Sie rangieren dabei vom eher unkonkreten Sammeln von Einfällen über die Entwicklung von Lösungsansätzen bis hin zu sehr konkreten Aufgabenstellungen. Dabei gibt es einfachere und sehr komplexe Methoden. Bei der Arbeit mit dem Strategy Explorer wird man hauptsächlich auf zwei Anwendungsfälle stoßen: Inspiration und Problemlösung.

Inspiration ist im Strategy Explorer an einigen Stellen gefragt. Besonders relevant ist sie für die Analyse des Umfelds, die Identifikation von Stärken, Schwächen, Chancen und Risiken sowie der Schlussfolgerungen daraus. Die Grundfrage lautet meist: »Was muss (noch) in dieses Feld hinein, welche Aspekte, Umstände, Trends könnten relevant sein?« Die Fragestellung ist eher unkonkret, und es eignen sich verschiedene Brainstorming- und Brainwriting-Techniken.

Wenn die Fragestellung konkreter wird (z. B. »Wie können wir unser Visionsziel erreichen?« oder »Wie ergreifen wir die Chance XY am besten?«), können diese Techniken ebenfalls angewandt werden, aber es gibt weitere Möglichkeiten, die zu spannenden Ergebnissen führen können. Hier ist insbesondere die Kopfstand-Technik zu erwähnen.

Bevor wir im Detail auf diese Methoden eingehen, ist es wichtig, eine wesentliche Gemeinsamkeit vieler Kreativitätstechniken zu verstehen. Sie laufen in drei Phasen ab:

1. Die erste Phase ist die sogenannte **fließende Phase**. In dieser kommen etliche Ideen auf, die stark auf den bisherigen Erfahrungen und dem Übertragen von Bekanntem und Bewährtem beruhen.
2. Danach geht der Prozess meist in eine Phase der **Stagnation** über, in der man nach neuen Ansätzen sucht, es aber irgendwie nicht richtig weitergeht. Der Ideenfluss versiegt. Jetzt abzubrechen wäre jedoch ein Fehler!

3. Denn nach der Stagnation folgt die **Sprungphase**, in der oft neue Gedanken und wirklich innovative Lösungen aufkommen, die weiter vom Bekannten entfernt sind und auf Assoziation, Extrapolation und Synergien aufbauen.

In die wichtige Sprungphase kommt man erst nach vollständigem Durchlaufen der beiden vorherigen Phasen. Es ist also wichtig, die zweite, durch gefühlte Ideenlosigkeit gekennzeichnete Phase auszuhalten. Berücksichtigen Sie dies bei den nachfolgend beschriebenen Methoden.

Brainstorming

Indem Sie beim normalen Bearbeiten des Strategy Explorer Schritt für Schritt durch die einzelnen Felder gehen und Einträge sammeln, führen Sie im Ansatz bereits eine Art Brainstorming durch. Allerdings entspricht es nicht den Grundregeln für ein klassisches Brainstorming, wenn Ideen sofort diskutiert werden. Das ist aber nicht weiter tragisch, solange Sie das Gefühl haben, dass trotzdem ausreichend vielfältige und nützliche Aspekte genannt werden und Sie genügend Zeit einräumen, dass der kreative Prozess nicht unterbrochen wird. Wenn Sie jedoch feststellen, dass die gleichzeitige Ideengenerierung und Diskussion in Ihrer Gruppe nicht gut funktioniert und die Anzahl oder Qualität von Einträgen zu wünschen übrig lässt, füllen Sie ein Feld (oder eine Gruppe von Feldern) zuerst durch ein dediziertes Brainstorming und selektieren dann die wichtigsten Aspekte für die weitere Diskussion. Aber Achtung: Dieses Vorgehen dauert insgesamt länger.

Das Brainstorming ist der Klassiker der Ideengenerierung und wurde von Alex F. Osborn bereits 1939 erdacht. Es ist leicht durchführbar und wahrscheinlich deswegen auch so beliebt. Grundprinzip beim Brainstorming ist die gegenseitige Inspiration und das Aufgreifen und Kombinieren bereits geäußerter Ideen. Damit das optimal funktioniert, sind die nachfolgenden wichtigen Punkte zu beachten:

- Möglichst schnell viele Ideen generieren.
- Gern frei assoziieren und durchaus auch »spinnerte« Ideen äußern.
- Alle Ideen jederzeit und für alle sichtbar festhalten.
- Keine Kommentare, Korrekturen oder Kritik während der Ideengenerierung äußern.

Die Einfälle können Sie auf Haftnotizen entweder direkt im betreffenden Feld des Strategy Explorer festhalten oder Sie sammeln sie zunächst separat, zum Beispiel auf einem Flipchart. Selektieren Sie dann nach der Ideengenerierung entweder intuitiv und durch Diskussion oder nutzen Sie eine der weiter unten beschriebenen Priorisierungsmethoden. Entfernen Sie dann die aussortierten Ideen aus dem Strategy Explorer oder übertragen Sie die gewählten vom Flipchart, je nachdem wo Sie zunächst gesammelt haben.

Trotz ihrer allgemeinen Beliebtheit und ihrer großen Verbreitung gibt es auch reichlich Kritik an der Brainstorming-Methode. Dennoch kann das Verfahren gerade wegen seiner Einfachheit und Schnelligkeit für unsere Zwecke sehr nützlich sein. Allerdings muss die Atmosphäre stimmen und das Brainstorming sollte korrekt durchgeführt werden, wozu vor allem das Durchlaufen aller drei Phasen gehört.

Die hauptsächliche Kritik am Brainstorming bezieht sich darauf, dass trotz ordnungsgemäßer Durchführung die gewonnenen Ideen oft entweder zu konventionell oder zu abgehoben sind. Ein weiterer Kritikpunkt lässt sich unter dem psychologischen Begriff der kognitiven Restriktion zusammenfassen: Zum einen werden die Denkvorgänge der einzelnen Teilnehmer unterbrochen, wenn sie den anderen zuhören (Nijstad et al., 2003), und zum anderen können die fremden Ideen zu einer unbewussten Einschränkung des Suchraumes führen. Wenn Sie das vermeiden oder einfach etwas anderes ausprobieren möchten: Es gibt Abhilfe!

Brainwriting

Die Störung der eigenen Denkvorgänge und ein mögliches Bias (Verzerrung) beim klassischen Brainstorming lassen sich recht einfach durch eine Kombination von offenem Brainstorming und verdecktem Brainwriting umgehen oder zumindest entschärfen. Dabei generieren die Teilnehmer zunächst für sich allein Ideen, die sie zum Beispiel auf Haftnotizen festhalten. Auch hier gilt die Regel, Ideen schnell aufzuschreiben und dabei nicht lange zu überlegen, innerhalb eines Zeitfensters von etwa fünf Minuten. Während des Aufschreibens sollte auch keine Selbstzensur stattfinden – ungeeignete Punkte können im Anschluss leicht verworfen werden. Dann werden die jeweils besten Ideen (welche das sind, entscheiden die Teilnehmer selbst) offen auf einem Flipchart oder einer Pinnwand gesammelt und kurz besprochen. Dabei ergeben sich oft Schwerpunkte, die zusammengefasst werden können. Nach der gemeinsamen Betrachtung der Sammlung werden weitere Einfälle, die sich durch Assoziation ergeben, hinzugefügt. Die relevanten Ideen können identifiziert und in den Strategy Explorer übertragen werden.

6-3-5-Methode

Die 6-3-5-Methode gehört ebenfalls zu den Brainwriting-Techniken und wurde 1968 von Bernd Rohrbach entwickelt. Sie ist eine strukturierte Variante, die in kurzer Zeit besonders viele Ideen generieren kann. Auch die 6-3-5-Methode basiert auf der gegenseitigen Inspiration und dem Weiterentwickeln von Ideen anderer wie beim Brainstorming. Allerdings wird still gearbeitet, daher besteht eine geringere Hemmschwelle (aufschreiben statt öffentlich aussprechen) und Ideen werden nicht zerredet.

Der Name der Methode leitet sich von ihrem Funktionsprinzip ab: **6** Personen erhalten jeweils ein Arbeitsblatt (siehe Abbildung), auf dem sie **3** Ideen notieren und das Blatt insgesamt **5**-mal weiterreichen. Der Nächste in der Runde liest die bereits aufgeschriebenen Ideen durch und lässt sich dadurch zu neuen Ideen oder Weiterentwicklungen der vorhandenen inspirieren. Drei davon schreibt er auf, reicht das Blatt weiter, und so fort. Nach sechs Runden hält jeder Teilnehmer folglich ein Blatt mit 6 × 3 = 18 Ideen in der Hand. Insgesamt entstehen also im Idealfall 108 unterschiedliche Ideen. Die empfohlene Dauer einer Runde beträgt etwa drei bis fünf Minuten, abhängig von der Komplexität der Fragestellung und der erforderlichen (im Verlauf ansteigenden) Lesezeit.

Nun ist es nicht unbedingt gegeben, dass Ihre Gruppe aus genau sechs Teilnehmern besteht. Dann wandeln Sie die Methode einfach nach der Formel n 3 (n – 1) ab, wobei n die Anzahl der Teilnehmer ist. Bei $n=5$ Teilnehmern also 5-3-4, das heißt, die fünf Teilnehmer geben ihre Arbeitsblätter insgesamt viermal weiter. Das funktioniert bei höheren Teilnehmerzahlen als sechs entsprechend, allerdings sollten Sie dann die Weitergabe auf maximal sechsmal begrenzen, sonst dauert alles zu lange und es wird schnell unübersichtlich.

6-3-5-Methode

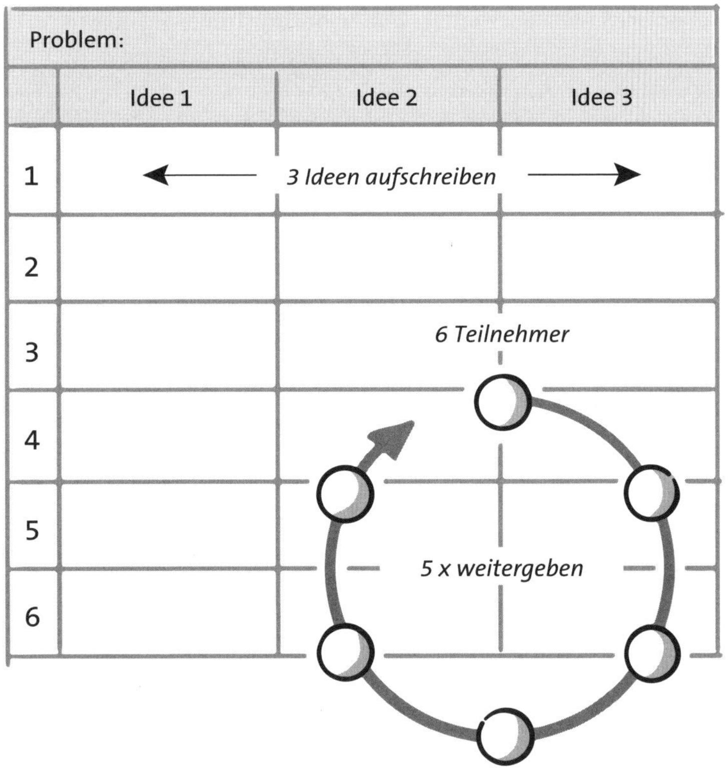

Generell ist die schwierigste und mitunter zeitraubendste Aufgabe, die guten Ideen aus der großen Gesamtmenge zu extrahieren. Man kann dies entweder im Workshop oder »offline« mit systematischen Bewertungsmethoden angehen oder aber auf eher intuitive Art und Weise. Der systematische Ansatz erfordert eine Menge Zeit, die im Rahmen eines Workshops oft nicht vorhanden ist. Dagegen ist die intuitive Variante schnell, birgt aber das Risiko, dass gute Einfälle verloren gehen. In den meisten Fällen ist sie dennoch ausreichend und zielführend.

Bei der intuitiven Selektion wählt jeder Teilnehmer nach Abschluss der *n* Runden auf dem Arbeitsblatt, das er zuletzt erhalten hat, die seiner Ansicht nach besten drei Ideen aus, indem er sie dort markiert, zum Beispiel durch kleine Klebepunkte oder Ankreuzen. Dabei besteht natürlich das Risiko, dass bestimmte Teilnehmer ihre eigenen Ideen pushen wollen und diese bevorzugt auswählen. Dies lässt sich aber durch eine kleine Variation der Methode vermeiden: Nutzen Sie eine Matrix mit einer Zeile weniger ($n - 1$) oder lassen Sie nach dem letzten Weitergeben einfach keine Ideen mehr aufschreiben – dann hält jeder Teilnehmer zum Schluss ein Blatt voller Ideen in der Hand, die nicht seine eigenen sind oder auf diesen beruhen. Das sind dann zwar insgesamt weniger, aber es besteht keine Gefahr, dass die eigenen Ideen gegenüber denen der anderen bevorzugt werden. Die ausgewählten Ideen werden schließlich ins Plenum übernommen, diskutiert und gegebenenfalls zusammengefasst, ergänzt oder weiter ausgedünnt. Tatsächlich ist das Potenzial zur Zusammenfassung bei der 6-3-5-Methode relativ groß, da Redundanzen durch einander sehr ähnliche Ideen auftreten können.

Kopfstand-Technik

Die Kopfstand-Technik eignet sich besonders zur Generierung von Lösungsideen für konkrete Fragestellungen oder Probleme. Sie ist von der Grundlogik her einfach, erfordert aber etwas Übung. Die Funktionsweise basiert auf der Umkehrung der eigentlichen Fragestellung beziehungsweise des Problems in ein Anti-Problem, für das dann Lösungsideen generiert werden. Dies ist der eigentliche Kopfstand, der wieder aufgehoben wird, indem die gefundenen Ideen nochmals umgekehrt werden, sodass sie Lösungsmöglichkeiten für das ursprüngliche Problem darstellen. Durch das anfängliche Umkehren des Problems oder der Frage entsteht eine meist ungewöhnliche Aufgabenstellung, welche die üblichen Denkmuster bei der Lösungsfindung überlistet. Oft hilft es auch, dass negatives Denken mitunter leichter fällt als positives.

Wichtig bei der Kopfstandübung ist, dass die ursprüngliche Fragestellung nicht einfach durch Negationen wie »nicht« oder »kein« umgedreht werden soll. Das Unterbewusstsein nimmt diese Worte nicht wahr und findet entsprechend keine geeigneten Lösungen. Wie es stattdessen funktioniert, wird am leichtesten anhand eines Beispiels deutlich:

Schritt		Beispiel
1	Fragestellung	Welche Dienstleistungen kann ein Restaurant seinen Gästen bieten?
2	Umgedrehte Fragestellung	Welche Dienstleistungen können die Gäste dem Restaurant bieten?
3	Idee	Die Gäste könnten beim Einkaufen und Kochen helfen.
4	Umgedrehte Idee	Das Restaurant hilft den Gästen beim Einkaufen und Kochen.
5	Konkrete Ansätze	Das Restaurant könnte Kochkurse oder Warenkunde-Seminare mit gemeinsamem Marktbesuch anbieten.

Die Schritte 2 und 3 finden im »invertierten« Raum statt. Die kritischen Übergänge, die etwas Übung brauchen, sind der Eintritt in diesen invertierten Raum durch Umdrehen der Fragestellung und das kreative Umkehren der Idee(n) bei der Rückkehr in den Normalraum.

Die Kopfstandmethode kann durch die ungewöhnliche Aufgabenstellung und die Abkehr von den üblichen Denkprozessen sehr kreative und unerwartete Lösungen bringen. Allerdings kann es genauso gut vorkommen, dass lediglich triviale Ergebnisse herauskommen. Da der Zeitaufwand für die Methode aber nicht besonders groß ist, lohnt es sich auf jeden Fall, sie auszuprobieren. Insbesondere in Workshopsituationen, in denen die klassischen Verfahren keine inspirierenden Ergebnisse (mehr) liefern, kann die Kopfstandmethode den kreativen Prozess wiederbeleben.

Richtig priorisieren

Die effektive Arbeit mit dem Strategy Explorer beruht auf der Konzentration auf das Wesentliche, das heißt die ausschlaggebenden Fakten, Entwicklungen, Schritte, Ziele usw. Auf diese Weise wird die nötige Klarheit für die Strategieentwicklung geschaffen. Die Frage ist jedoch, wie man aus einer möglichen Vielzahl von Aspekten und Details die relevanten herausfiltert. Das gilt insbesondere, wenn man zunächst eine der vorangehend beschriebenen Kreativitätstechniken zur Ideengenerierung genutzt und damit eine große Anzahl von Einträgen zu einem Thema produziert hat: Wie ist diese nun sinnvoll zu reduzieren?

Für die Arbeit im Workshop bieten sich vor allem Methoden an, die anhand eines oder zweier Parameter eine Sortierung ermöglichen. Also entweder eindimensional oder zweidimensional.

Eindimensional

Das mag zunächst erschreckend klingen, denn wer möchte schon eindimensional denken, wenn die Welt so komplex ist? Für eine schnelle und pragmatische Sortierung beziehungsweise Priorisierung eignet sich die Betrachtung eines einzigen Parameters aber hervorragend.

Nehmen wir beispielsweise an, Sie haben in der Gruppe ein Brainwriting durchgeführt, um Umfeldfaktoren und Trends zu sammeln, welche die Situation und die weitere Entwicklung Ihres Betrachtungsgegenstandes (Subject) bestimmen. Jeder der fünf Teilnehmer hat vielleicht im Durchschnitt ein Dutzend Ideen aufgeschrieben, das heißt, es sind in Summe bereits 60 Ideen zusammengekommen. Diese komplett im Plenum zu diskutieren, wäre machbar, aber extrem zeitaufwendig. Also gilt es zunächst, die Anzahl deutlich zu reduzieren.

Das erste Ausdünnen kann jeder Teilnehmer sehr schnell selbst durchführen, indem er mit seinen Zetteln zwei Stapel bildet, zum Beispiel gemäß »größerem Einfluss« und »geringerem Einfluss« der gebrainstormten Umstände in Bezug auf Ihren Betrachtungsgegenstand. Alternativ wäre die Sortierung auch nach »wichtiger« und »weniger wichtig« oder »eher relevant« und »weniger relevant« in Bezug auf Ihr Thema möglich. Es kommt darauf an, was genau Sie bewerten

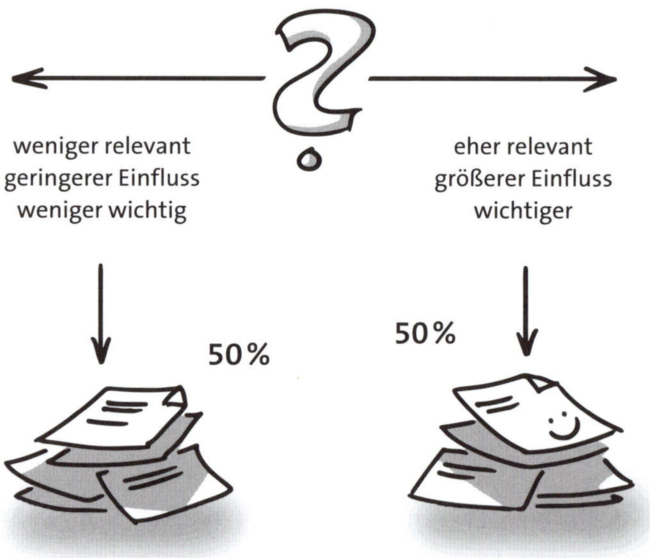

wollen. Der nächste Schritt besteht darin, beide Stapel etwa gleich groß zu machen, also etwa gleich viele Zettel bei »größerer Einfluss« und bei »geringerer Einfluss« zu haben. Die Aufteilung in zwei Stapel durch die Teilnehmer sollte möglichst schnell und intuitiv erfolgen – ohne langes Grübeln. Hier darf der Moderator gern etwas Druck machen. Eine inhaltliche Diskussion ist dann wieder beim Zusammenführen der einzelnen Ergebnisse gefragt.

Fällen Sie aber keine absoluten Urteile, denn die Aufteilung wird schwierig, sobald Sie »unwichtig« statt »weniger wichtig« denken oder »irrelevant« statt »weniger relevant«. Vermutlich ist keiner der Einfälle wirklich unwichtig oder komplett irrelevant, sondern nur weniger wichtig oder weniger relevant als andere. Den Stapel mit den wichtigeren Einfällen übernehmen Sie ins Plenum und sortieren weiter aus. Den Stapel mit den weniger wichtigen Einfällen können Sie entweder für später aufbewahren, wenn Sie alle anderen Themen bereits abgearbeitet haben, oder Sie transferieren die Zettel direkt in den Papierkorb und kümmern sich um die relevanteren Aspekte (empfohlen).

Bezüglich der Parameter zur Sortierung sind der Fantasie keine Grenzen gesetzt. Die Parameter »Wichtigkeit« und »Relevanz« gehen immer. Darüber hinaus sind weitere Kriterien denkbar. Bei Trends und Umfeldfaktoren ist der Einfluss auf Ihr Geschäft ein wichtiger Parameter, bei Wettbewerbern ihre Größe oder Gefährlichkeit. Bei Chancen könnte man nach Potenzial priorisieren, während sich bei Risiken deren Größe oder Eintrittswahrscheinlichkeit anbietet. Und so weiter, seien Sie kreativ! Die Wahl des passenden Parameters kann die Priorisierungsaufgabe erleichtern, aber in der Sache läuft alles auf Relevanz hinaus, nur mit unterschiedlichem Hintergrund.

Statt in der Einzelarbeit lässt sich die eindimensionale Sortierung auch gut in der Gruppe anwenden. Wenn Sie beispielsweise Ideen in einem gemeinsamen, offenen Brainstorming generiert und jede einzeln auf einer Haftnotiz festgehalten haben, bilden Sie einfach zwei Cluster gemäß den oben beschriebenen Kriterien. Dann kleben Sie die Zettel so lange um, bis beide Cluster etwa gleich groß sind und Sie mit dem Ergebnis als Gruppe zufrieden sind. Bei der dabei unvermeidlich stattfindenden Diskussion wird vieles klarer und Zettel können weiter präzisiert, ergänzt, entfernt oder zusammengefasst werden. Die als weniger wichtig oder relevant kategorisierten Punkte können Sie zur späteren Bearbeitung oder Dokumentation aufheben oder zunächst übereinander kleben, dann sind sie erst einmal aus dem Weg.

Etwas komplexer und damit auch zeitaufwendiger ist das Priorisieren nach zwei Parametern. Allerdings liefert es auch zusätzliche Erkenntnisse.

Zweidimensional

Eine zweidimensionale Matrix ist hervorragend geeignet, um im Workshop gemeinsam zu priorisieren und zu klassifizieren. Einfach ein Koordinatensystem mit den beiden Parametern auf ein Flipchart oder Moderationspapier zeichnen, und schon kann es losgehen. Die Auswahl der Parameter wird dabei im Wesentlichen durch das Thema und das gewünschte Ergebnis, das heißt durch das, was Sie herausfinden wollen, bestimmt.

Eine Priorisierung von Trends oder möglichen Entwicklungen im Umfeld könnte beispielsweise nach den Parametern »Einfluss« auf Ihr Geschäft (engl. »Impact«) und »Unsicherheit« bezüglich der betreffenden Entwicklung oder »Unwissenheit« bezüglich der Sachlage erfolgen. Anhand der Größe des Einflusses können Sie entscheiden, welche Aspekte dringend weiter betrachtet werden sollten und bei welchen es weniger vordringlich ist. Die Grafik zeigt mögliche Priorisierungen und Wege auf, wie mit den entsprechenden Einträgen verfahren werden kann. So gibt es bereits erste Hinweise in Bezug auf potenzielle Ziele, Maßnahmen oder Handlungsfelder.

Zweidimensional priorisieren

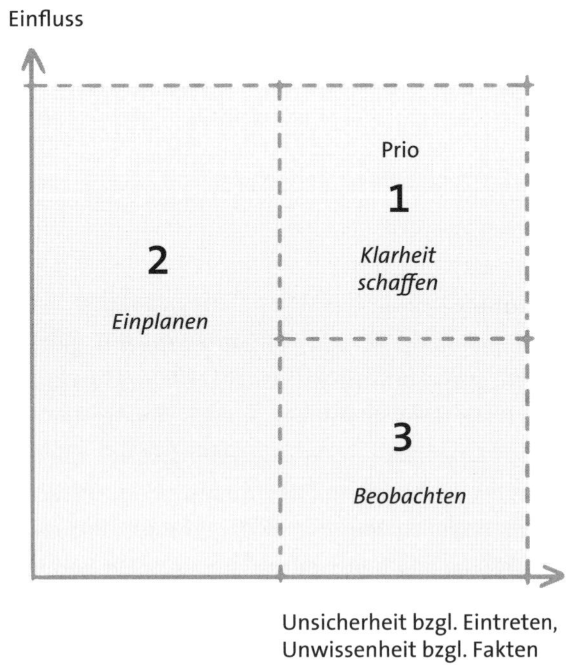

Im Falle von Risiken für das Geschäft könnten die beiden ausschlaggebenden Parameter beispielsweise die Eintrittswahrscheinlichkeit und die Größe der Auswirkungen sein. Bei Chancen könnten deren Potenzial und die Umsetzbarkeit als Achsen dienen. Lassen Sie auch hier die Fantasie spielen und diskutieren Sie in der Gruppe, nach welchen Kriterien Sie priorisieren wollen.

Die Arbeit mit der Matrix findet dann wieder so statt, dass die zu sortierenden Punkte auf Haftnotizen festgehalten und bezüglich der zwei Parameter verortet werden. Verändern Sie die Anordnung so lange, bis Sie als Gruppe mit dem Ergebnis zufrieden sind. Die Ihnen am wichtigsten erscheinenden Punkte übernehmen Sie dann in den Strategy Explorer.

Tipp: Machen Sie zur Dokumentation ein Foto von der ausgefüllten Matrix, bevor Sie Teile daraus entfernen und in den Strategy Explorer übertragen.

Bei höherdimensionalen Problemstellungen wird es im Workshop schwierig. Gerade noch machbar sind drei Parameter, wie es beim in Kapitel 2 beschriebenen Abwägen von strategischen Optionen nach Eignung, Machbarkeit und Akzeptanz der Fall ist. Alles darüber hinaus wird unübersichtlich und ist nicht mehr greifbar, da es sich der Visualisierung in drei Dimensionen entzieht. Die meisten praktischen Fragestellungen lassen sich aber glücklicherweise auf einen oder zwei Parameter reduzieren, sodass Sie mit den beiden hier beschriebenen Methoden gut gewappnet sind.

Gemeinsam entscheiden

Bei der Strategieentwicklung im Team geht es darum, eine gemeinsame Sichtweise auf das große Ganze zu entwickeln, aber auf dem Weg dorthin durchaus kontroverse Diskussionen zu führen. Gerade dazu kommen in der Gruppe unterschiedliche Charaktere mit verschiedensten Perspektiven zusammen. Das bedeutet einerseits, dass das strategische Gesamtbild zahlreiche spannende Facetten gewinnt, aber andererseits auch, dass es bezüglich bestimmter Aspekte eventuell keine Einigkeit gibt. Solange es »nur« um die Analyse des Umfeldes und Ableitung von Schlussfolgerungen geht, mag das noch nicht deutlich werden, aber spätestens, wenn es ernst wird und die gemeinsam angestellten Überlegungen größere Konsequenzen haben, kann es Schwierigkeiten geben. Dies kann schon direkt am Anfang bei der Festlegung von Vision und Mission geschehen, oder auch, wenn es am Ende an die Auswahl einer geeigneten strategischen Option und die Formulierung der zukünftigen Strategie geht.

An dieser Stelle sei klargestellt, dass es nicht unbedingt notwendig ist, bezüglich der entwickelten Strategie einen echten Konsens, also eine Übereinstimmung der Meinungen zu erreichen oder herbeizuführen. Das Ziel ist vielmehr ein **gemeinsam getragenes Ergebnis** durch Einbeziehung aller Perspektiven im Prozess. Es geht also eher um Einverständnis (engl. »consent«) als um Einigkeit (engl. »consensus«). Mit anderen Worten: Vielleicht sind bei dem gemeinsam entwickelten Bild nicht alle fröhlich einer Meinung und schreien laut »Hurra«, aber es wird durchaus gemeinsam getragen und nach außen vertreten. Wenn ein Konsens schwierig ist, sollte also Einverständnis das Ziel sein!

Falls es in Ihrer Gruppe bereits einen Konsens gibt oder ein solcher leicht zu erreichen ist, dann kann das durchaus toll sein. Das gesamte Team kann die entwickelte Strategie dann voller Überzeugung tragen und vorantreiben – go for it! Es kann aber auch sehr schlecht sein. Eine potenzielle Kehrseite ist nämlich, dass ein Konsens nicht automatisch gut sein muss – vielleicht bedeutet er lediglich, dass man sich auf den kleinsten gemeinsamen Nenner geeinigt oder gar nicht erst richtig diskutiert hat. Vielleicht sind wirklich überraschende und strittige Aspekte gar nicht auf den Tisch gekommen und man ist dem Groupthink erlegen? Wenn also Konsens, dann nur, wenn er nach hinreichender Diskussion auf natürliche Weise zustande kommt und nicht mit der Brechstange unter Opferung besserer Alternativen erreicht werden muss.

Wie dem auch sei – am Ende der Strategieentwicklung steht meist eine unternehmerische Entscheidung. Wie diese getroffen wird, ist durch Ihre Firmenkultur und Führung bestimmt.

Während für große Entscheidungen hinreichend Zeit zur Erörterung eingeräumt werden sollte – sicher wird nicht in einem einzigen Halbtagesworkshop die Strategie für die Zukunft final entschieden –, gibt es eine Vielzahl kleinerer Entscheidungen, die im Workshop getroffen werden müssen. Dies ist beispielsweise der Fall, wenn Diskussionen kein Ende finden, weil unterschiedliche Standpunkte aufeinanderprallen. Ein gewisses Maß an Diskussion ist erforderlich, aber wenn es ausufert, blockiert es den Fluss des Workshops. In solchen Situationen muss schnell eine Entscheidung im Team getroffen werden, damit es weitergehen kann.

Die folgenden drei Methoden bieten sich an, wenn nicht alle einer Meinung sind. Voraussetzung ist ein konkreter Vorschlag darüber, wie es weitergehen soll. Dieser kann von einem Teilnehmer oder auch vom Moderator kommen. Beispiele:

- »Wollen wir mit dieser Formulierung der Vision fürs Erste weiterarbeiten?«
- »Wollen wir die Diskussion über Einflussfaktoren an dieser Stelle beenden und mit den Schlussfolgerungen weitermachen?«
- »Sind das die fünf Schlüsselaspekte, die wir als Risiken übernehmen?«
- »Die Kombination der Optionen 1 und 4 soll die Basis für unsere Strategie sein – ist das für alle okay?«

Demokratische Abstimmung

Die einfache Abstimmung durch schlichtes Handheben ist das schnellste Verfahren, um eine Entscheidung auf demokratischer Basis zu treffen. Eine weitergehende Variante ist das beliebte Punktekleben, wenn aus einer Menge von mehreren Optionen ausgewählt werden soll. Dabei bekommt jeder Teilnehmer eine bestimmte Anzahl von Klebepunkten, die er auf seine favorisierten Optionen verteilt (maximal halb so viele Klebepunkte pro Person, wie es Auswahlmöglichkeiten gibt, keine Mehrfachauswahl). Als Ergebnis gibt es entweder klare Favoriten oder ein Stimmungsbild für die weitere Diskussion. Beides ist unkompliziert und kann gut bei einfachen Entscheidungen angewandt werden, die nicht wirklich kriegsentscheidend sind.

Nachteilig bei der demokratischen Variante ist allerdings, dass vielleicht entscheidende Aspekte verloren gehen, weil beispielsweise der Querdenker (»Spinner«) ständig überstimmt wird, da seine Ansichten so ungewöhnlich und mehrheitsfern sind. Darüber hinaus hat die einfache Abstimmung auch etwas von Gewinnen und Verlieren – und Verlierer können eventuell frustriert sein und sich zurückziehen. Verwenden Sie die Methode also am besten behutsam und situationsabhängig.

Consent Decision Making (»Konsent«)

Die Methode des Consent Decision Making ist eine agile Methode der Selbstorganisation aus dem Umfeld der Soziokratie. Sie wird mittlerweile in vielen Unternehmen und anderen Organisationen angewandt. Der Fokus bei dem Verfahren liegt weniger auf der Zustimmung zu einem Vorschlag als vielmehr auf dessen **Nicht-Ablehnung**. Ziel ist das Erreichen von Einverständnis durch iterative Modifikation des Vorschlags, bis es keine schwerwiegenden Einwände mehr dagegen gibt – ähnlich dem bekannten Motto »Schweigen gilt als Zustimmung«. Dabei geht es um Akzeptanz (»kann damit leben«) und nicht um Gutheißen (»finde ich klasse«). Das erreichte Ergebnis sollte »good enough for now« und »safe enough to try« sein, also gut genug für den Moment und sicher genug, um es so zu probieren (Bockelbrink et al., 2018). Der Prozess funktioniert wie folgt:

Wenn ein Vorschlag zur Entscheidung steht, werden zunächst Verständnisfragen gestellt, falls erforderlich. Dann wird aus der ganzen Runde Feedback im Sinne größerer Einwände (engl. »Objections«) gegen den Vorschlag eingeholt. Diese Einwände müssen durch nachvollziehbare Argumente begründet sein. Der Vorschlag wird dann modifiziert, indem der Einwand darin verarbeitet wird, und es geht wieder von vorne los, bis entweder keine schwerwiegenden Einwände mehr bestehen oder die Entscheidung vertagt oder wegdelegiert wird. Gibt es keine Einwände mehr, so wird der (modifizierte) Vorschlag angenommen.

In der Methode geübte Gruppen verwenden mitunter Handzeichen, um den Prozess noch weiter zu beschleunigen. So bedeutet beispielsweise der Daumen nach oben Zustimmung, während eine offene Handfläche nach oben Bedenken (»Concerns«) signalisiert und die offene Handfläche nach unten einen größeren Einwand (»Objection«). Bedenken können ignoriert werden, die Einwände werden wie oben beschrieben aufgegriffen.

Konsultative Einzelentscheidung

Manchmal hilft alles Diskutieren nichts, und es ist keine einvernehmliche Lösung greifbar oder möglich. Dann ist es hilfreich, wenn die finale Entscheidung über einen Sachverhalt in der Hand einer bestimmten anwesenden Person liegt. Nachdem alle Argumente in der Gruppe ausgetauscht und erörtert wurden, kann (und sollte) diese Person dann eine gut informierte, sogenannte konsultative Einzelentscheidung treffen. Falls der Entscheider nicht anwesend ist oder nicht von vornherein feststeht, wer der Entscheider ist, dann gibt es bezüglich des diskutierten Sachverhalts vielleicht einen Experten in der Gruppe. Es kann besser sein, diesem Experten nach hinreichender Erörterung die Entscheidung zu überlassen, anstatt zum Beispiel demokratisch zu entscheiden. Die Diskussion in der Gruppe hilft dabei, ein eventuell vorhandenes »Experten-Bias« zu vermeiden. Besonders bei wichtigen Entscheidungen kann der konsultative Einzelentscheid das Mittel der Wahl sein.

Wie bereits eingangs erwähnt, gelangen Sie bei der Arbeit mit dem Strategy Explorer sicher früher oder später an einen Punkt, an dem eine unternehmerische Entscheidung zu treffen ist. Wie dies in Ihrem speziellen Fall zu tun ist, hängt davon ab, wer die Verantwortung für die Entscheidung trägt und wie dies in Ihrer Firmenkultur verankert ist. Demokratie ist an dieser Stelle meistens nicht mehr gefragt.

3D

4 Inspiration: Beispiele

Ganz gleich, wie ausführlich eine neue Methode erklärt wird, es geht nichts über Beispiele, an denen sie sich nachvollziehen lässt. Während bei der Beschreibung des Strategy Explorer in Kapitel 2 bereits Beispiele zu verschiedenen Teilaspekten eingeflossen sind, werden diese nun um ein paar vollständig ausgearbeitete Fälle ergänzt. Sie konzentrieren sich auf unterschiedliche Typen von Betrachtungsgegenständen (Unternehmen, Produkt, Person ...) und verbinden diese mit konkreten Themen der Strategieentwicklung.

Bei den hier dargestellten Beispielen geht es nicht um besonders herausstechende, weltverändernde strategische Schachzüge. Solche sind selten und nicht der Normalfall. Stattdessen liegt der Fokus auf leichter Nachvollziehbarkeit und Anregungen für Ihre eigene Strategiearbeit. Die Beispiele sollen darüber hinaus ein Gefühl für die möglichen Einträge in den verschiedenen Feldern vermitteln, für den Fall, dass Sie sich nicht ganz sicher sind, was man dort hineinschreiben sollte oder »darf«. Darüber hinaus wird gezeigt, wie man den Strategy Explorer auch für ungewöhnliche Aufgabenstellungen anwendet. Lassen Sie sich also inspirieren!

Ein Hinweis vorweg: Niemand möchte üblicherweise seine (Wettbewerbs-)Strategie öffentlich ausgebreitet sehen. Daher handelt es sich bei den Beispielen bis auf wenige Ausnahmen um fiktive Fälle. Ähnlichkeiten mit existierenden Personen oder Organisationen sind rein zufällig und nicht beabsichtigt.

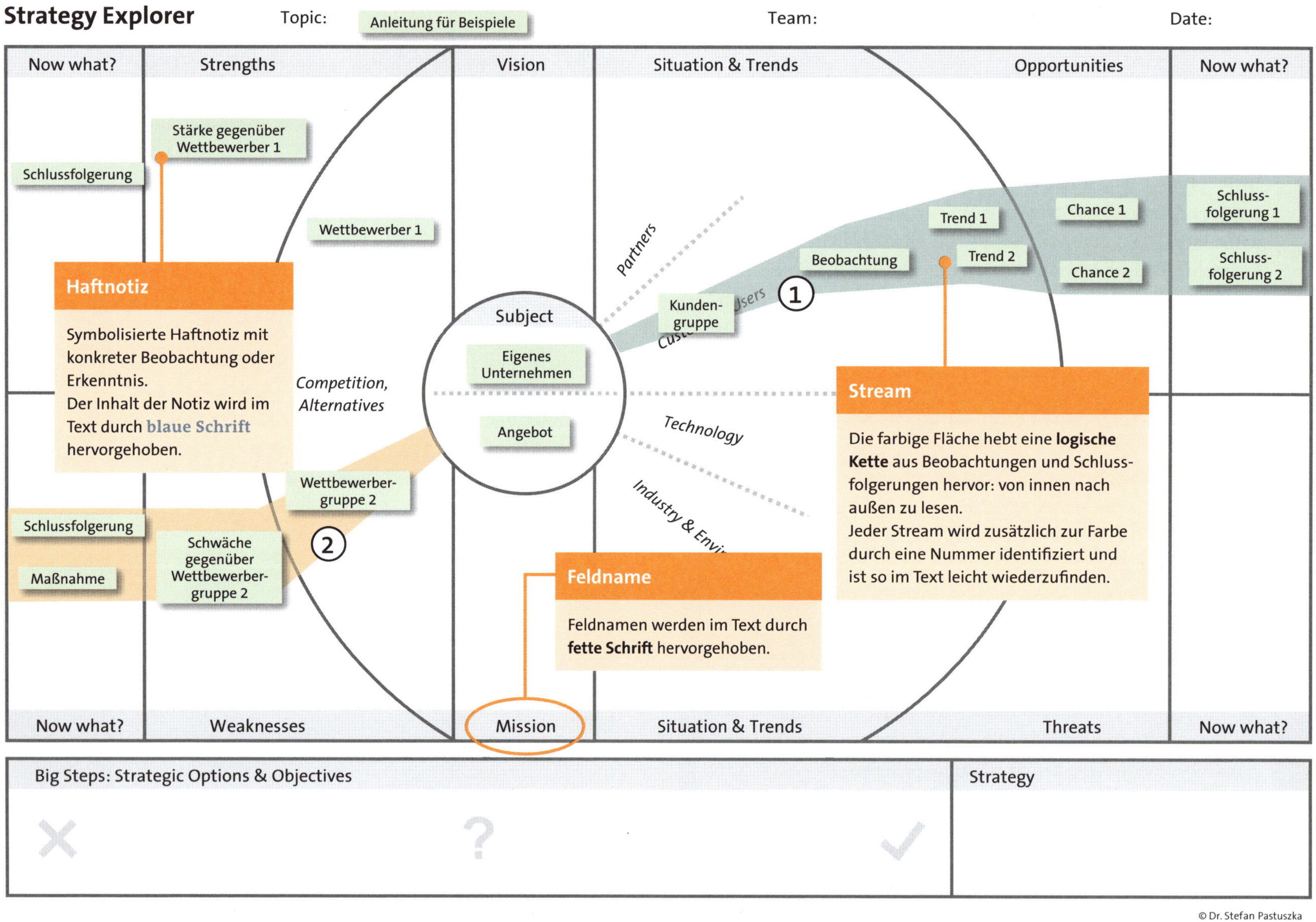
Strategy Explorer
Topic:
Anleitung für Beispiele
Team:
Date:
Now what?
Strengths
Vision
Situation & Trends
Opportunities
Now what?
Stärke gegenüber Wettbewerber 1
Schlussfolgerung
Wettbewerber 1
Haftnotiz
Symbolisierte Haftnotiz mit konkreter Beobachtung oder Erkenntnis.
Der Inhalt der Notiz wird im Text durch blaue Schrift hervorgehoben.
Competition, Alternatives
Subject
Eigenes Unternehmen
Angebot
Partners
Kunden-gruppe
Technology
Industry & Envi
Trend 1
Chance 1
Schluss-folgerung 1
Beobachtung
Trend 2
Chance 2
Schluss-folgerung 2
1
Stream
Die farbige Fläche hebt eine logische Kette aus Beobachtungen und Schluss-folgerungen hervor: von innen nach außen zu lesen.
Jeder Stream wird zusätzlich zur Farbe durch eine Nummer identifiziert und ist so im Text leicht wiederzufinden.
Wettbewerber-gruppe 2
Schlussfolgerung
Schwäche gegenüber Wettbewerber-gruppe 2
Maßnahme
2
Feldname
Feldnamen werden im Text durch fette Schrift hervorgehoben.
Now what?
Weaknesses
Mission
Situation & Trends
Threats
Now what?
Big Steps: Strategic Options & Objectives
Strategy
© Dr. Stefan Pastuszka

Kleine Leseanleitung für die Beispiele

Um eine Strategieentwicklung und deren Ergebnis nachvollziehen zu können, ist ein Blick auf die Gesamtsituation nötig, in der die Entwicklung stattfindet. Ohne den Kontext lassen sich die Schlussfolgerungen, Optionen und die Überlegungen, die letztendlich zur Entscheidung für eine bestimmte Strategie führen, nur schwer einordnen. Daher werden im Folgenden immer komplette Situationen dargestellt, in die man sich hineindenken kann.

Für jedes Beispiel wird der ausgefüllte Strategy Explorer abgebildet, der durch die Fülle der enthaltenen Informationen im ersten Moment etwas unübersichtlich wirken kann. Der Text beschreibt jedoch den Kontext des Beispiels und greift wesentliche Gedankengänge und Argumentationsketten auf, die dann detailliert erläutert werden.

Die folgenden Maßnahmen sollen bei der Orientierung helfen:

- Ein großer Teil der stilisierten Haftnotizen wird im Text aufgegriffen und dort mit einer Story zu einem logischen Zusammenhang verknüpft. Damit leichter erkennbar ist, welche Beobachtungen und Schlussfolgerungen direkt aus dem Strategy Explorer kommen, sind die entsprechenden Textpassagen in blauer Schriftfarbe hervorgehoben und geben den Inhalt der Notiz im Wesentlichen eins zu eins wieder.
- Logische Ketten, die im Text beschrieben werden, sind im Strategy Explorer jeweils in unterschiedlicher Farbe hinterlegt – im Folgenden als »Streams« bezeichnet. Diese Streams symbolisieren den Gedankenfluss von der Mitte (Subject) über bestimmte Beobachtungen im Umfeld und damit verbundene Erkenntnisse (SWOT) nach außen zu den Schlussfolgerungen (Now what?).
- Wenn im Text bestimmte Felder des Strategy Explorer angesprochen werden (z. B. **Subject** oder **Vision**), werden diese fett hervorgehoben, um die folgenden Notizen leichter zuordnen zu können.

Um noch mehr von den Beispielen profitieren zu können, sollten Sie sich jeweils den kompletten Strategy Explorer genauer ansehen – denn auch wenn nicht alle Einträge im Text beschrieben werden, können Sie viele davon sicher dennoch nachvollziehen und als Inspiration für Ihre eigene Arbeit nutzen.

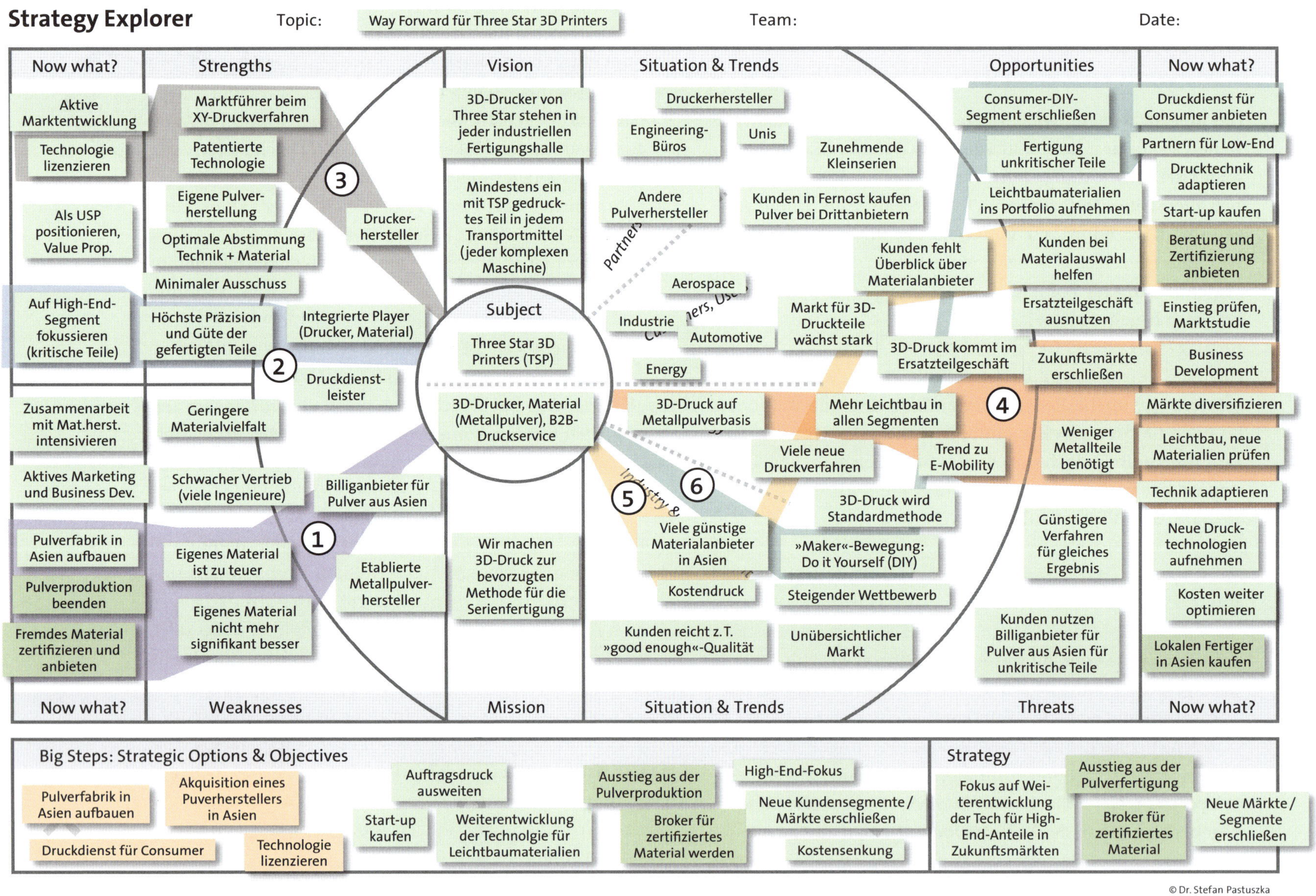
Strategy Explorer
Topic: Way Forward für Three Star 3D Printers
Team:
Date:
Now what?
Aktive Marktentwicklung
Technologie lizenzieren
Als USP positionieren, Value Prop.
Auf High-End-Segment fokussieren (kritische Teile)
Strengths
Marktführer beim XY-Druckverfahren
Patentierte Technologie
Eigene Pulverherstellung
Optimale Abstimmung Technik + Material
Minimaler Ausschuss
Höchste Präzision und Güte der gefertigten Teile
Drucker-hersteller
Integrierte Player (Drucker, Material)
Druckdienst-leister
3
2
Vision
3D-Drucker von Three Star stehen in jeder industriellen Fertigungshalle
Mindestens ein mit TSP gedrucktes Teil in jedem Transportmittel (jeder komplexen Maschine)
Subject
Three Star 3D Printers (TSP)
3D-Drucker, Material (Metallpulver), B2B-Druckservice
Situation & Trends
Druckerhersteller
Engineering-Büros
Unis
Zunehmende Kleinserien
Andere Pulverhersteller
Kunden in Fernost kaufen Pulver bei Drittanbietern
Partners
Aerospace
Industrie
Automotive
Energy
Markt für 3D-Druckteile wächst stark
Opportunities
Consumer-DIY-Segment erschließen
Fertigung unkritischer Teile
Leichtbaumaterialien ins Portfolio aufnehmen
Kunden fehlt Überblick über Materialanbieter
Kunden bei Materialauswahl helfen
Ersatzteilgeschäft ausnutzen
3D-Druck kommt im Ersatzteilgeschäft
Zukunftsmärkte erschließen
Now what?
Druckdienst für Consumer anbieten
Partnern für Low-End
Drucktechnik adaptieren
Start-up kaufen
Beratung und Zertifizierung anbieten
Einstieg prüfen, Marktstudie
Business Development
Märkte diversifizieren
Leichtbau, neue Materialien prüfen
Technik adaptieren
Neue Drucktechnologien aufnehmen
Kosten weiter optimieren
Lokalen Fertiger in Asien kaufen
4
3D-Druck auf Metallpulverbasis
Mehr Leichtbau in allen Segmenten
Viele neue Druckverfahren
Trend zu E-Mobility
Weniger Metallteile benötigt
3D-Druck wird Standardmethode
Industry &
5
6
Viele günstige Materialanbieter in Asien
»Maker«-Bewegung: Do it Yourself (DIY)
Günstigere Verfahren für gleiches Ergebnis
Kostendruck
Steigender Wettbewerb
Kunden reicht z. T. »good enough«-Qualität
Unübersichtlicher Markt
Kunden nutzen Billiganbieter für Pulver aus Asien für unkritische Teile
Zusammenarbeit mit Mat.herst. intensivieren
Aktives Marketing und Business Dev.
Pulverfabrik in Asien aufbauen
Pulverproduktion beenden
Fremdes Material zertifizieren und anbieten
Geringere Materialvielfalt
Schwacher Vertrieb (viele Ingenieure)
Billiganbieter für Pulver aus Asien
1
Eigenes Material ist zu teuer
Etablierte Metallpulver-hersteller
Eigenes Material nicht mehr signifikant besser
Wir machen 3D-Druck zur bevorzugten Methode für die Serienfertigung
Now what?
Weaknesses
Mission
Situation & Trends
Threats
Now what?
Big Steps: Strategic Options & Objectives
Pulverfabrik in Asien aufbauen
Akquisition eines Puverherstellers in Asien
Druckdienst für Consumer
Technologie lizenzieren
Auftragsdruck ausweiten
Start-up kaufen
Weiterentwicklung der Technologie für Leichtbaumaterialien
Ausstieg aus der Pulverproduktion
Broker für zertifiziertes Material werden
High-End-Fokus
Neue Kundensegmente / Märkte erschließen
Kostensenkung
Strategy
Fokus auf Weiterentwicklung der Tech für High-End-Anteile in Zukunftsmärkten
Ausstieg aus der Pulverfertigung
Broker für zertifiziertes Material
Neue Märkte / Segmente erschließen
© Dr. Stefan Pastuszka

Way Forward im 3D-Druck: Eine Frage des Portfolios

Bei diesem Beispiel geht es gar nicht so sehr um den 3D-Druck, sondern vielmehr um die Herausforderungen, die ein historisch gewachsenes Portfolio und ein sich rasant entwickelndes Umfeld mit sich bringen. Der 3D-Druck ist dabei ein spannendes Setting, in dem sich die strategischen Fragen gut diskutieren lassen.

Im Zentrum des Beispiels steht die Firma Three Star 3D Printers (TSP). »Historisch« ist das Unternehmen zwar nicht unbedingt, aber einige Jahre ist das ehemalige Start-up mittlerweile schon unterwegs. Angefangen hat alles mit einer wissenschaftlichen Arbeitsgruppe an der Uni und einer späteren Ausgründung. Das war zu einer Zeit, als der 3D-Druck noch kein Thema auf den Titelseiten der Manager-Magazine war, sondern eine sehr spezielle Technologie, deren Potenzial von vielen noch unterschätzt wurde. Durch den frühen Start hat sich TSP einen Namen gemacht und konnte schnell große Player in der Automotive- und Aerospace-Industrie als Kunden gewinnen. Den größten Teil des Umsatzes macht das Unternehmen in diesen Segmenten mit der Produktion, dem Verkauf und der Wartung von Druckern. Direkt danach kommen der Verkauf von Druckmaterial und der für die B2B-Kunden angebotene Druckservice.

Mittlerweile hat sich die Landschaft allerdings sehr stark gewandelt: 3D-Druck ist aus vielen Bereichen des produzierenden Gewerbes kaum noch wegzudenken und hat sich von einer Technik für reine Prototypen zu einer für Kleinserien und bald auch für die Massenfertigung gemausert. Diese Entwicklung haben die Gründer von TSP bereits früh erkannt und sie findet sich immer noch in der **Mission** der Firma: Wir machen 3D-Druck zur bevorzugten Methode für die Serienfertigung. Allerdings gibt es mittlerweile viele Wettbewerber und auch die technologische Entwicklung ist nicht stehen geblieben. Neue Druckverfahren für unterschiedlichste Materialtypen sprießen wie Pilze aus dem Boden, genauso wie neue Wettbewerber mit interessanten Ideen und innovativen Geschäftsmodellen.

Das Druckverfahren von TSP basiert auf der Verwendung von Metallpulver, das zu dreidimensionalen Formen verschmolzen wird, und wurde kontinuierlich weiterentwickelt sowie durch Patente geschützt. Das verwendete Metallpulver muss eine Reihe genauestens kontrollierter Eigenschaften mitbringen, wie Teilchengröße, Verteilung und Komposition. Als Pionier in der Technologie hat TSP sein Pulver von vornherein selbst entwickelt und verfügt daher über ausgezeichnetes Know-how. Die Firma betreibt auch heute noch eine eigene Pulverproduktion und versorgt damit hauptsächlich die Kunden, welche die TSP-Drucker in ihren Produktionsstraßen stehen haben. Doch obwohl der Markt stark wächst, hält sich das Wachstum von TSP in Grenzen und insbesondere der Umsatz und die Marge in der Pulversparte sinken, da sich vor allem neue Pulverproduzenten aus Fernost allmählich etablieren.

Dies ist ein typischer Fall von Disruption im ursprünglichen Sinne nach Clayton Christensen: Neue Player bieten zunächst für einige Applikationen ausreichende Qualität (»good enough«) zu geringen Preisen an, drängen sich so in bestehende Kundenbeziehungen und steigern dann sukzessive ihre Qualität und den Lieferanteil. Dieses Phänomen gibt es in vielen Branchen und macht auch TSP zu schaffen. Die Frage ist nun, wie es weitergehen soll und welche Optionen im Raum stehen. Der Strategy Explorer gibt einen Überblick über die Situation und grundlegende Richtungen, ohne zu tief ins Detail zu gehen. In der Betrachtung rückt die kriselnde Pulversparte schnell ins Zentrum der Überlegungen (die diesbezüglichen Schlussfolgerungen sind daher im Strategy Explorer mit dunkelgrünen Zetteln hervorgehoben), aber auch andere Trends geben Anlass zu weitergehenden Schritten.

Subject und Vision

Der Betrachtungsgegenstand ist die Firma Three Star 3D Printers (**Einheit**) mit ihrem aus 3D-Druckern, Metallpulver und Druckservice für B2B-Kunden bestehenden **Angebot**. Neben der bereits beschriebenen, durchaus anspruchsvollen Mission hat TSP auch große Ziele: Die **Vision** ist es, dass ein TSP-Drucker in jeder industriellen Fertigungshalle der Welt steht und mindestens ein mit oder von TSP gedrucktes Teil in jedem Transportmittel steckt. Der letzte Teil der Vision ist sehr stark durch die Fokussierung von TSP auf die beiden Kernsegmente Automotive und Aerospace geprägt.

Durch das Setzen des kompletten Spektrums der TSP-Aktivitäten als Angebot kann der Strategy Explorer schnell unübersichtlich werden und der Fokus verloren gehen, insbesondere wenn man versucht, alles in großer Tiefe zu betrachten. Eine Alternative wäre es hier, den Strategy Explorer für die einzelnen Geschäftsfelder Drucker, Pulver und Service separat auszufüllen. Doch dem Management ist es im Moment wichtiger, alle Aspekte gesamtheitlich zu betrachten, um mögliche Zusammenhänge zu erkennen. Für detaillierte weitergehende Betrachtungen ist danach immer noch Zeit.

Umfeld und Schlussfolgerungen

Zunächst zur linken Seite des Strategy Explorer, der Betrachtung von Wettbewerb und Alternativen: TSP befindet sich vor allem mit anderen Druckerherstellern im Wettbewerb, von denen ein paar auch »integriert« sind, das heißt, sie verfügen ebenfalls über eine eigene Herstellung von Druckmaterialien. Danach kommen Wettbewerber im Bereich der Pulverherstellung, bei denen vor allem die neuen Player aus Asien Probleme machen. Andere Druckdienstleister komplettieren die Wettbewerbskategorien. Die folgenden Gedankengänge sind besonders hervorzuheben:

Gegenüber den Billiganbietern von Pulver aus Fernost (violetter Stream 1) ergeben sich zwei deutliche **Schwächen**: Das eigene Material ist nicht mehr signifikant besser als die günstigen Wettbewerbsprodukte und daher im Vergleich zu teuer. Die vorhandenen Kostensenkungspotenziale am gegenwärtigen Standort reichen nicht aus, um preislich auch nur in die Nähe der Asiaten zu kommen. Es drängen sich gleich mehrere mögliche Optionen auf: Man könnte beispielsweise (a) eine Pulverproduktion an einem günstigeren Standort aufbauen (möglicherweise ebenfalls in Asien) oder (b) einen asiatischen Wettbewerber kaufen (siehe Zettel rechts bei Threats) und dann die gegenwärtige Produktion schließen. Der radikalste Gedanke ist jedoch, dass sich TSP alternativ auch (c) ersatzlos aus der Pulverproduktion zurückziehen könnte und stattdessen in Zukunft Fremdmaterial zertifiziert und vertreibt. Alle drei Varianten sind bereits strategische Optionen größeren Ausmaßes und werden daher direkt in das Feld »Big Steps« übernommen.

Im Vergleich zu anderen Anbietern zeichnen sich die auf TSP-Druckern gefertigten Teile noch immer durch die höchste Präzision und Güte aus (blauer Stream 2). Dies ist eine klare **Stärke**, die bereits zur Positionierung im Markt genutzt wird. Darüber hinaus könnte eine Schlussfolgerung sein, dass man sich für die Zukunft ganz gezielt auf High-End-Segmente und Nischen fokussiert, auch außerhalb der bislang bedienten Branchen.

Da TSP Marktführer beim XY-Druckverfahren ist (grauer Stream 3) und die Technologie noch dazu gut durch Patente abgesichert ist, könnte man auch über eine Modifikation des Geschäftsmodells nachdenken und die Technologie an andere Druckerhersteller lizenzieren, um alternative Einnahmequellen zu erschließen. Dies müsste aber sehr genau durchgerechnet werden, da es vermutlich zu einer Kannibalisierung der eigenen Möglichkeiten führen würde, insbesondere im Hinblick auf die für TSP naheliegenden High-End-Segmente, wie im vorigen Punkt beschrieben.

Weitere spannende Überlegungen ergeben sich durch die Betrachtung der rechten Seite des Strategy Explorer, wo unter anderem technologische Trends und Entwicklungen auf Kundenseite im Fokus stehen:

Wesentlich ist die Beobachtung der einerseits hervorragenden, aber andererseits begrenzten technologischen Aufstellung im Druck von Metallteilen (orangefarbener Stream 4). Nicht nur im Luft- und Raumfahrtsegment geht es immer stärker um Leichtbau mit alternativen Materialien, sondern auch im Automobilsektor. Einspritzdüsen für Flugzeugtriebwerke werden davon zunächst kaum betroffen sein, aber Motorenteile für Kraftfahrzeuge fallen früher oder später der E-Mobilität zum Opfer. Dies ist ein **Risiko**, da absehbar weniger Metallteile benötigt werden. Mögliche Antworten hierauf liegen in der Diversifizierung der Zielmärkte sowie in einem möglichen Einstieg in den Leichtbau über entsprechende Materialien und die Adaptierung des eigenen Druckverfahrens hierfür. Denn neben dem Risiko bietet die Entwicklung im Markt auch eine große **Chance**, nämlich Zukunftsmärkte zu identifizieren und zu erschließen, insbesondere durch ein aktives Business Development. Hier hat TSP Nachholbedarf, denn der Vertrieb besteht momentan vor allem aus Ingenieuren, die zwar sehr gut auf die Bedürfnisse der bestehenden Kunden eingehen, denen zum Teil aber das »Vertriebs-Gen« fehlt (siehe auch bei den Schwächen).

So schlimm es einerseits auch ist, dass viele günstige Materialanbieter in Asien auf den Markt drängen, so könnte man sich dies andererseits auch zunutze machen (gelber Stream 5). Gespräche mit Kunden und auf Messen haben gezeigt, dass es eine große Unsicherheit bezüglich der Qualität und Verwendbarkeit der verschiedenen Pulver gibt und den Kunden der Überblick fehlt. Warum also nicht den Kunden bei der Suche nach geeigneten Materialien helfen? Die **Chance** liegt dabei im Umschalten von Verteidigungs- auf Angriffsmodus. Man könnte aktiv fremde Materialien für die eigenen Drucker zertifizieren und, in Verbindung mit einer Beratung, zum Beispiel über eine Plattform anbieten – mit Gütesiegel vom Marktführer.

Im Sinne der Suche nach Zukunftsmärkten könnte auch eine Erschließung des Consumer-Segments angedacht werden (türkisfarbener Stream 6), allerdings ginge es dann eher um die Fertigung unkritischer Teile. Dies wäre eine mögliche **Chance**, die auf der Beobachtung der immer stärker werdenden Maker-Bewegung basiert, einer Art »Do it Yourself« mit High-Tech. Denkbar wäre dann ein Druckdienst für Consumer. Hier müsste aber zunächst sehr genau geprüft werden, wie das Marktpotenzial tatsächlich aussieht und ob sich der Aufbau der dafür nötigen Vertriebskanäle auch rechnet.

Bei genauerem Hinsehen gibt es noch einen ganzen Blumenstrauß interessanter Aspekte, darunter auch der Trend, zukünftig Ersatzteile im 3D-Druck anzufertigen, statt sie zu lagern. Doch es sind bereits genügend Optionen mit großer Reichweite im Spiel. Es lohnt sich daher, diese nun zu sortieren und über den erfolgversprechendsten Weg nach vorn nachzudenken.

Big Steps und Strategie

Die gesammelten Einträge im Feld »**Big Steps**« gehören im Wesentlichen zu drei wichtigen strategischen Handlungsfeldern für TSP: Technologische Weiterentwicklung, Pulverherstellung und Zielmärkte. In jedem dieser Handlungsfelder sind richtungsweisende Entscheidungen notwendig, und es gibt zum Teil mehrere mögliche Optionen. Der abgebildete Arbeitsstand im Strategy Explorer spiegelt bereits deren Priorisierung nach ausführlicher Diskussion wider. Die Optionen, die verworfen wurden, sind durch orangefarbene Zettel markiert. Im Detail sind die Überlegungen wie folgt:

Pulverherstellung: Die hier präferierte Variante lautet »Ausstieg aus der Pulverproduktion«. Wie bereits oben beschrieben, ist eine dauerhaft konkurrenzfähige Produktion am bisherigen Standort nicht darstellbar. Eine Verlagerung ins Ausland oder Kauf eines Wettbewerbers in Asien sind jedoch ebenfalls nicht zielführend: Nach einiger Diskussion kommt das Team zu dem Schluss, dass man – abgesehen von den hohen Kosten – höchstens ein weiterer Anbieter unter vielen werden würde, das bedeutet, es gäbe keine signifikante Differenzierung und daher einen ständigen Preiskampf. Also wählt TSP den radikaleren Schritt des Rückzugs aus der Eigenherstellung und schaltet den Modus im Umgang mit den Wettbewerbern auf Kooperation um. Dies soll durch Vertrieb oder Vermittlung von zertifiziertem Material als Broker über eine neue Plattform gelingen.

Zielmärkte: Um mit dem rasant wachsenden Markt mitzugehen, muss TSP seinen Marktfokus überdenken. Die Stärken des Unternehmens liegen im High-End-Segment, daher wird die mögliche Erschließung des Consumer-Segments ausgeschlossen. Allerdings muss TSP aus der Komfortzone der bestehenden Kundengruppen ausbrechen und durch aktives Business Development neue **Zukunftsmärkte erschließen**. Vorrangig sollen diese Märkte auf Basis des bestehenden Produktportfolios angegangen werden, doch da das Potenzial hier begrenzt ist, kommt als nächstes Handlungsfeld die technologische Weiterentwicklung ins Spiel.

Technologische Entwicklung: TSP sieht die technologische Kompetenz und den eigenen Einsatz der patentierten Verfahren als den Kern des Geschäfts und verwirft daher die Option, die Technologie an andere zu lizenzieren. Die Einnahmen hierdurch würden vermutlich die Kannibalisierung des eigenen Geschäfts nicht kompensieren können. Doch das Unternehmen sieht die dringende Notwendigkeit, seine **technologische Kompetenz** in Richtung anderer, beispielsweise nichtmetallischer Materialien **auszuweiten**, um an den Zukunftsmärkten angemessen partizipieren zu können. Insbesondere das Thema **Leichtbau** ist hier ein Treiber. Zur Realisierung dieser Ambitionen könnte auch der **Kauf eines geeigneten Start-ups** infrage kommen.

Alle beschriebenen (Vor-)Entscheidungen sind natürlich noch weiter zu substantiieren, aber das Team hat ein gutes Gefühl bezüglich des herausgearbeiteten Weges. Die vorläufige Formulierung lautet kurz zusammengefasst:

Um unser Ziel zu erreichen, werden wir (1) unsere Technologie aktiv in High-End-Anwendungen von Zukunftsmärkten bringen und (2) in Richtung Leichtbau weiterentwickeln. Dazu fokussieren wir unsere Kräfte, indem wir (3) aus der Pulverproduktion aussteigen und stattdessen (4) ein neues Modell als Broker für zertifiziertes Material erproben.

Anlass für Iterationen

Bei genauer Betrachtung des Ergebnisses der Strategieentwicklung stellt sich die Frage, ob die Vision des Unternehmens durch den aus der Historie stammenden Fokus auf Transportmittel (Automotive, Aerospace) den Blick eventuell zu stark einengt und deshalb modifiziert werden sollte. Eine einfache Modifikation könnte in der schlichten Ersetzung von »Transportmittel« durch »komplexe Maschine« bestehen. Anzuraten wäre aber eine komplette Überarbeitung der weiter gefassten Vision und die Ableitung neuer Ziele daraus. Darin könnte auch ein grundsätzlich verändertes Geschäftsmodell enthalten sein: Der »Broker« für zertifiziertes Material ist ein erster Ansatz in diese Richtung, der sich erst im Laufe der Diskussion ergeben hat.

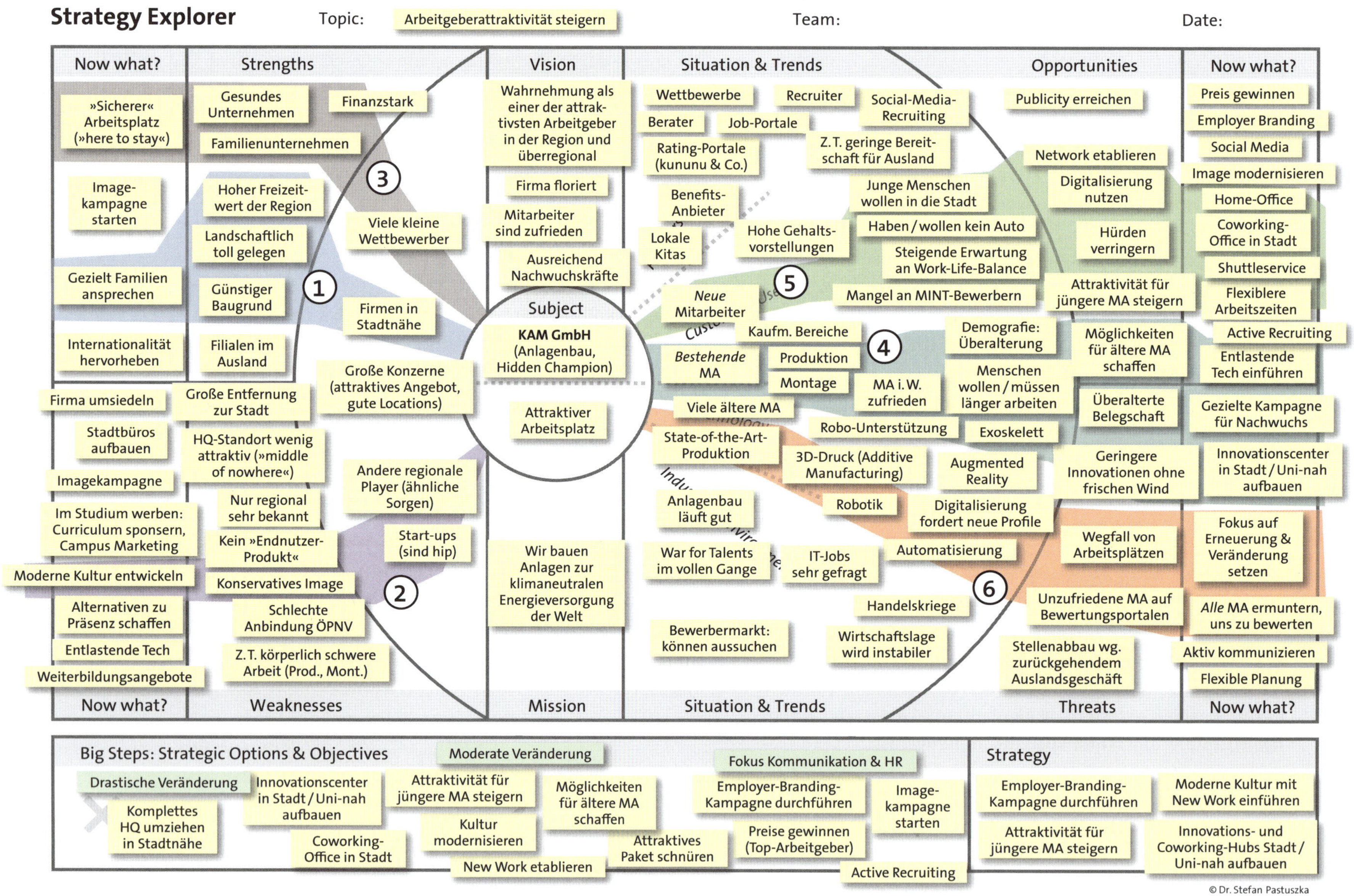
Strategy Explorer
Topic:
Arbeitgeberattraktivität steigern
Team:
Date:
Now what?
Strengths
Vision
Situation & Trends
Opportunities
Now what?
»Sicherer« Arbeitsplatz (»here to stay«)
Imagekampagne starten
Gezielt Familien ansprechen
Internationalität hervorheben
Gesundes Unternehmen
Finanzstark
Familienunternehmen
Hoher Freizeitwert der Region
Landschaftlich toll gelegen
Günstiger Baugrund
Filialen im Ausland
Viele kleine Wettbewerber
Firmen in Stadtnähe
Große Konzerne (attraktives Angebot, gute Locations)
Wahrnehmung als einer der attraktivsten Arbeitgeber in der Region und überregional
Firma floriert
Mitarbeiter sind zufrieden
Ausreichend Nachwuchskräfte
Subject
KAM GmbH (Anlagenbau, Hidden Champion)
Attraktiver Arbeitsplatz
Wir bauen Anlagen zur klimaneutralen Energieversorgung der Welt
Wettbewerbe
Recruiter
Social-Media-Recruiting
Berater
Job-Portale
Rating-Portale (kununu & Co.)
Z.T. geringe Bereitschaft für Ausland
Benefits-Anbieter
Lokale Kitas
Hohe Gehaltsvorstellungen
Junge Menschen wollen in die Stadt
Haben / wollen kein Auto
Steigende Erwartung an Work-Life-Balance
Mangel an MINT-Bewerbern
Neue Mitarbeiter
Kaufm. Bereiche
Bestehende MA
Produktion
Montage
MA i.W. zufrieden
Viele ältere MA
Demografie: Überalterung
Menschen wollen / müssen länger arbeiten
Robo-Unterstützung
Exoskelett
State-of-the-Art-Produktion
3D-Druck (Additive Manufacturing)
Augmented Reality
Robotik
Digitalisierung fordert neue Profile
Anlagenbau läuft gut
War for Talents im vollen Gange
IT-Jobs sehr gefragt
Automatisierung
Handelskriege
Bewerbermarkt: können aussuchen
Wirtschaftslage wird instabiler
Publicity erreichen
Network etablieren
Digitalisierung nutzen
Hürden verringern
Attraktivität für jüngere MA steigern
Möglichkeiten für ältere MA schaffen
Überalterte Belegschaft
Geringe Innovationen ohne frischen Wind
Wegfall von Arbeitsplätzen
Unzufriedene MA auf Bewertungsportalen
Stellenabbau wg. zurückgehendem Auslandsgeschäft
Preis gewinnen
Employer Branding
Social Media
Image modernisieren
Home-Office
Coworking-Office in Stadt
Shuttleservice
Flexiblere Arbeitszeiten
Active Recruiting
Entlastende Tech einführen
Gezielte Kampagne für Nachwuchs
Innovationscenter in Stadt / Uni-nah aufbauen
Fokus auf Erneuerung & Veränderung setzen
Alle MA ermuntern, uns zu bewerten
Aktiv kommunizieren
Flexible Planung
Firma umsiedeln
Stadtbüros aufbauen
Imagekampagne
Im Studium werben: Curriculum sponsern, Campus Marketing
Moderne Kultur entwickeln
Alternativen zu Präsenz schaffen
Entlastende Tech
Weiterbildungsangebote
Große Entfernung zur Stadt
HQ-Standort wenig attraktiv (»middle of nowhere«)
Nur regional sehr bekannt
Kein »Endnutzer-Produkt«
Konservatives Image
Schlechte Anbindung ÖPNV
Z.T. körperlich schwere Arbeit (Prod., Mont.)
Andere regionale Player (ähnliche Sorgen)
Start-ups (sind hip)
1
2
3
4
5
6
Now what?
Weaknesses
Mission
Situation & Trends
Threats
Now what?
Big Steps: Strategic Options & Objectives
Moderate Veränderung
Fokus Kommunikation & HR
Drastische Veränderung
Komplettes HQ umziehen in Stadtnähe
Innovationscenter in Stadt / Uni-nah aufbauen
Attraktivität für jüngere MA steigern
Möglichkeiten für ältere MA schaffen
Coworking-Office in Stadt
Kultur modernisieren
New Work etablieren
Attraktives Paket schnüren
Employer-Branding-Kampagne durchführen
Imagekampagne starten
Preise gewinnen (Top-Arbeitgeber)
Active Recruiting
Strategy
Employer-Branding-Kampagne durchführen
Moderne Kultur mit New Work einführen
Attraktivität für jüngere MA steigern
Innovations- und Coworking-Hubs Stadt / Uni-nah aufbauen
© Dr. Stefan Pastuszka

Attraktiver Arbeitsplatz beim Hidden Champion

Stellen Sie sich vor: Ihre Firma ist ein Top-Anbieter in einem speziellen Markt, super erfolgreich und ein echter Hidden Champion. Aber trotzdem wird es immer schwieriger, geeignete Mitarbeiter zu gewinnen – aus einer ganzen Reihe von Gründen, von denen einer vermutlich mit dem Wort »hidden« zu tun hat. Willkommen im Club! Der »War for Talents« ist in vollem Gange, und die Unternehmen schlagen sich um die besten Bewerber, die natürlich auf der Suche nach den für sie attraktivsten Angeboten sind. Wie kann man in diesem Wettbewerb bestehen? Wir schauen uns das am hypothetischen Beispiel der Krahn Anlagen- und Maschinenbau GmbH (kurz KAM) an und entwickeln mithilfe des Strategy Explorer einen Weg, um die Arbeitgeberattraktivität von KAM zu steigern.

Die KAM GmbH ist ein Familienunternehmen, das in den vergangenen Jahren kontinuierlich gewachsen ist und weltweit etwa 1500 Mitarbeiter beschäftigt. Schwerpunkt der Aktivitäten ist die Entwicklung und der Bau von Anlagen zur klimaneutralen Energieerzeugung. Der Firmenhauptsitz hat sich rund um die alte Werkstatt des Firmengründers in einem abgelegenen Ort in der Peripherie entwickelt. Mittlerweile ist KAM der Hauptarbeitgeber der mittlerweile kleinen Stadt und prägt das Ortsbild. Die Entwicklung rund um den Nukleus bot sich vor allem aufgrund der günstigen Preise und der Verfügbarkeit von Flächen an. Darüber hinaus gibt es einen Zugang zur Flussschifffahrt für besonders schwere Anlagenteile. Kamen bislang die meisten Arbeitnehmer aus dem Ort und dem Umland, wird es jedoch immer schwieriger, junge, gut ausgebildete Mitarbeiter zu gewinnen. Dies hat nicht nur mit den veränderten Anforderungen durch Digitalisierung und neue Technologien zu tun – besonders gefragt sind junge Universitätsabgänger in den MINT-Fächern –, sondern auch mit demografischen Trends. So ist der Standort zwar landschaftlich schön gelegen und sehr idyllisch, aber weit entfernt von der nächsten Großstadt, die besonders attraktiv für junge Menschen ist. Viele von ihnen sind bereits abgewandert und das Durchschnittsalter der Bürger steigt.

Zusätzlich zum ohnehin vorhandenen demografischen Wandel kommt eine weitere Besonderheit. In der Finanzkrise um 2008 ging es der Firma zeitweise sehr schlecht, sodass eine Restrukturierung durchgeführt werden musste. In der Krise verließen insbesondere viele jüngere Mitarbeiter mit höherer Mobilität und besseren Chancen auf dem Arbeitsmarkt das Unternehmen. Dies führte zu einer ungünstigen Altersverteilung: Die Hälfte der Belegschaft ist bereits über 50 Jahre alt. Wenn sich nicht drastisch etwas ändert, ist zu erwarten, dass in zehn Jahren etwa 30 Prozent der Belegschaft in Rente gehen. Das reißt eine Riesenlücke, die vorausschauend gefüllt oder anderweitig kompensiert werden muss. Die KAM ist in ihren Märkten top aufgestellt, hat aber ein massives Nachwuchsproblem. Das Management hat dies erkannt und sucht nach Wegen, das Unternehmen als Arbeitgeber attraktiv zu machen.

Gegenstand und Ziel

Die **Vision** der KAM GmbH ist eine Zukunft, in der das Unternehmen als attraktivster Arbeitgeber der Region und darüber hinaus wahrgenommen wird. In diesem Bild gibt es keinen Mangel an Nachwuchskräften mehr, die Mitarbeiter sind zufrieden und arbeiten gern für die florierende Firma. Sicher gibt es weitere Handlungsfelder, die betrachtet werden müssen, um das langfristige Bestehen und den wirtschaftlichen Erfolg des Unternehmens zu sichern, doch das Management ist überzeugt, dass die Arbeitgeberattraktivität ein entscheidender Faktor ist, der strategisch angegangen werden muss. Übersetzt heißt das, dass künftigen und bestehenden Mitarbeitern ein attraktiver Arbeitsplatz geboten werden muss. Der Gegenstand der strategischen Betrachtung rankt sich also um ein relativ abstraktes Wertversprechen, für das externe Bewerber und interne Mitarbeiter die »Kunden« sind.

Der **Betrachtungsgegenstand** ist folglich die Firma selbst (**Einheit:** KAM GmbH) mit dem **Angebot** eines attraktiven Arbeitsplatzes. Wie dieser aussehen mag und was ihn ausmacht, wird noch zu klären sein, wobei wesentliche Aspekte aus der folgenden Analyse kommen.

Da die Firma selbst betrachtet wird, kann direkt die bereits ausgearbeitete **Mission** von der Firmenwebsite verwendet werden: Wir bauen Anlagen zur klimaneutralen Energieversorgung der Welt.

Damit ist die Grundlage für die Strategieentwicklung gelegt. Es lohnt sich ein kurzer Blick auf die Vision selbst. Eines der Visionsziele ist knapp als »attraktivster Arbeitgeber der Region« festgehalten. Das Ziel ist sehr anspruchsvoll und erfüllt damit eine wichtige Eigenschaft einer herausragenden Vision. Allerdings muss man sich in einem späteren Schritt auch überlegen, wie sich messen lässt, ob man sich dem Ziel auch nähert. Nur so kann eine Strategie operationalisiert werden. Darüber hinaus hilft das Nachdenken über die Messgrößen auch dabei, sich darüber klar zu werden, was einen attraktiven Arbeitgeber überhaupt auszeichnet.

Umfeld

Betrachten wir zunächst die linke Seite des Strategy Explorer mit der Wettbewerbslandschaft. Wenn es um das Angebot eines attraktiven Arbeitsplatzes geht, befindet man sich automatisch im Wettbewerb mit allen (!) anderen Unternehmen, wobei es natürlich für bestimmte Berufsgruppen Ausnahmen gibt. So werden zum Beispiel Ingenieure nicht notwendigerweise ihr Heil im Einzelhandel suchen, während für gut ausgebildete Controller die Branche weniger wichtig ist. Das gewählte Beispiel ist noch unkonkret bezüglich der Berufsgruppe, daher ist die Wahl der **Wettbewerber** allgemein gehalten und unterscheidet hauptsächlich nach Regionalität und Größe. Das Feld reicht dabei vom finanzstarken und breit aufgestellten Großkonzern über regionale Player und allgemein Firmen in Stadtnähe bis zu hippen Start-ups. Greifen wir die letzten beiden einmal heraus, um die Zusammenhänge und mögliche Maßnahmen sichtbar zu machen:

Gerade Firmen in Stadtnähe oder in der Stadt selbst sind besonders attraktiv für junge Menschen, wie sich zunehmend zeigt. Gegenüber diesen Unternehmen kann die KAM

GmbH dennoch mit **Stärken** aufwarten. Dazu zählen nicht nur die tolle Landschaft und der hohe Freizeitwert des Standorts, sondern auch die niedrigen Grundstückspreise (blauer Stream 1). Gerade der letzte Aspekt könnte genutzt werden, um ganz gezielt junge Familien anzusprechen und vielleicht sogar beide Elternteile für eine Beschäftigung bei KAM zu gewinnen. Eine eigene Firmen-Kita wäre dann ein Muss – allerdings gehört dies mittlerweile zum Standard und stellt zumindest gegenüber den größeren Unternehmen kaum noch einen Wettbewerbsvorteil dar.

In Bezug auf den Wettbewerb durch hippe Start-ups (violetter Stream 2) mit agiler Kultur und spannenden Themen hat die KAM mit ihrem etwas angestaubten und sehr konservativen Image zu kämpfen, in diesem direkten Vergleich eine klare **Schwäche**. Als Gegenmaßnahme könnte sich die Firma darauf konzentrieren, eine moderne Firmenkultur zu entwickeln und zu etablieren. Damit würde nicht nur der Nachteil gegenüber den Start-ups verringert, sondern vermutlich auch ein Vorteil gegenüber vielen anderen Unternehmen geschaffen. Dies ist allerdings nichts, was »über Nacht« geht, sondern ein vielschichtiger und tiefgreifender Veränderungsprozess, der auch direkt in die Big Steps übernommen wurde.

Eine **Stärke** gegenüber den besagten Start-ups und auch vielen kleineren Wettbewerbern liegt dagegen in der eigenen Größe und den gesunden Finanzen sowie einer langfristigen strategischen Ausrichtung als Familienunternehmen (grauer Stream 3). Dies ergibt zwar keine unmittelbare Arbeitsplatzsicherheit, aber zumindest entsteht das gute Gefühl, dass die Firma auch morgen noch da sein wird (»here to stay«), was sich argumentativ verwenden lässt. Gegenüber vergleichbaren Unternehmen und Konzernen lässt sich diese Karte allerdings schon weniger gut ziehen.

Der Blick auf die rechte Seite des Strategy Explorer ist noch spannender, da hier vor allem Trends im Vordergrund stehen, welche die Art und Weise des Arbeitens in der Zukunft verändern werden. Darüber hinaus stehen im Feld »Kunden« diesmal keine externen Kunden, die ein Produkt oder eine Dienstleistung einkaufen, sondern die Empfänger einer komplexen Botschaft bezüglich ihres bestehenden oder vielleicht zukünftigen Arbeitsplatzes. Richten wir zunächst den Blick auf diese beiden Gruppen.

Bestehende Mitarbeiter (türkisfarbener Stream 4): Diese gibt es in den kaufmännischen Bereichen sowie in Produktion und Montage. Die Mitarbeiter sind im Wesentlichen zufrieden, wie die letzte Umfrage gezeigt hat. Allerdings ist die Altersstruktur wie oben beschrieben bedenklich, da es bereits heute viele ältere Mitarbeiter gibt. Das ist insbesondere in den Bereichen Produktion und Montage kritisch, wo es auch auf körperliche Fitness ankommt. Die Situation wird durch den generellen demografischen Trend der alternden Bevölkerung verstärkt, wobei die Menschen länger arbeiten wollen beziehungsweise müssen. Es besteht folglich das **Risiko** einer überalterten und weniger effizienten Belegschaft, wenn nicht erfolgreich gegengesteuert wird, beispielsweise durch gezielte Maßnahmen zur Nachwuchskräftegewinnung. Ein weiteres **Risiko** ist eine mögliche geringere Innovationskraft, wenn der frische Wind von außen durch neue, junge Mitarbeiter fehlt. Eine spannende Möglichkeit, dem entgegenzuwirken, könnte zum Beispiel in der Einrichtung von Uni-nahen Innovationscentern bestehen: Hier arbeiten die

Mitarbeiter forschungsnah, und das Unternehmen kann bereits bei den Studenten seine Bekanntheit fördern und direkte Kontakte knüpfen.

Es ergeben sich aber auch direkte **Chancen**, indem neue Möglichkeiten speziell für ältere Mitarbeiter geschaffen werden. Hier könnten unterstützende Technologien wie zum Beispiel robotische Unterstützung oder kraftverstärkende Exoskelette für besonders schwere Aufgaben zum Einsatz kommen (nein, das ist keine Science-Fiction mehr!). Daneben machen natürlich Angebote, um sich weiterzuentwickeln und sich neue Tätigkeitsbereiche zu erschließen, sowie für lebenslanges Lernen ebenfalls einen attraktiven Arbeitgeber aus.

Neue Mitarbeiter (grüner Stream 5): Bereits angesprochen wurden die Affinität junger Menschen zur Stadt und der spezielle Mangel an MINT-Bewerbern. Viele junge Menschen haben oder möchten beispielsweise gar kein Auto besitzen, das aber am ländlichen Standort fast unabdingbar ist. Daneben gibt es steigende Erwartungen an Einstiegsgehälter und vor allem die Work-Life-Balance. **Chancen** bestehen also im Wesentlichen in der Steigerung der Attraktivität für jüngere Menschen durch räumliche und zeitliche Flexibilisierung der Arbeit, durch konsequente Nutzung von Digitalisierung und durch die Einführung von New-Work-Konzepten, von denen das Home-Office noch das einfachste ist. Daneben könnte das Unternehmen eigene Coworking-Spaces in der Stadt schaffen, in denen Mitarbeiter, die in der Stadt wohnen, schwerpunktmäßig arbeiten – zumindest für die Bürofunktionen ist dies denkbar. Selbst ein Shuttleservice zum Firmensitz könnte angeboten werden.

Die technologische Entwicklung, die bereits oben angesprochen wurde, macht auch vor KAM nicht halt (orangefarbener Stream 6). Daraus ergeben sich spannende Überlegungen. Betrachtet man allein den Bereich der Produktion, so kommen neue Verfahren wie 3D-Druck (Additive Manufacturing), Augmented Reality oder Robotik ins Spiel. Damit gehen in allen Unternehmensbereichen Trends zur Automatisierung und Digitalisierung einher. Dies erfordert völlig neue Kompetenzen von den betroffenen Mitarbeitern und verschärft den Druck, qualifizierten Nachwuchs zu gewinnen. Die **Risiken**, falls dies nicht gelingt, liegen auf der Hand:

Durch Automatisierung können auch Arbeitsplätze wegfallen oder sich stark verändern. Das Unternehmen sollte von vornherein klar kommunizieren und den Fokus auf die Erneuerung und Veränderung legen.

Falls Arbeitsplätze wegfallen oder die Veränderungen zu stark sind, besteht das **Risiko**, dass gerade unzufriedene Mitarbeiter ihrem Ärger auf Firmen-Bewertungsportalen (wie kununu usw.) Luft machen. Dies ist nicht gut für das Image und die Attraktivität der Firma für neue Mitarbeiter, die sich dort informieren. Eine einfache Gegenmaßnahme liegt darin, von vornherein alle (!) Mitarbeiter aktiv zu ermuntern, das Unternehmen auf den einschlägigen Plattformen zu bewerten. Das ist erkenntnisreich, zeigt Mut und Offenheit und verhindert, dass sich nur die unzufriedenen Mitarbeiter äußern und das Gesamtbild verzerren.

Aus der Betrachtung des Umfeldes ergibt sich eine Vielzahl von Ideen für kleinere und größere Maßnahmen und Handlungsfelder. Auch zeichnet sich durch die Analyse von Wettbewerb und Trends ab, welche Aspekte für einen attraktiven Arbeitsplatz ausschlaggebend sein könnten.

Big Steps und Strategie

Beim Betrachten der möglichen großen Schritte, die aus der Analyse folgen, sowie dem Ergänzen durch Betrachtung des Visionsziels kristallisieren sich drei Cluster von **Optionen** heraus, in die sich die Ideen eingruppieren lassen:

Fokus Kommunikation und HR: Hier finden sich die Möglichkeiten, die mit vergleichsweise übersichtlichem Aufwand immer »gehen«. Es geht um eine optimierte und zielgerichtete Außendarstellung durch ein aufpoliertes Image, konsequentes Employer Branding und die aktive Gewinnung neuer Mitarbeiter mit möglichst adäquaten Methoden, um die unmittelbaren Bedürfnisse zu befriedigen.

Moderate Veränderung: In diesem Cluster geht es schon mehr ans Eingemachte, denn um die mit großem kommunikativen Aufwand angeworbenen Mitarbeiter auch zu halten, muss sich meist wirklich etwas ändern. Im Fokus stehen die Erhöhung der Attraktivität durch eine moderne Kultur und attraktive Pakete sowie auch neue Möglichkeiten für ältere Mitarbeiter. Daneben kann das Unternehmen neue Dependancen in zentraler Lage aufbauen, frei nach dem Motto »Wenn der Prophet nicht zum Berg kommt …«. Innovationszentren in Uni-Nähe oder innenstädtische Coworking Spaces könnten gerade für junge Mitarbeiter und »Stadtmenschen« enorm interessant sein.

Drastische Veränderung: Ein maximal tiefgreifender Schritt könnte darin bestehen, die komplette Firma oder Teilbereiche umzusiedeln. Beispielsweise könnte ein neues Headquarter mit Entwicklungszentrum und Management in attraktiver Stadtrandlage aufgebaut werden, während die Produktion auf dem Land bleibt oder sogar ins osteuropäische Ausland verlagert wird. Bei einer Option wie dieser müssen die Machbarkeit und die Frage der Akzeptanz bei den Stakeholdern jedoch besonders kritisch geprüft werden. Davon abgesehen wäre das allein vor dem Hintergrund des Themas »attraktiver Arbeitgeber« vermutlich »mit Kanonen auf Spatzen geschossen«.

Eine gangbare Strategie für die KAM GmbH könnte in der Kombination von Elementen aus den ersten beiden Clustern bestehen, während die Option der Komplettverlagerung verworfen wird:

> Wir erreichen unsere Visionsziele, indem wir (1) kurzfristig eine Employer-Branding-Kampagne durchführen und parallel beginnen, (2) die Attraktivität von KAM vor allem für junge Mitarbeiter zu steigern, indem wir (3) eine moderne Unternehmenskultur mit New-Work-Elementen einführen sowie (4) Innovations- und Coworking-Hubs in Uni- beziehungsweise Stadtnähe aufbauen.

Das Thema Arbeitgeberattraktivität in Verbindung mit Fachkräftemangel und War for Talents ist eines der drängendsten der heutigen Zeit. Jedes Unternehmen muss hier seinen eigenen spezifischen Weg finden, indem es seine Stärken und Schwächen sowie relevante Trends schonungslos analysiert

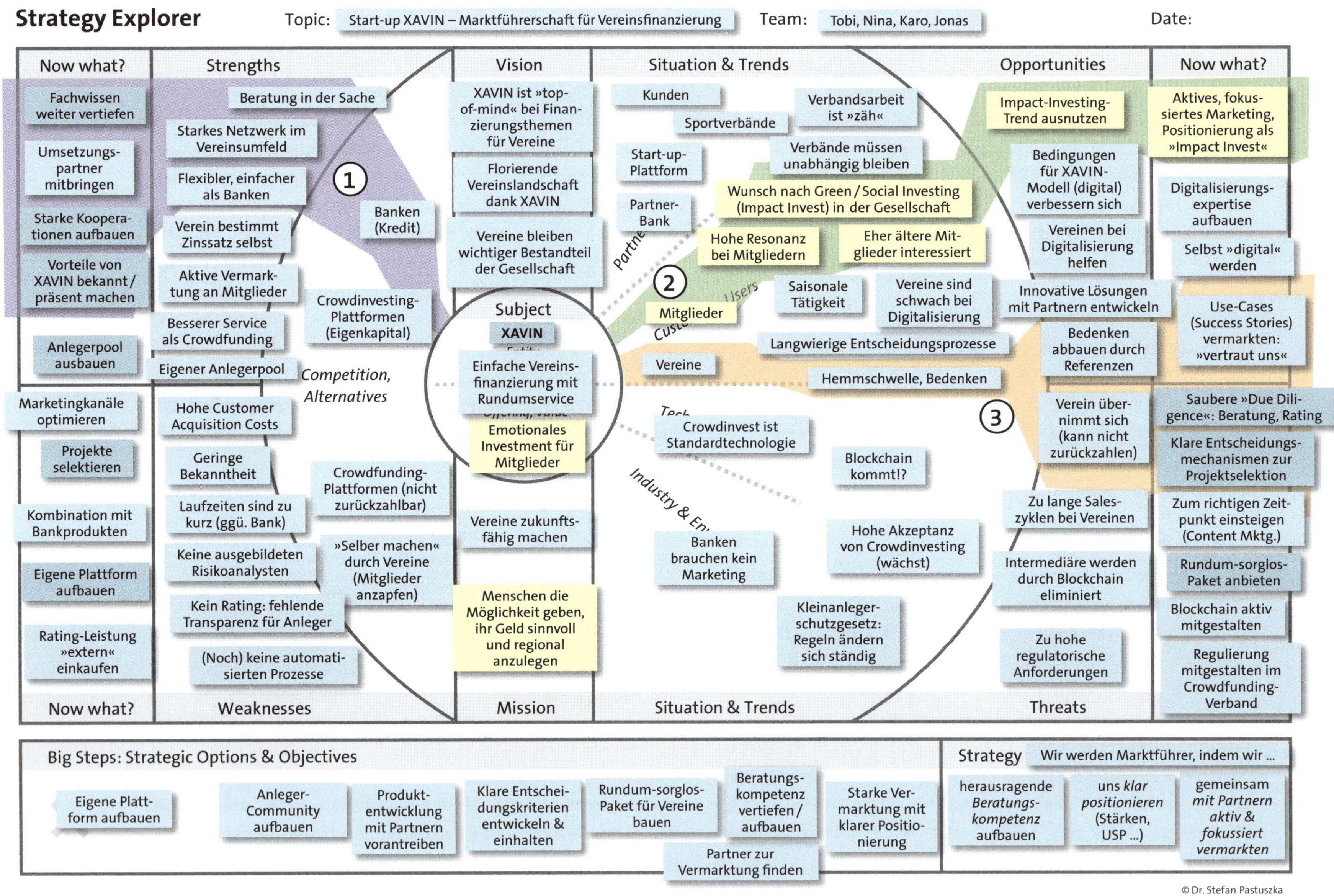
Strategy Explorer
Topic: Start-up XAVIN – Marktführerschaft für Vereinsfinanzierung
Team: Tobi, Nina, Karo, Jonas
Date:
Now what?
Fachwissen weiter vertiefen
Umsetzungspartner mitbringen
Starke Kooperationen aufbauen
Vorteile von XAVIN bekannt / präsent machen
Anlegerpool ausbauen
Strengths
Beratung in der Sache
Starkes Netzwerk im Vereinsumfeld
Flexibler, einfacher als Banken
Verein bestimmt Zinssatz selbst
Aktive Vermarktung an Mitglieder
Besserer Service als Crowdfunding
Eigener Anlegerpool
Banken (Kredit)
Crowdinvesting-Plattformen (Eigenkapital)
Competition, Alternatives
1
Vision
XAVIN ist »top-of-mind« bei Finanzierungsthemen für Vereine
Florierende Vereinslandschaft dank XAVIN
Vereine bleiben wichtiger Bestandteil der Gesellschaft
Subject
XAVIN
Einfache Vereinsfinanzierung mit Rundumservice
Emotionales Investment für Mitglieder
Situation & Trends
Kunden
Sportverbände
Verbandsarbeit ist »zäh«
Start-up-Plattform
Verbände müssen unabhängig bleiben
Partner-Bank
Wunsch nach Green / Social Investing (Impact Invest) in der Gesellschaft
Hohe Resonanz bei Mitgliedern
Eher ältere Mitglieder interessiert
2
Mitglieder
Saisonale Tätigkeit
Vereine sind schwach bei Digitalisierung
Langwierige Entscheidungsprozesse
Vereine
Hemmschwelle, Bedenken
Crowdinvest ist Standardtechnologie
Blockchain kommt!?
Banken brauchen kein Marketing
Hohe Akzeptanz von Crowdinvesting (wächst)
Kleinanlegerschutzgesetz: Regeln ändern sich ständig
Opportunities
Impact-Investing-Trend ausnutzen
Bedingungen für XAVIN-Modell (digital) verbessern sich
Vereinen bei Digitalisierung helfen
Innovative Lösungen mit Partnern entwickeln
Bedenken abbauen durch Referenzen
3
Verein übernimmt sich (kann nicht zurückzahlen)
Zu lange Saleszyklen bei Vereinen
Intermediäre werden durch Blockchain eliminiert
Zu hohe regulatorische Anforderungen
Now what?
Aktives, fokussiertes Marketing, Positionierung als »Impact Invest«
Digitalisierungsexpertise aufbauen
Selbst »digital« werden
Use-Cases (Success Stories) vermarkten: »vertraut uns«
Saubere »Due Diligence«: Beratung, Rating
Klare Entscheidungsmechanismen zur Projektselektion
Zum richtigen Zeitpunkt einsteigen (Content Mktg.)
Rundum-sorglos-Paket anbieten
Blockchain aktiv mitgestalten
Regulierung mitgestalten im Crowdfunding-Verband
Marketingkanäle optimieren
Projekte selektieren
Kombination mit Bankprodukten
Eigene Plattform aufbauen
Rating-Leistung »extern« einkaufen
Hohe Customer Acquisition Costs
Geringe Bekanntheit
Laufzeiten sind zu kurz (ggü. Bank)
Keine ausgebildeten Risikoanalysten
Kein Rating: fehlende Transparenz für Anleger
(Noch) keine automatisierten Prozesse
Crowdfunding-Plattformen (nicht zurückzahlbar)
»Selber machen« durch Vereine (Mitglieder anzapfen)
Vereine zukunftsfähig machen
Menschen die Möglichkeit geben, ihr Geld sinnvoll und regional anzulegen
Now what?
Weaknesses
Mission
Situation & Trends
Threats
Big Steps: Strategic Options & Objectives
Eigene Plattform aufbauen
Anleger-Community aufbauen
Produktentwicklung mit Partnern vorantreiben
Klare Entscheidungskriterien entwickeln & einhalten
Rundum-sorglos-Paket für Vereine bauen
Beratungskompetenz vertiefen / aufbauen
Partner zur Vermarktung finden
Starke Vermarktung mit klarer Positionierung
Strategy
Wir werden Marktführer, indem wir ...
herausragende Beratungskompetenz aufbauen
uns klar positionieren (Stärken, USP ...)
gemeinsam mit Partnern aktiv & fokussiert vermarkten
© Dr. Stefan Pastuszka

und interpretiert. Wichtig ist es, den (zukünftigen) Mitarbeiter als Kunden zu betrachten, der auch andere Alternativen hat und dem gerade in Zeiten eines Bewerbermarktes einiges geboten werden muss. Allerdings ist es auch wichtig zu erkennen, dass mit reiner »Kosmetik« kein nachhaltiger Erfolg zu erzielen ist. Binden Sie auf jeden Fall die Kunden (= Mitarbeiter) in bester Design-Thinking-Manier in Ihre Überlegungen ein, um innovative Ansätze zu finden, wie sich die Attraktivität Ihres Unternehmens steigern ließe!

Start-up für Vereinsfinanzierung: Xavin

Während die zuvor beschriebenen Beispiele hypothetisch waren, ist Xavin ein spannendes Beispiel für ein reales Start-up. Es entstand aus einer Innovation Challenge einer großen Landesbank, die auf der ACTIVATR-Plattform (ein Company Builder für Corporate Start-ups) entwickelt wurde. Seit 2018 steht es als GmbH auf eigenen Beinen. Das Beispiel zeigt, dass der Strategy Explorer auch für Start-ups nützlich ist, insbesondere sobald die Phase der anfänglichen Suche und schneller Richtungswechsel vorüber ist. Xavin ist darüber hinaus auch inhaltlich ein sehr schönes Beispiel für ein Thema mit gesellschaftlicher Relevanz, das von verschiedenen Trends profitiert.

Xavin bietet Vereinen eine neue Form der Finanzierung, zum Beispiel von Infrastrukturprojekten, indem die Mitglieder als Investoren gewonnen werden. Dieses Modell schlägt gleich zwei Fliegen mit einer Klappe: Vereine haben oft Schwierigkeiten, Bankdarlehen zu bekommen, da hierfür Sicherheiten erforderlich sind, welche sie teils nicht bieten können, da beispielsweise ihr genutzter Grund oder ihre Gebäude der Gemeinde gehören. Es handelt sich dann um sogenannte unbesicherte Nachrangdarlehen, für Banken meist ein No-Go. Durch Xavin kommen die Vereine jedoch auf alternativem Wege an Geld für dringend benötigte Projekte, ohne eine Bank in Anspruch zu nehmen. Das Geld kommt stattdessen über ein Crowdsourcing aus den Reihen der eigenen Mitglieder zusammen, die Zinsen für ihr Darlehen erhalten und gleichzeitig ein emotionales Investment tätigen, da ihnen der Verein und sein Wohlergehen am Herzen liegen.

Xavin gestaltet diesen Prozess vom Anfang bis zum Ende, inklusive der kommunikativen Unterstützung der Vereinsvorstände vom Einwerben der Mittel über Video-Botschaften und vieles mehr bis zur faktischen Abwicklung des Crowdsourcing-Prozesses. Das Modell ist bestechend und erfolgreich, hat aber auch mit ein paar Hürden zu kämpfen, die sich in der strategischen Analyse schnell zeigen. Falls Sie selbst oder Ihre Kinder in einem Verein Mitglied sind, in dem dringend einmal die Duschen renoviert oder der Außenplatz erneuert werden müsste, aber das Geld fehlt – denken Sie mal über Xavin nach!

Vision und Mission

Bei der Bearbeitung des Strategy Explorer im Team waren Vision und Mission gleich zu Beginn ein großes Thema. Weil es stark auf operative Themen fokussiert war, wie zum Beispiel die Vorbereitung der bevorstehenden Gründung, hatte das Team länger nicht mehr gemeinsam über die übergreifenden Themen diskutiert. Daher wurde es als sehr wichtig und aufschlussreich empfunden, zunächst das gemeinsame Verständnis von Sinn und Zweck sowie der Zukunftsvision zu schärfen und zu formulieren.

Die **Mission** enthält zwei Komponenten, die sich auch im Angebot für die zwei leicht unterschiedlichen Zielgruppen wiederfinden: Dem Xavin-Team ist es sowohl ein Anliegen, **Vereine zukunftsfähig zu machen**, als auch, **Menschen die Möglichkeit zu geben, ihr Geld sinnvoll und regional anzulegen**. Die Vereinslandschaft wird als ein wesentliches Element unserer Gesellschaft gesehen – nicht zuletzt, weil die Teammitglieder auch selbst in Vereinen engagiert sind. Dementsprechend findet sich dieser Aspekt auch in ihrer **Vision** einer Zukunft wieder, in der **Vereine ein wichtiger Bestandteil der Gesellschaft** bleiben und Xavin seinen besonderen Beitrag dazu geleistet hat (»**Florierende Vereinslandschaft dank Xavin**«). Nicht zuletzt ist Xavin in dieser Zukunft **»top-of-mind«, wann immer es um Finanzierungsthemen für Vereine geht**.

Das Angebot von Xavin besteht, wie bereits beschrieben und im **Subject** zu sehen, in einer **einfachen Vereinsfinanzierung mit Rundumservice** und einem **emotionalen Investment für Mitglieder**. Da sich die beiden Komponenten an unterschiedliche Zielgruppen richten (Verein selbst vs. Mitglieder), bietet es sich an, mit Haftnotizen in unterschiedlichen Farben zu arbeiten, um die Analyse deutlicher zu strukturieren. Das ist natürlich kein Muss, sondern eher Geschmackssache. Wenn Sie bei Ihrer eigenen Arbeit mit dem Strategy Explorer damit anfangen, sollten Sie den Farbcode allerdings auch konsequent durchziehen.

Analyse und Strategie

Welche Möglichkeiten bieten sich einem Verein neben Xavin noch, um seine Projekte zu finanzieren – vorher ist es ja schließlich auch irgendwie gegangen? Der **Wettbewerb** besteht neben den allgegenwärtigen Banken (Kredit) auch in modernen Varianten wie klassischem Crowdfunding (Unterstützer erhalten eine nichtfinanzielle Gegenleistung) oder Crowdinvesting-Plattformen (Unterstützer werden eigenkapitalähnlich am Projekterfolg beteiligt). All diese Alternativen basieren auf externen Geldgebern. Als weitere Möglichkeit könnten die Vereine natürlich auch selbst ihre Mitglieder aktivieren und Kredite von ihnen einsammeln. Essenziell nimmt Xavin den Vereinen diese Aufgabe ab und agiert als kompetenter Dienstleister und Schnittstelle.

Zum Vergleich mit dem Wettbewerb seien die folgenden Zusammenhänge (violetter Stream 1) beispielhaft herausgehoben. Banken, insbesondere lokale Sparkassen und Volksbanken, sind natürliche Anlaufpunkte für Vereine auf der Suche nach Finanzierung. Der direkte Vergleich mit den Banken zeigt in puncto **Stärken**, dass der Ansatz von Xavin deutlich flexibler und einfacher ist (Stichwort »Sicherheiten«, Zinssatz selbst festlegen), was klar einen Teil des zu kommunizierenden Mehrwerts darstellt. Darüber hinaus kann Xavin eine Beratung in der Sache durchführen – nicht nur bezüglich der Finanzierung, sondern auch zu den Projekten selbst. Diese Beratung basiert auf den Erfahrungen mit bereits erfolgreich umgesetzten Projekten und einem starken Netzwerk im Vereinsumfeld. Um diese Stärken zu nutzen und weiter auszubauen, bietet es sich an, eine noch höhere Beratungskompetenz aufzubauen, indem das Fachwissen weiter vertieft wird, sowie generell aktiv die Vorteile von Xavin bekannt und präsent zu machen. Darüber hinaus sollte Xavin weiter starke Kooperationen aufbauen (auch mit Sparkassen oder anderen Banken), bei denen es für gemeinsame Projekte sogar gleich die Umsetzungspartner mitbringen kann. Dies sind bereits wesentliche Teilaspekte der zusammengefassten **Big Steps**, welche die strategische Richtung für Xavin vorgeben.

Sie werden weiter verstärkt durch die folgenden Betrachtungen, die auch sehr schön die unterschiedlichen Zielgruppen berücksichtigen:

Bei den Vereinen sind mitunter eine gewisse Hemmschwelle und Bedenken gegenüber der »neumodischen« Art der Finanzierung festzustellen (gelber Stream 3). Eine **Chance** besteht folglich darin, diese Bedenken durch Referenzen abzubauen, zum Beispiel durch die Kommunikation von Use Cases. Gleichzeitig ist ein **Risiko** zu erkennen, welches darin besteht, dass der Verein sich finanziell übernehmen könnte, verbunden mit einem Zahlungsausfall – dies wären dann die wahr gewordenen Bedenken. Um dies zu verhindern, muss Xavin eine saubere Due Diligence durchführen und in die Beratung einfließen lassen sowie klare Entscheidungsmechanismen zur Projektselektion etablieren.

Das Xavin-Modell findet große Resonanz bei den Mitgliedern, was sich auch daran zeigt, dass Projekte sehr schnell voll finanziert sind (grüner Stream 2). Dies deckt sich mit einem Trend, dem Wunsch nach grünem oder sozialem Investment (Impact Invest) in der Gesellschaft, und dem Interesse eher älterer Mitglieder. Die **Chance** für Xavin liegt in der Ausnutzung dieses Trends durch aktives, fokussiertes Marketing und eine Positionierung als Impact Investment in Richtung der Mitglieder von Vereinen, die dann als Multiplikatoren wirken.

Bei dem spannenden Thema gibt es allerdings auch hohe regulatorische Anforderungen, denen Xavin gerecht werden muss. Diese bestehen vor allem in Form des Kleinanlegerschutzgesetzes und des Vermögensanlagengesetzes, welche Transparenz für Anleger sicherstellen sollen. Hier gilt es, Compliance einzuhalten und gegebenenfalls durch **Mitgestaltung der Regulierung** (Mitarbeit im Crowdfunding-Verband) dafür zu sorgen, dass die Anforderungen nicht ins Unermessliche wachsen.

Die Strategie von Xavin konzentriert sich, als Ergebnis der durchgeführten Betrachtungen, auf vier grundlegende Handlungsfelder. Diese lassen sich wieder in Form eines ausformulierten Strategie-Satzes zusammenfassen, und es wird klar, was in welcher Reihenfolge angegangen werden muss:

> Xavin wird Marktführer für Vereinsfinanzierung, indem wir (1) eine herausragende Beratungskompetenz aufbauen, uns (2) über unsere Stärken und USP klar positionieren und (3) gemeinsam mit Partnern (4) aktiv und fokussiert vermarkten.

Fazit

Interessanterweise spielte das Thema der formalen »Gründung« bei der Erarbeitung der Strategie gar nicht die erwartete beherrschende Rolle. Stattdessen konzentrierte sich das Team auf die Zukunftsvision und deren Erreichung, basierend auf dem Geschäftsmodell und dem zugrunde liegenden Wertversprechen sowie relativ unabhängig von organisatorischen Fragen. Selbstverständlich war die Gründung trotzdem ein wesentlicher Meilenstein und notwendiger Schritt, um für die konsequente Verfolgung der Vision die erforderliche Freiheit zu schaffen. Die Session mit dem Strategy Explorer hat dem Team geholfen, sich zu fokussieren und ein Leitbild zu entwickeln, welches auch heute (zum Zeitpunkt des Schreibens) noch gültig ist. Das zum Erreichen der Markführerschaft nötige Wachstum der Organisation selbst erfolgt auf organische Weise synchron mit dem Erfolg am Markt.

Tourismus-Zukunftsstrategie: Aktivurlaub in Talberg

»Oh Mann«, stöhnt der Bürgermeister der Gemeinde Talberg im Vorderen Bergland, »diese Themen haben wir doch alle schon vorwärts und rückwärts diskutiert.« Er lässt sich in den etwas abgenutzten Ledersessel hinter seinem rustikalen Schreibtisch fallen. »Wieso das Ganze jetzt noch einmal?«, fragt er den Leiter des Tourismusverbandes, der aus dem Fenster auf die bewaldeten Hänge der umliegenden Berge schaut. »Ganz einfach, weil wir zwar immer wieder mit unterschiedlichen Beteiligten detailliert bis auf Grasnarbenniveau diskutieren, aber noch nie gemeinsam aus der Helikopterperspektive darauf geschaut haben«, entgegnet dieser. »Alles scheint irgendwie wichtig, aber wir können nicht alles machen, und schon gar nicht gleichzeitig. Wir müssen uns eine Strategie überlegen, wie wir unser Bestehen als attraktives Urlaubsziel für die Zukunft sichern können, und uns darauf einigen, auf was wir uns dafür konzentrieren wollen.« Er dreht sich um und schaut den Bürgermeister herausfordernd an. Der hält den Blick eine Weile, rollt dann aber mit den Augen und seufzt: »Na gut. Wie du willst. Aber du organisierst das, und hoffentlich kommt was Vernünftiges dabei heraus!« »Kein Problem«, zwinkert der Tourismusleiter ihm zu, »das kriegen wir schon hin. Hauptsache, die richtigen Leute sind im Raum, und eine Idee für den Prozess habe ich auch schon.«

So oder so ähnlich könnte es gelaufen sein in der fiktiven Gemeinde Talberg, bevor sich die relevanten Akteure zu einer strukturierten Strategie-Session zusammenfanden. Das Beispiel ist hypothetisch, aber leicht nachvollziehbar. Stellen Sie sich Talberg als malerischen Ort mit Häusern im traditionellen Stil vor, umgeben von sattgrünen Wiesen und Wäldern, die sich die steilen Berghänge bis zur Baumgrenze hinaufziehen. Die Berge sind hoch genug für alpinen Wintersport, und vor ein paar Jahren wurde auch ein Teil der Liftanlagen erneuert. Die grenznahe und verkehrsgünstige Lage zieht viele Urlauber aus dem Nachbarland an, die sich nicht in stundenlange Staus einreihen möchten. Bislang war die Schneelage meist zufriedenstellend, aber mittlerweile merkt man auch in Talberg deutlich, dass die Winter kürzer werden und weniger Schnee bringen. Es lässt sich schon eine leichte Abwanderung von Gästen in höhergelegene Skiregionen feststellen – trotz weiterer Anreise und Verkehrsstaus. Noch dazu zeigt sich, dass die Altersstruktur der Gäste sich immer weiter nach oben verschiebt und insbesondere im Sommer nur wenige Familien oder junge Aktivsportler nach Talberg kommen. Das könnte an dem vergleichsweise schwachen Angebot in der Sommerzeit liegen und an den wenigen Après-Ski-Möglichkeiten im Winter. In Talberg geht alles etwas ruhiger zu, nicht so aufgeregt wie in den Ski-Party-Hochburgen. Irgendetwas muss auf jeden Fall getan werden, um auch weiterhin genügend Gäste nach Talberg zu bringen und die Zukunft zu sichern. Aber das Budget ist begrenzt, also gilt es nun, gut zu überlegen, wie es investiert werden soll. Noch

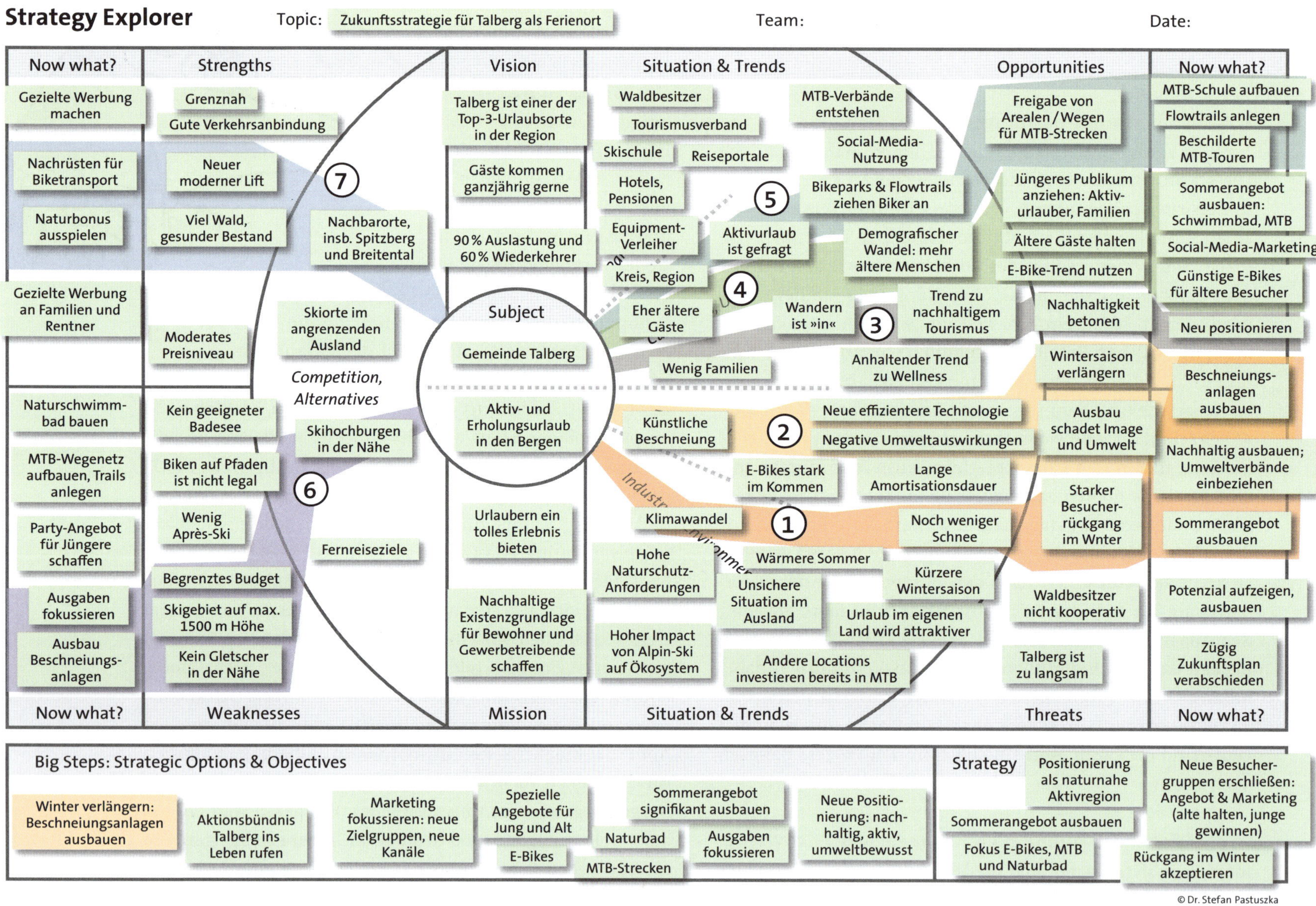

Strategy Explorer
Topic: Zukunftsstrategie für Talberg als Ferienort
Team:
Date:
Now what?
Gezielte Werbung machen
Nachrüsten für Biketransport
Naturbonus ausspielen
Gezielte Werbung an Familien und Rentner
Strengths
Grenznah
Gute Verkehrsanbindung
Neuer moderner Lift
Viel Wald, gesunder Bestand
Moderates Preisniveau
7
Nachbarorte, insb. Spitzberg und Breitental
Skiorte im angrenzenden Ausland
Competition, Alternatives
Skihochburgen in der Nähe
6
Fernreiseziele
Vision
Talberg ist einer der Top-3-Urlaubsorte in der Region
Gäste kommen ganzjährig gerne
90 % Auslastung und 60 % Wiederkehrer
Subject
Gemeinde Talberg
Aktiv- und Erholungsurlaub in den Bergen
Urlaubern ein tolles Erlebnis bieten
Nachhaltige Existenzgrundlage für Bewohner und Gewerbetreibende schaffen
Situation & Trends
Waldbesitzer
Tourismusverband
Skischule
Reiseportale
Hotels, Pensionen
Equipment-Verleiher
Kreis, Region
Eher ältere Gäste
Wenig Familien
MTB-Verbände entstehen
Social-Media-Nutzung
Bikeparks & Flowtrails ziehen Biker an
5
Aktivurlaub ist gefragt
Demografischer Wandel: mehr ältere Menschen
4
Wandern ist »in«
3
Trend zu nachhaltigem Tourismus
Anhaltender Trend zu Wellness
Künstliche Beschneiung
2
Neue effizientere Technologie
Negative Umweltauswirkungen
E-Bikes stark im Kommen
Lange Amortisationsdauer
Klimawandel
1
Noch weniger Schnee
Wärmere Sommer
Hohe Naturschutz-Anforderungen
Unsichere Situation im Ausland
Kürzere Wintersaison
Urlaub im eigenen Land wird attraktiver
Hoher Impact von Alpin-Ski auf Ökosystem
Andere Locations investieren bereits in MTB
Opportunities
Freigabe von Arealen / Wegen für MTB-Strecken
Jüngeres Publikum anziehen: Aktivurlauber, Familien
Ältere Gäste halten
E-Bike-Trend nutzen
Nachhaltigkeit betonen
Wintersaison verlängern
Ausbau schadet Image und Umwelt
Starker Besucherrückgang im Wnter
Waldbesitzer nicht kooperativ
Talberg ist zu langsam
Now what?
MTB-Schule aufbauen
Flowtrails anlegen
Beschilderte MTB-Touren
Sommerangebot ausbauen: Schwimmbad, MTB
Social-Media-Marketing
Günstige E-Bikes für ältere Besucher
Neu positionieren
Beschneiungs-anlagen ausbauen
Nachhaltig ausbauen; Umweltverbände einbeziehen
Sommerangebot ausbauen
Potenzial aufzeigen, ausbauen
Zügig Zukunftsplan verabschieden
Naturschwimm-bad bauen
MTB-Wegenetz aufbauen, Trails anlegen
Party-Angebot für Jüngere schaffen
Ausgaben fokussieren
Ausbau Beschneiungs-anlagen
Kein geeigneter Badesee
Biken auf Pfaden ist nicht legal
Wenig Après-Ski
Begrenztes Budget
Skigebiet auf max. 1500 m Höhe
Kein Gletscher in der Nähe
Now what?
Weaknesses
Mission
Situation & Trends
Threats
Now what?
Big Steps: Strategic Options & Objectives
Winter verlängern: Beschneiungsanlagen ausbauen
Aktionsbündnis Talberg ins Leben rufen
Marketing fokussieren: neue Zielgruppen, neue Kanäle
Spezielle Angebote für Jung und Alt
E-Bikes
Sommerangebot signifikant ausbauen
Naturbad
MTB-Strecken
Ausgaben fokussieren
Neue Positionierung: nachhaltig, aktiv, umweltbewusst
Strategy
Positionierung als naturnahe Aktivregion
Neue Besuchergruppen erschließen: Angebot & Marketing (alte halten, junge gewinnen)
Sommerangebot ausbauen
Fokus E-Bikes, MTB und Naturbad
Rückgang im Winter akzeptieren
© Dr. Stefan Pastuszka

dazu müssen unterschiedliche Perspektiven und Interessenlagen der Akteure berücksichtigt werden.

Gemeinsame Vision

Im Workshop mit den wichtigsten Akteuren besteht also der erste Schritt darin, eine gemeinsame Vision für die Zukunft zu definieren, die alle gleichermaßen als erstrebenswert erachten. **Betrachtungsgegenstand** der Analyse mit dem Strategy Explorer ist die Gemeinde Talberg selbst, mit ihrem grundlegenden Angebot Aktiv- und Erholungsurlaub in den Bergen. Die **Mission** der Gemeinde ist rasch in den beiden Punkten »Urlaubern ein tolles Erlebnis bereiten« und »nachhaltige Sicherung der Existenzgrundlage für Bewohner und Gewerbetreibende« zusammengefasst. Auch in Bezug auf die **Vision** ist bald eine Einigung gefunden. Das gemeinsame Bild der Zukunft ist dadurch gekennzeichnet, dass Talberg zu den Top-3-Ferienorten der Region gehört, den die Menschen ganzjährig gern besuchen, sodass es eine Auslastung von 80 Prozent übers Jahr bei einem Wiederkehrer-Anteil von 60 Prozent gibt. Das ist ein sehr anspruchsvolles Ziel für Talberg, insbesondere da die Zahlen für den Sommer nicht gerade hoch sind und die im Winter bröckeln. Aktuell kommt Talberg auf eine Auslastung von lediglich etwa 60 Prozent, und einige Pensionen schließen sogar im Sommer. Beim Wiederkehreranteil sieht es dagegen schon heute besser aus – aber das liegt vor allem an den leider alternden Stammgästen.

Umfeldanalyse

Der zentrale äußere Einflussfaktor für die Zukunft des bislang auf Wintersport fokussierten Urlaubsortes Talberg ist der Klimawandel, der für kürzere Winter sorgt. Dazu kommen eine starke Konkurrenz, die durch ihre bessere (weil höhere) Lage begünstigt wird, und älter werdende Stammgäste. Die Zusammenhänge lassen sich im Strategy Explorer leicht erkennen.

Der Klimawandel führt zu kürzeren Wintern mit noch weniger Schnee (orangefarbener Stream 1). Es besteht folglich das **Risiko**, dass die Gästezahlen im Winter stark zurückgehen. Man könnte dieses Risiko verringern, indem man einerseits die Wintersaison durch drastischen Ausbau der Beschneiungsanlagen künstlich verlängert oder andererseits das Sommerangebot ausbaut, um Ausfälle im Wintergeschäft zu kompensieren.

Damit verbunden ist eine technologische Frage (gelber Stream 2), denn es gibt ausgeklügelte Möglichkeiten zur Beschneiung. Die Technik wird immer effizienter und lässt sich schon bei leichten Minusgraden anwenden. Dies spricht dafür, die **Chance** zu ergreifen, die Saison durch Aufbau von mehr Schneekanonen zu verlängern. Andererseits ist die Technologie aber nicht ganz günstig und hat Amortisationszeiten von bis zu 20 Jahren, und wer weiß, wie schnell der Klimawandel voranschreitet? Darüber hinaus werden Beschneiungsanlagen wegen ihrer negativen Auswirkungen auf die Umwelt kontrovers diskutiert. Ein **Risiko** besteht also in einem potenziellen Imageschaden für Talberg und einer Störung des ansonsten intakten Ökosystems. Eine mögliche

Maßnahme wäre hier die Einbeziehung von Umweltverbänden, um einen möglichst nachhaltigen Ausbau sicherzustellen und schlechte Presse zu vermeiden.

Um sich zu differenzieren, könnte man auch einen komplett anderen Weg einschlagen (grauer Stream 3) und auf den Trend zu nachhaltigem Tourismus aufspringen, auf zusätzliche Beschneiung verzichten und sich klar als nachhaltige und naturnahe Option für Aktivurlaub neu positionieren. Dafür spricht auch die **Stärke**, dass es in Talberg viel Wald mit gesundem Baumbestand gibt, der sich als Trumpf ausspielen ließe.

Ein weiterer Schlüssel liegt in der Gästestruktur und den damit verknüpften Trends (grüner Stream 4). Bereits heute kommen eher ältere Gäste nach Talberg, und durch den demografischen Wandel gibt es immer mehr ältere Menschen. Um für die älteren Stammgäste weiterhin attraktiv zu bleiben und weitere ältere Menschen anzuziehen (**Chance**), könnten dieser Klientel beispielsweise besonders günstig E-Bikes zur Verfügung gestellt werden, was weitere Möglichkeiten neben dem Wandern erschließt – gerade in der flauen Sommersaison.

Um trotzdem eine jüngere Klientel anzuziehen (**Chance**), auch junge Familien, könnten das Marketing fokussiert (z.B. Social-Media-Marketing) und familienfreundliche Angebote im Sommer geschaffen werden, wie beispielsweise Bademöglichkeiten.

Darüber hinaus (türkisfarbener Stream 5) bietet es sich zur Ansprache von jüngeren und abenteuerlustigen Gästen auch an, auf den Trend zu Bikeparks und angelegten Flowtrails* speziell für Mountainbiker aufzuspringen, die sehr beliebt sind und vielerorts aus dem Boden sprießen. Talberg wäre damit zwar kein »Frontrunner«, könnte aber immerhin mit anderen Regionen mithalten und sein Sommerangebot aufpeppen und konkurrenzfähig machen. Dazu müssten aber bestimmte Areale und Wege für Mountainbike-Strecken freigegeben (**Chance**) und Flowtrails in verschiedenen Schwierigkeitsstufen angelegt werden. Darüber hinaus wäre ein beschildertes Netz von Mountainbike-Touren hilfreich, das auf dem bereits vorhandenen Wegenetz basiert.

Talberg liegt nicht nur mit direkt vergleichbaren Orten im **Wettbewerb**, sondern auch mit den bekannten Hochburgen im Skizirkus (violetter Stream 6). Durch die begrenzte Höhe des eigenen Skigebiets (**Schwäche**) ist die Ausbaumöglichkeit eingeschränkt, und es gibt auch keine nahe liegenden Gletscherskigebiete, die von den Hotelgästen bei Schneemangel leicht genutzt werden könnten. Beschneiung wäre die einzige valide Option. Ebenfalls zu berücksichtigen ist jedoch das sehr begrenzte Budget (**Schwäche**), das zielgerichtet eingesetzt werden muss. Daher kann Talberg nicht alle Handlungsfelder bespielen, sondern muss sich fokussieren.

Doch es gibt auch einige positive Aspekte in der Wettbewerbsbetrachtung. Im Vergleich zu den Nachbarorten kann Talberg gleich mehrere **Stärken** ausnutzen (blauer Stream 7): Zum einen wurden beispielsweise gerade die Liftanlagen

* Flowtrails sind speziell für Mountainbikes angelegte Strecken, die besonders fließend (engl. »flow«) mit hoher Geschwindigkeit befahren werden können.

modernisiert, und sie ließen sich problemlos für den Biketransport nachrüsten. Zum anderen kann die Gemeinde mit viel Wald mit gesundem Baumbestand aufwarten und bei einer Positionierung als naturnahe Aktivregion diesen Naturbonus ausspielen.

Nach Betrachtung des Umfeldes und reiflicher Diskussion kristallisieren sich mögliche Maßnahmen und Handlungsfelder heraus – teilweise klein und spezifisch (E-Bikes für ältere Gäste, Naturschwimmbad), teilweise groß und richtungsweisend (neue Positionierung). Wesentliche Optionen und Maßnahmen finden sich im Feld »**Big Steps**« wieder. Die Gretchenfrage bei der Festlegung der Strategie ist es letztlich, ob in den Winter oder in den Sommer investiert werden sollte. Beides jeweils nur halbherzig zu machen, wird nicht den gewünschten Effekt bringen – da sind sich die Teilnehmer einig.

Strategie

»Wir gehen hier eine Wette auf die Zukunft ein«, fasst der Bürgermeister die zuletzt hitzige Diskussion zusammen. »Wir wissen nicht, wie sich die Schneesituation weiter entwickeln wird, und verlässliche Informationen sind kaum zu bekommen. Eine große Investition in Beschneiungsanlagen könnte auch nur ein Tropfen auf den heißen Stein sein und uns lediglich ein paar Jahre erkaufen.« Und der Tourismusleiter ergänzt: »Tatsächlich haben wir ja schon Schneekanonen und stehen gar nicht so schlecht da. Aber wir haben die Sommersaison in den letzten Jahren stark vernachlässigt, und das rächt sich bereits jetzt.« Der Liftbetreiber hat die Diskussion mit Argwohn verfolgt. Er holt tief Luft und sagt: »Ich sehe schon, worauf das hier hinausläuft. Ihr wisst, ich bin am stärksten von den Skifahrern und Snowboardern abhängig. Wenn im Sommer nur Wanderer statt Biker kommen, nützt mir das gar nichts. Aber warum nicht? Wenn wir es richtig anstellen, könnte das Sommergeschäft mit Mountainbikern vielleicht den Verlust im Winter überkompensieren.« Man kann förmlich spüren, wie die Spannung im Raum abnimmt. Er wirft dem Tourismusleiter trotzdem einen kritischen Blick zu. »Aber das bedeutet, dass ihr die ganzen Genehmigungen herbeischafft, Trails anlegen lasst und auch noch vernünftig vermarktet. Traut ihr euch das zu?« Der Tourismusleiter, der die Diskussion auch moderiert hat, lächelt und sagt: »Ich bin ziemlich sicher, dass wir das hinkriegen werden. Eine Erfolgsgarantie gibt es natürlich nicht, aber immerhin haben wir jetzt eine Marschroute, auf die wir uns verständigen können. Wenn wir alle an einem Strang ziehen, sollte es klappen.« »Das sehe ich auch so«, fügt der Bürgermeister hinzu. »Der Weg, unser Sommerangebot aufzumotzen, scheint mir am erfolgversprechendsten und wir können noch dazu ein paar aktuelle Trends bedienen. Lasst mich mal versuchen, das Ganze zusammenzufassen:«

> Wir wollen einer der Top-3-Urlaubsorte der Region mit ganzjährig guter Auslastung und vielen Stammgästen werden. Das erreichen wir, indem wir uns konsequent als naturnahe Aktivregion präsentieren und unser Sommerangebot signifikant ausbauen. Durch ein gezieltes Angebot und Marketing gewinnen wir vor allem neue junge Gäste, halten aber auch die älteren. Das Winterangebot lassen wir unverändert und akzeptieren einen potenziellen Rückgang.

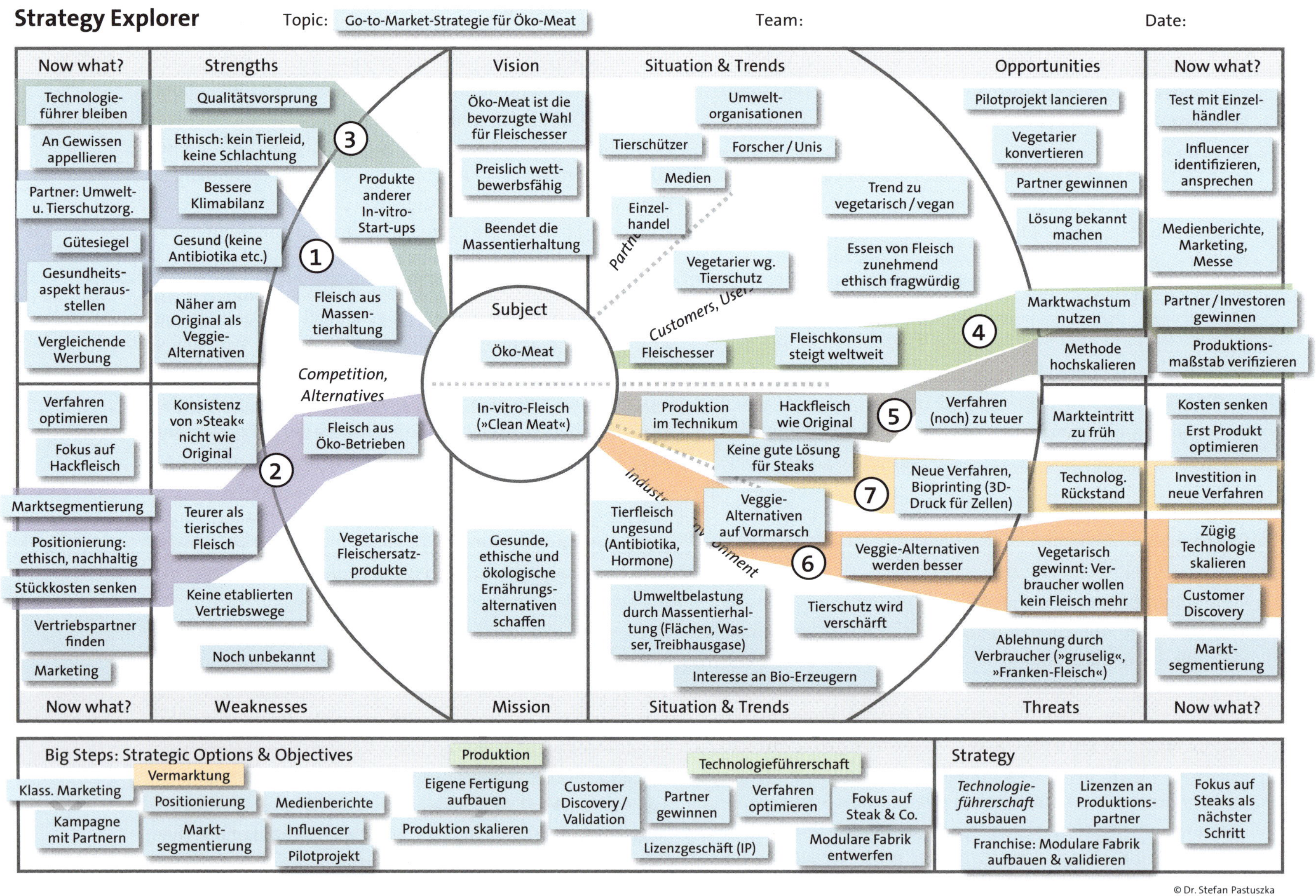
Strategy Explorer
Topic: Go-to-Market-Strategie für Öko-Meat
Team:
Date:
Now what?
Technologieführer bleiben
An Gewissen appellieren
Partner: Umwelt- u. Tierschutzorg.
Gütesiegel
Gesundheitsaspekt herausstellen
Vergleichende Werbung
Strengths
Qualitätsvorsprung
Ethisch: kein Tierleid, keine Schlachtung
Bessere Klimabilanz
Gesund (keine Antibiotika etc.)
Näher am Original als Veggie-Alternativen
Produkte anderer In-vitro-Start-ups
Fleisch aus Massentierhaltung
Competition, Alternatives
Fleisch aus Öko-Betrieben
Vegetarische Fleischersatzprodukte
Vision
Öko-Meat ist die bevorzugte Wahl für Fleischesser
Preislich wettbewerbsfähig
Beendet die Massentierhaltung
Subject
Öko-Meat
In-vitro-Fleisch (»Clean Meat«)
Situation & Trends
Umweltorganisationen
Tierschützer
Forscher / Unis
Medien
Einzelhandel
Partner
Vegetarier wg. Tierschutz
Customers, Users
Fleischesser
Fleischkonsum steigt weltweit
Trend zu vegetarisch / vegan
Essen von Fleisch zunehmend ethisch fragwürdig
Opportunities
Pilotprojekt lancieren
Vegetarier konvertieren
Partner gewinnen
Lösung bekannt machen
Marktwachstum nutzen
Methode hochskalieren
Now what?
Test mit Einzelhändler
Influencer identifizieren, ansprechen
Medienberichte, Marketing, Messe
Partner / Investoren gewinnen
Produktionsmaßstab verifizieren
Verfahren optimieren
Fokus auf Hackfleisch
Marktsegmentierung
Positionierung: ethisch, nachhaltig
Stückkosten senken
Vertriebspartner finden
Marketing
Now what?
Konsistenz von »Steak« nicht wie Original
Teurer als tierisches Fleisch
Keine etablierten Vertriebswege
Noch unbekannt
Weaknesses
Gesunde, ethische und ökologische Ernährungsalternativen schaffen
Mission
Produktion im Technikum
Hackfleisch wie Original
Verfahren (noch) zu teuer
Keine gute Lösung für Steaks
Industry, Environment
Tierfleisch ungesund (Antibiotika, Hormone)
Veggie-Alternativen auf Vormarsch
Veggie-Alternativen werden besser
Umweltbelastung durch Massentierhaltung (Flächen, Wasser, Treibhausgase)
Tierschutz wird verschärft
Interesse an Bio-Erzeugern
Situation & Trends
Markteintritt zu früh
Neue Verfahren, Bioprinting (3D-Druck für Zellen)
Technolog. Rückstand
Vegetarisch gewinnt: Verbraucher wollen kein Fleisch mehr
Ablehnung durch Verbraucher (»gruselig«, »Franken-Fleisch«)
Threats
Kosten senken
Erst Produkt optimieren
Investition in neue Verfahren
Zügig Technologie skalieren
Customer Discovery
Marktsegmentierung
Now what?
1
2
3
4
5
6
7
Big Steps: Strategic Options & Objectives
Vermarktung
Klass. Marketing
Kampagne mit Partnern
Positionierung
Marktsegmentierung
Medienberichte
Influencer
Pilotprojekt
Produktion
Eigene Fertigung aufbauen
Produktion skalieren
Customer Discovery / Validation
Technologieführerschaft
Partner gewinnen
Verfahren optimieren
Fokus auf Steak & Co.
Modulare Fabrik entwerfen
Lizenzgeschäft (IP)
Strategy
Technologieführerschaft ausbauen
Lizenzen an Produktionspartner
Fokus auf Steaks als nächster Schritt
Franchise: Modulare Fabrik aufbauen & validieren
© Dr. Stefan Pastuszka

»Wenn wir uns darauf verständigen können, lassen wir die Details in kleineren Gruppen ausarbeiten und sehen dann, ob der Plan auch machbar ist. Okay?« Die Teilnehmer nicken. Eine Hotelbetreiberin merkt an: »Irgendwie klingt das plötzlich ganz simpel und naheliegend. Sicher brauchen wir noch mehr Gewissheit über die Details, aber ich bin froh, dass wir jetzt endlich einmal die Richtung bestimmt haben. Das hat mir bislang gefehlt.«

Öko-Meat: Künstliches Fleisch

Viele Verbraucher betrachten Fleisch heute sehr kritisch, wozu vor allem die Massentierhaltung enorm beigetragen hat. Antibiotika und bestimmte Hormone im Fleisch sind nicht gerade gesund, und das mit der Massentierhaltung verbundene Tierleid ist erschütternd. Darüber hinaus werden für die Fleischproduktion immense Flächen benötigt, wofür vielerorts Wälder gerodet werden. Gigantische Mengen Wasser werden eingesetzt, zusätzlich belasten die Abwässer die Umwelt, und die Methan-Emissionen aus der Tierhaltung tragen einen signifikanten Anteil zum globalen Treibhauseffekt bei. Und trotzdem: Der weltweite Fleischkonsum steigt unaufhörlich. Während aufseiten einiger Verbraucher ein Wandel im Bewusstsein und ein Umschwenken auf Alternativen (Vegetarismus oder Fleisch aus Bio-Landwirtschaft) zu beobachten ist, sind die meisten Fleischkonsumenten eher unbekümmert.

Was also tun? Sollen wir alle Vegetarier werden und auf Fleisch verzichten, um Tier und Umwelt nicht weiter zu schaden? Nicht nötig, denn es gibt Alternativen, die das Potenzial haben, die Art und Weise, wie Fleisch produziert wird, radikal zu verändern. Willkommen beim In-vitro-Fleisch, künstlich im Labor hergestelltem, kultiviertem Fleisch. Es schmeckt wie »richtiges« Fleisch, da es sich um tierische Zellen handelt, für die aber kein Tier sterben muss. Stattdessen werden Stammzellen durch Biopsie entnommen und in Nährlösungen vermehrt und gezüchtet. Aktuelle Verfahren erlauben bereits die Nachbildung von verarbeiteten Fleischprodukten, wie zum Beispiel Hackfleisch für Burger. Die Nachbildung von Steaks, die aus Muskelfasern, Blutgefäßen usw. bestehen, stellt jedoch noch eine komplexe Herausforderung dar. Doch der Anteil von Hackfleisch am Gesamtkonsum ist sehr hoch, was bereits ein riesiges Marktpotenzial bedeutet, das sich direkt adressieren lässt.

Das hier beschriebene Beispiel rankt sich um Öko-Meat, das Produkt eines fiktiven internen Start-ups eines ebenso fiktiven Chemiekonzerns. Vor ein paar Jahren hatte ein Team von Forschern beim internen Innovationswettbewerb den ersten Preis gewonnen und die Gelegenheit bekommen, die Idee als internes Start-up weiterzuführen. Die Entwicklung von Öko-Meat lief so gut, dass die Konzernmutter weiter investierte, schnell weitere Mitglieder ins Team kamen und mittlerweile eine begrenzte Produktion im Technikumsmaßstab läuft. Von der Qualität her ist das Produkt reif für den Markt, aber es gibt noch eine Menge ungeklärte Fragen und verschiedene Möglichkeiten, wie man voranschreiten könnte. Das Team nutzt den Strategy Explorer, um die verschiedenen Aspekte zusammenzufassen und zu ordnen.

Subject, Vision und Mission

Ziel der Überlegungen ist es, eine Go-to-Market-Strategie für Öko-Meat zu erarbeiten. Daher wählt das Team das Produkt selbst als Betrachtungsgegenstand. Wäre es eher um die Entwicklung der Organisation, also des Start-ups, gegangen, hätte man dieses als Betrachtungsgegenstand wählen können. Mit Öko-Meat (dem Arbeitsnamen des Produkts) als Einheit und seiner Spezifikation als In-vitro-Fleisch (»Clean Meat«) im Sinne des Angebots ist der **Betrachtungsgegenstand** ausreichend definiert.

In Bezug auf die **Mission** muss das Team nicht lange überlegen. Angetrieben wurde die ganze Entwicklung von Beginn an von dem Wunsch, gesunde, ethische und ökologische Ernährungsalternativen zu schaffen. Dieser Satz beschreibt den Sinn und Zweck des Unterfangens und bildet damit eine ausgezeichnete **Mission**, die sowohl positiv und motivierend ist als auch genügend Spielraum für die weitere Entwicklung lässt. Als **Vision** stellt sich das Team vor, dass in der Zukunft Öko-Meat die bevorzugte Wahl für Fleischesser ist, da es mit den anderen Alternativen preislich wettbewerbsfähig ist. Auf diese Weise leistet es einen Beitrag, die Massentierhaltung zu beenden oder zumindest signifikant zu verringern.

Das Umfeld

Auf der linken Seite des Strategy Explorer sammelt das Team zunächst die **Alternativen** zu Öko-Meat, die dem Verbraucher ebenfalls zur Verfügung stehen. Dies sind vor allem die klassischen Fleischprodukte aus Massentierhaltung oder auch aus kleinen Öko-Betrieben. Auch wenn einige andere Start-ups ebenfalls In-vitro-Fleisch anbieten, wäre es zu kurz gesprungen, das eigene Produkt lediglich mit anderen In-vitro-Alternativen zu vergleichen (dies wäre eher dann naheliegend, wenn man eine Wettbewerbsstrategie gegenüber den anderen Start-ups erarbeiten möchte). Als weitere Alternative wird noch das ganze Feld der Fleischersatzprodukte auf vegetarischer Basis aufgenommen, die das Original zusehends besser imitieren. Im Vergleich zu all diesen Alternativen hat Öko-Meat verschiedene Stärken und Schwächen, die zu recht naheliegenden Schlussfolgerungen führen, wie die folgenden drei Beispiele für logische Ketten zeigen:

Im Vergleich mit Fleisch aus Massentierhaltung kann Öko-Meat richtig punkten (blauer Stream 1): Beispielsweise ist das Produkt gesund, da es keine Antibiotikarückstände oder Ähnliches enthält, und es weist eine erheblich bessere Klimabilanz auf. Diese **Stärken** lassen sich bei der Vermarktung herausstellen (Gesundheitsaspekt) und durch Gütesiegel bestätigen. Dazu könnte man für maximale Glaubwürdigkeit zum Beispiel Partnerschaften mit Umwelt- oder Tierschutzorganisationen eingehen.

Die Klimabilanz von Öko-Meat ist auch deutlich besser als die von Fleisch aus kleinen Öko-Betrieben, hier zieht jedoch die Argumentation mit Tierleid und Gesundheit nicht mehr. Stattdessen (violetter Stream 2) muss man als **Schwäche** konstatieren, dass Öko-Meat immer noch teurer ist als das ohnehin schon hochpreisige Fleisch der Öko-Betriebe. Immerhin könnte man nach einer ordentlichen Marktsegmentierung noch eine Zielgruppe finden, für die auch gegenüber dieser Konkurrenz eine Positionierung als ethische und nachhaltige Alternative wirkt – denn immerhin muss für Öko-Meat kein Tier geschlachtet werden. Das kann aber nur eine Übergangslösung sein, denn um das Visionsziel zu erreichen, ist ganz klar eine deutliche Senkung der Stückkosten erforderlich.

Das versuchen natürlich die konkurrierenden In-vitro-Start-ups ebenfalls. Der Wettlauf ist eröffnet und droht hart zu werden, da bei den Wettbewerbern teils sehr potente Investoren mit großen Summen eingestiegen sind. Im Vergleich zu den Produkten dieser anderen In-vitro Start-ups (türkisfarbener Stream 3) hat Öko-Meat allerdings einen Qualitätsvorsprung bezüglich der sensorischen Eigenschaften, wie das Team auf Basis von Gesprächen auf einem Kongress herausgefunden hat. Das hilft zwar nicht bei der Kostenreduktion, ist aber eine **Stärke** und wichtiges Differenzierungsmerkmal und deutet darauf hin, dass man Technologieführer ist und dies auch bleiben sollte.

Auf der rechten Seite des Strategy Explorer betrachtet das Team die Situation und die Entwicklungen im weiteren Umfeld. Daraus ergeben sich unter anderem die folgenden Gedankengänge, die zu weiteren Erkenntnissen in puncto »Weg nach vorn« führen:

Klar und naheliegend ist die Entwicklung des Marktes (grüner Stream 4): Die primäre Kundschaft sind Fleischesser, und der Fleischkonsum wächst weltweit unaufhaltsam. Für die Anfangsphase sollte hier noch eine genauere Segmentierung vorgenommen werden, um gezielt auf die kritischen beziehungsweise bewussten Fleischesser zu fokussieren. Die **Chance** ist in jedem Fall offensichtlich: Der große und wachsende Markt sollte genutzt werden. Das bedeutet aber, dass mittelfristig große Mengen benötigt werden, und dazu muss zunächst der Produktionsmaßstab verifiziert werden. Dafür und zum Aufbau von Produktionskapazitäten müssten voraussichtlich auch externe Investoren gewonnen werden.

In Sachen Produktion läuft die Herstellung von Hackfleisch bereits einwandfrei im Technikum (grauer Stream 5). Das Produkt ist geschmacklich so gut wie das Original, und eine

Chance liegt damit im Hochskalieren der Methode. Die Aufgabe wäre also, genau dies zu tun und die Produktion im großen Maßstab nachzuweisen. Dies ist jedoch kein kleiner Schritt, und es braucht, wie bereits oben erwähnt, hierfür noch Partner beziehungsweise Investoren.

Bei aller Begeisterung für In-vitro-Fleisch darf auch nicht vergessen werden, dass mittlerweile die Veggie-Alternativen auf dem Vormarsch sind (orangefarbener Stream 6). Und diese vegetarischen Fleischersatzprodukte werden zusehends besser darin, den Fleischgeschmack zu imitieren. Es besteht also das **Risiko**, dass diese Alternativen irgendwann so gut sind, dass die Verbraucher gar kein Fleisch mehr nachfragen. Das würde wiederum bedeuten, man müsste mit der eigenen Lösung möglichst schnell in den Markt und zügig die Technologie skalieren. Gleichzeitig wäre eine fundierte Customer Discovery angezeigt, die noch mehr Licht in das Verhalten und die Wünsche der Kunden bringt.

Während sich verarbeitete Fleischprodukte wie Hack bereits gut nachbilden lassen, sieht es in Bezug auf ganze Fleischstücke völlig anders aus (gelber Stream 7). So gibt es noch keine gute Lösung zur künstlichen Herstellung von Steaks. Die möglichen Ansätze hierzu zu beschreiben, würde leider den Rahmen sprengen, aber die Verfahren entwickeln sich weiter, und auch 3D-Druck für Gewebe (Bioprinting) gehört zu den möglichen Optionen. Wenn das Start-up bei der eigenen Technologie stehen bleibt, besteht das **Risiko**, den Anschluss zu verlieren und beim eventuell entscheidenden Schritt nicht dabei zu sein. Wenn man sich an der eigenen Vision für Öko-Meat (= bevorzugte Alternative) orientiert, sollte man, so glaubt das Team, definitiv in neue Verfahren investieren.

Es gibt noch zahlreiche weitere Gedankengänge, die für den Markteintritt von Öko-Meat relevant sind. Dies betrifft vor allem die Verbraucherseite, etwa im Hinblick auf Akzeptanz, attraktive Segmente sowie die geeignete Vermarktung. Diese Punkte sind jedoch nicht hervorgehoben, da die detailliert beschriebenen Aspekte bereits eine wichtige Frage für den Weg nach vorn aufzeigen, ganz abseits von Marketing-Gesichtspunkten. Dies stellt sich noch stärker beim nächsten Arbeitsschritt heraus.

Big Steps und Strategie

Bevor das Team einzelne Schlussfolgerungen beziehungsweise Handlungsfelder aus der bisherigen Analyse (Now what?) überträgt, versucht man zunächst, sich noch einmal etwas zu lösen und das große Ganze zu betrachten. Wie lässt sich die Vision am besten erreichen, was ist dafür eigentlich nötig? Die Antwort setzt sich nach kurzem Überlegen aus zwei Punkten zusammen: Das Visionsziel (= bevorzugte Wahl, preislich wettbewerbsfähig) wird nur dann erreicht, wenn Öko-Meat (1) das beste Produkt im Sinne von Konsistenz und Geschmack ist und (2) eine hohe Verfügbarkeit vorliegt, was mit gewaltigen Produktionskapazitäten einhergeht.

Dies läuft auf die beiden Stichwörter »Technologieführerschaft« und »Produktion« hinaus – zwei Themen, die bereits in der strukturierten Analyse aufgetaucht sind und die signifikant unterschiedliche Kompetenzen erfordern. An dieser Stelle wird bereits deutlich, dass es sich um zwei große Optionen für die zukünftige Ausrichtung handelt. Gleichzeitig geht dem Team auf, dass diesbezüglich erst die Weichen gestellt werden müssen, bevor an die Vermarktung von Öko-Meat zu denken ist. Also werden im Feld »**Big Steps**« drei Cluster aufgemacht und wesentliche Erkenntnisse aus der strukturierten Analyse von oben eingeordnet, die dann noch weiter ergänzt beziehungsweise ausgeschmückt werden:

Technologieführerschaft: Unter dieser Überschrift finden sich Aspekte wie die weitere Optimierung des Verfahrens und Fokussierung auf neue Technologien für Steak und Co. Als Technologieplayer würde man Intellectual Property (IP) generieren, das Verfahren lizenzieren und Öko-Meat von Partnern produzieren lassen. Dazu könnte man beispielsweise eine modulare Fabrik entwerfen, die sich überall problemlos reproduzieren und einsetzen ließe.

Produktion: In diesem Cluster finden sich der Aufbau einer eigenen Fertigung und deren Skalierung. Hier wäre man selbst Produzent von Öko-Meat.

Vermarktung: Die anderen Punkte drehen sich um das Thema Markteintritt, von Pilotprojekten mit dem Einzelhandel über klassisches Marketing bis hin zum Influencer-Marketing. Teile hiervon könnten sowohl für den Technologieplayer als auch für den Produzenten interessant sein. Allerdings hat das Team das Gefühl, dass es hierfür noch zu früh ist.

Nun gilt es, aus den verschiedenen Optionen und Handlungsfeldern den erfolgversprechendsten Weg für die Zukunft herauszuarbeiten. Die Diskussion im Team dauert nicht lange. Das liegt vor allem daran, dass man sich nicht wirklich vorstellen kann, auf lange Sicht ein Produzent von künstlichem Fleisch im globalen Maßstab zu werden. Dazu fehlen sowohl Kompetenz als auch Motivation. Außerdem ist zweifelhaft, ob das wirklich das richtige Modell wäre und ob es vom Mutterkonzern unterstützt würde. Viel attraktiver erscheint dagegen die Variante des Technologieführers, der das Verfahren optimiert und lizenziert. Auch auf diese Weise ließe sich die Vision erreichen, ohne dass man eigene Produktionskapazitäten vorhalten müsste – außer zu Entwicklungszwecken. Die als Strategiesatz zusammengefasste Essenz klingt dann wie folgt:

> Wir erreichen unsere Vision für Öko-Meat (= bevorzugte Wahl, wettbewerbsfähig, Ende der Massentierhaltung), indem wir (1) unsere Technologieführerschaft ausbauen, Lizenzen an (2) Produktionspartner vergeben (zum Beispiel im Rahmen einer modularen Fabrik) und uns (3) auf die Nachbildung von Steaks als nächsten Entwicklungsschritt fokussieren.

Die klassischen Vermarktungsthemen, die vielleicht zu Beginn der Strategieentwicklung das erwartete Ergebnis waren, stehen damit erst einmal nicht mehr im Fokus. Stattdessen ist eine wichtige Weichenstellung vorgenommen worden, die auf die Penetration des Marktes durch Partner setzt, was natürlich ein grundlegend anderes Geschäftsmodell als die eigene Fertigung darstellt. Dieses gilt es nun detaillierter zu entwerfen und zu validieren.

In-vitro-Fleisch ist ein spannendes Zukunftsthema, dessen Erfolg von vielen Parametern abhängt, die in diesem Beispiel natürlich nur oberflächlich gestreift werden konnten. Die gesellschaftliche Akzeptanz der Technologie bei gleichzeitiger Wirtschaftlichkeit wäre ein gewaltiger Schritt nach vorn.

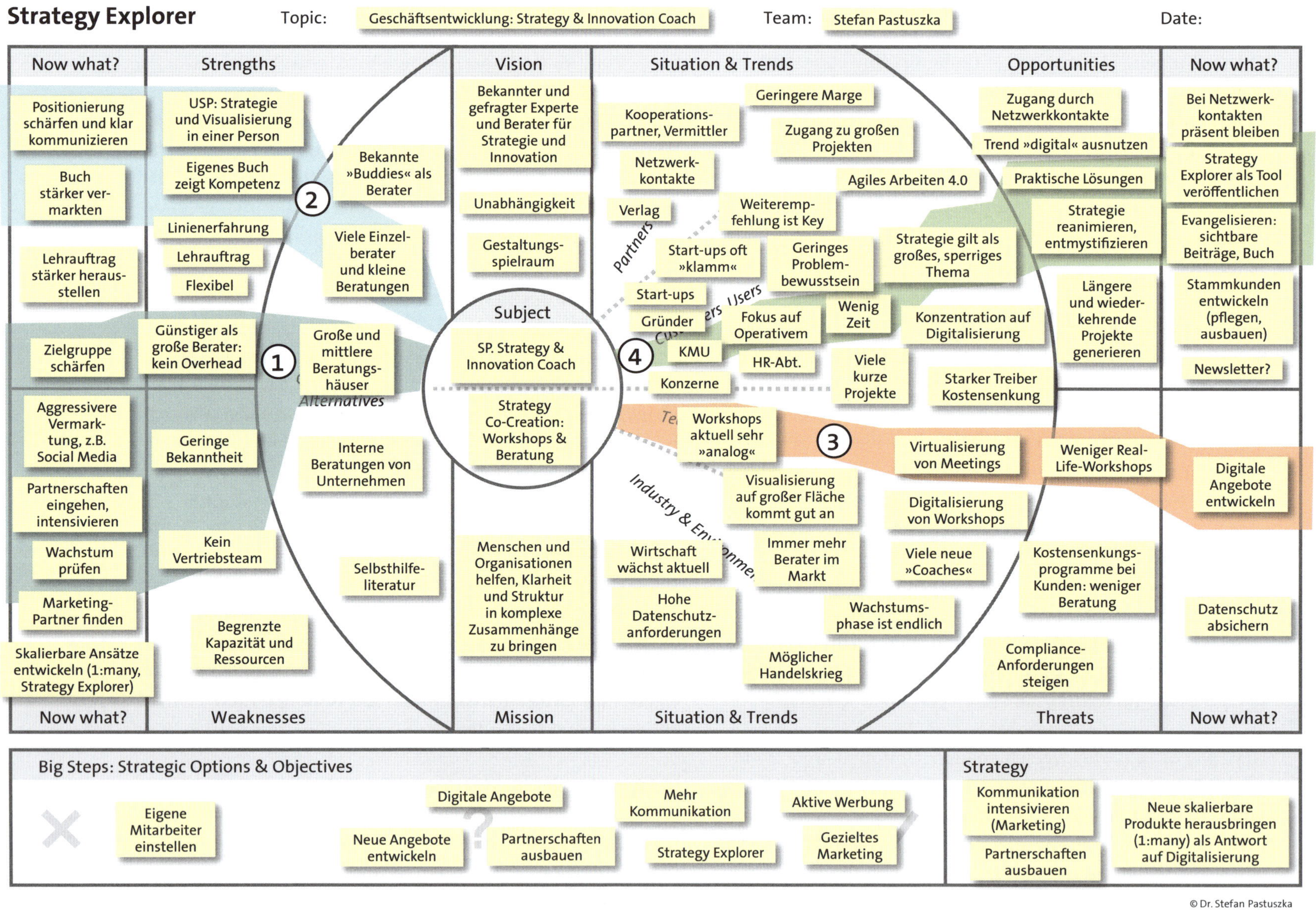
Strategy Explorer
Topic:
Geschäftsentwicklung: Strategy & Innovation Coach
Team:
Stefan Pastuszka
Date:
Now what?
Strengths
Vision
Situation & Trends
Opportunities
Now what?
Positionierung schärfen und klar kommunizieren
Buch stärker vermarkten
Lehrauftrag stärker herausstellen
Zielgruppe schärfen
USP: Strategie und Visualisierung in einer Person
Eigenes Buch zeigt Kompetenz
Linienerfahrung
Lehrauftrag
Flexibel
Günstiger als große Berater: kein Overhead
Bekannte »Buddies« als Berater
Viele Einzelberater und kleine Beratungen
Große und mittlere Beratungshäuser
Alternatives
Bekannter und gefragter Experte und Berater für Strategie und Innovation
Unabhängigkeit
Gestaltungsspielraum
Subject
SP. Strategy & Innovation Coach
Strategy Co-Creation: Workshops & Beratung
Kooperationspartner, Vermittler
Geringere Marge
Zugang zu großen Projekten
Netzwerkkontakte
Agiles Arbeiten 4.0
Verlag
Partners
Weiterempfehlung ist Key
Start-ups oft »klamm«
Geringes Problembewusstsein
Start-ups
Gründer
Users
KMU
Konzerne
Fokus auf Operativem
Wenig Zeit
HR-Abt.
Viele kurze Projekte
Zugang durch Netzwerkkontakte
Trend »digital« ausnutzen
Praktische Lösungen
Strategie reanimieren, entmystifizieren
Strategie gilt als großes, sperriges Thema
Konzentration auf Digitalisierung
Längere und wiederkehrende Projekte generieren
Starker Treiber Kostensenkung
Bei Netzwerkkontakten präsent bleiben
Strategy Explorer als Tool veröffentlichen
Evangelisieren: sichtbare Beiträge, Buch
Stammkunden entwickeln (pflegen, ausbauen)
Newsletter?
1
2
3
4
Aggressivere Vermarktung, z.B. Social Media
Partnerschaften eingehen, intensivieren
Wachstum prüfen
Marketing-Partner finden
Skalierbare Ansätze entwickeln (1:many, Strategy Explorer)
Geringe Bekanntheit
Kein Vertriebsteam
Begrenzte Kapazität und Ressourcen
Interne Beratungen von Unternehmen
Selbsthilfeliteratur
Menschen und Organisationen helfen, Klarheit und Struktur in komplexe Zusammenhänge zu bringen
Workshops aktuell sehr »analog«
Visualisierung auf großer Fläche kommt gut an
Industry &
Wirtschaft wächst aktuell
Immer mehr Berater im Markt
Hohe Datenschutzanforderungen
Möglicher Handelskrieg
Wachstumsphase ist endlich
Virtualisierung von Meetings
Digitalisierung von Workshops
Viele neue »Coaches«
Weniger Real-Life-Workshops
Kostensenkungsprogramme bei Kunden: weniger Beratung
Compliance-Anforderungen steigen
Digitale Angebote entwickeln
Datenschutz absichern
Now what?
Weaknesses
Mission
Situation & Trends
Threats
Now what?
Big Steps: Strategic Options & Objectives
Eigene Mitarbeiter einstellen
Digitale Angebote
Neue Angebote entwickeln
Partnerschaften ausbauen
Mehr Kommunikation
Strategy Explorer
Aktive Werbung
Gezieltes Marketing
Strategy
Kommunikation intensivieren (Marketing)
Partnerschaften ausbauen
Neue skalierbare Produkte herausbringen (1:many) als Antwort auf Digitalisierung
© Dr. Stefan Pastuszka

Freiberuflicher Berater: Geschäftsentwicklung

Nichts ist leichter, als über das eigene Thema zu berichten – daher möchte ich an dieser Stelle meinen persönlichen Fall als Beispiel für einen Einzelunternehmer als Betrachtungsgegenstand vorstellen. Ich bin bereits ein paar Jahre als freiberuflicher Berater unterwegs und habe dafür zu Anfang natürlich auch einen klassischen Businessplan entwickelt. Den Strategy Explorer gab es damals noch nicht, aber mittlerweile habe ich ihn natürlich auch auf meine eigene Selbstständigkeit angewandt. Auch wenn ich den Strategy Explorer lediglich aus meiner eigenen Perspektive ausgefüllt habe, zunächst mit Bleistift auf einem A4-Blatt, hat er mir dennoch sehr dabei geholfen, mir über ein paar Prioritäten Klarheit zu verschaffen und die Richtung der weiteren Entwicklung zu schärfen.

Ich hoffe, dass Sie aus den folgenden Überlegungen auch etwas für sich selbst mitnehmen können. Meine eigene Geschichte als Beispiel zu wählen, hat den Vorteil, dass ich recht frei darüber schreiben kann, ohne die Interessen Dritter zu gefährden – meine Partner und Kunden bleiben allerdings anonym. Bei Ihrer eigenen Arbeit müssen Sie diesbezüglich natürlich spezifischer werden.

Betrachtungsgegenstand, Vision und Mission

Das **Thema** meiner Strategieentwicklung ist Geschäftsentwicklung, also die Frage, wie sich die eigene Beratungstätigkeit erfolgreich ausbauen und weiterentwickeln lässt. Die betrachtete Einheit bin natürlich ich selbst, also Dr. Stefan Pastuszka (kurz »SP.«), in meiner Funktion als Strategy & Innovation Coach. Da der **Betrachtungsgegenstand** nur in Verbindung der Einheit mit dem Angebot eine sinnvolle Basis für die Strategieentwicklung darstellt, definiere ich dieses stichwortartig als »Strategy Co-Creation: Workshops & Beratung« im Kontext von Strategie und Innovation. Hier könnten noch mehrere Aspekte und Details ergänzt werden, aber es geht um die Konzentration auf das Wesentliche und den Fokus auf die Geschäftsentwicklung. Meine Rolle als Buchautor ist dabei beispielsweise unterstützend, aber nicht zentral, daher kommt sie erst zu einem späteren Zeitpunkt ins Spiel.

Als richtungsweisende Elemente der Strategieentwicklung dienen die Mission und die Vision – die strategische Frage Nummer eins: »Wo will ich hin?« Bereits nach relativ kurzer Zeit als Selbstständiger ist mir klargeworden, wofür mich die Menschen tatsächlich bezahlen, also was der Kern meines Wertversprechens ist. Nach verschiedenen Versuchen, dies vernünftig in Worte zu fassen, bin ich zur folgenden Formulierung meiner **Mission** gelangt: Ich helfe Menschen und Organisationen, Klarheit und Struktur in komplexe Zusammenhänge zu bringen. Der Satz geht eigentlich noch weiter, aber dies ist die Essenz, die für die Arbeit mit dem Strategy Explorer vollkommen ausreichend ist. Darin steckt das, was meine Arbeit bestimmt, was mir Freude bereitet und worin ich besonders gut bin. Bei neuen Themen kann ich stets abgleichen, inwieweit sie meiner Mission entsprechen und ob ich sie angehen sollte oder eher nicht. Bislang fühle ich mich damit sehr wohl, und ich kann den Satz voller Überzeugung aussprechen und vertreten.

Ich empfehle jedem, der sich selbstständig macht, für sich ebenfalls eine Mission und eine Vision auszuarbeiten. Mein persönliches Visionsbild ist recht komplex, wie vermutlich bei jedem Menschen. Es enthält ein buntes Spektrum von Aspekten aus unterschiedlichen Lebensbereichen, etwa private Dinge wie Reisen an ausgefallene Orte, tolle Erlebnisse und ein Haus am Meer, aber auch beruflicher Erfolg, soziale Kontakte und vieles mehr. In der Phase meiner Neuorientierung habe ich die Vision tatsächlich als Collage aus vielen Bildern auf einer Pinnwand visualisiert. Aus der umfassenden Gesamtvision lassen sich spezifischere Ziele mit Bezug zu meinem Thema Geschäftsentwicklung herausziehen, während entferntere Aspekte einfach weggelassen werden. Kurz zusammengefasst ist meine geschäftliche **Vision**, ein bekannter und gefragter Experte und Berater für Strategie und Innovation zu sein, mit dem die Menschen gern zusammenarbeiten – unabhängig und mit persönlichem Gestaltungsspielraum. Klingt attraktiv und ambitioniert? Dann sind schon ein paar wesentliche Charakteristika einer Vision erfüllt. Man könnte sie noch weiter ausschmücken, aber wieder gilt: Fokus aufs Wesentliche!

Nachdem der Betrachtungsgegenstand geklärt und das Ziel festgelegt ist, geht es an die Standortbestimmung – strategische Frage Nummer zwei: »Wo stehe ich heute?«

Umfeld und Trends

Eine detaillierte Beschreibung der Standortbestimmung würde mindestens ein ganzes Kapitel füllen und wäre dabei vermutlich wenig lehrreich. Daher möchte ich an dieser Stelle nur ein paar wenige Aspekte herausgreifen und anhand dieser etwas ausführlicher auf die logischen Ketten eingehen, die die Arbeit mit dem Strategy Explorer auszeichnen. Dennoch können Sie gern einen Blick auf den komplett ausgefüllten Strategy Explorer werfen und sich auch von den hier nicht weiter erläuterten Notizen inspirieren lassen.

Auf der linken Seite des Modells stehen zunächst **Wettbewerb** und **Alternativen** im Vordergrund. Der Beratungsmarkt ist riesig, und es gibt Unternehmen jeder Größenordnung von den bekannten Beratungshäusern wie McKinsey oder BCG bis zum freiberuflichen Einzelberater. Während bei den Großen fusioniert wird, drängen immer mehr Einzelberater in den Markt, viele davon »Corporate Aussteiger« wie ich. Neben aktiver Beratung durch Dritte müssen allerdings auch weitere Alternativen berücksichtigt werden wie Selbsthilfeliteratur oder interne Abteilungen in größeren Unternehmen (Inhouse Consulting). Im Strategy Explorer ist das alles grob zu Clustern zusammengefasst, damit es übersichtlich bleibt. Angesichts des Wettbewerbsumfeldes lassen sich leicht Stärken und Schwächen erkennen, die auf konkrete Maßnahmen oder Handlungsfelder hinweisen. Die aufgeführten Stärken und Schwächen gelten natürlich nicht gegenüber allen Wettbewerbern, sondern sind je nach Cluster unterschiedlich. Beispiele:

Eine **Stärke** gegenüber den großen Beratungshäusern ist zum Beispiel der günstigere Preis durch fehlenden Overhead, der vor allem für kleinere Kunden interessant ist (türkisfarbener Stream 1). Dies gibt Anlass, die Zielgruppe weiter zu schärfen und dediziert zu adressieren.

Mit diesem Adressieren bestimmter Zielgruppen ist leider auch gleich eine **Schwäche** im Vergleich zu den großen Playern verknüpft: Es fehlt ein eigenes Vertriebsteam – ein Problem, das viele Einzelberater haben. Dieses Thema könnte durch Partnerschaften angegangen werden, oder aber durch organisches Wachstum, das heißt das Einstellen eigener oder das Beauftragen freier Mitarbeiter.

Eine weitere klare **Schwäche** gegenüber den großen Wettbewerbern ist die geringere Bekanntheit. Dagegen könnte beispielsweise ein stärkeres Marketing helfen. Allerdings muss dieses zielgerichtet sein, denn es ist unwahrscheinlich, den allgemeinen Bekanntheitsgrad der großen Beratungen zu erreichen. Ein Herausstechen aus der Masse der Einzelberater ist dahingegen durchaus möglich.

In diesem Zusammenhang lassen sich glücklicherweise gleich zwei **Stärken** gegenüber vielen der anderen Einzelberater erkennen und ausnutzen (hellblauer Stream 2). Die erste liegt in der Tatsache, mit einem eigenen Buch aufwarten zu können, was gleich eine gewisse thematische Kompetenz transportiert. Dieses gilt es also noch stärker herauszustellen. Darüber hinaus ist die besondere Fähigkeit der Visualisierung in Kombination mit dem Rest ein USP, der meine Mission hervorragend unterstützt und daher ein wichtiger Teil der Positionierung sein muss.

Ganz gleich, was in Ihrem Fall relevant ist, achten Sie bei der Bearbeitung des Strategy Explorer auf die klare Logik, von der Beobachtung (Wer sind die Wettbewerber bzw. was sind mögliche Alternativen?) über die Analyse (Welche Stärken und Schwächen habe ich im Vergleich zu diesen?) bis zum »Now what?« (Was mache ich daraus?). Entwickeln Sie Ihre eigenen logischen Ketten!

Das gilt auch auf der rechten Seite des Canvas: Hier werden die Situation und die Trends im weiteren Umfeld analysiert, Chancen und Risiken identifiziert sowie entsprechende Schlussfolgerungen getroffen. Im meinem Beispiel möchte ich insbesondere die folgenden zwei logischen Ketten hervorheben, wobei vor allem die erste spannende Resultate liefert.

Basis für die erste Kette (orangefarbener Stream 3) ist eine Beobachtung im Feld **Technologie**: Aktuell sind (meine) Workshops mehrheitlich »analog«, das heißt, in einem Face-to-Face-Setting wird überwiegend mit Papier und Markern gearbeitet. Das kommt besonders im Zusammenhang mit der Visualisierung auf der großen Fläche gut an und ist auch ein Element des agilen Arbeitens, das gerade sehr en vogue ist. Dennoch gibt es einen relevanten Trend zur Digitalisierung und Virtualisierung von Workshops und Meetings – insbesondere vor dem Hintergrund der Kosten und der Reisezeit für Real-Life-Meetings, vor allem im internationalen Kontext. Auch bei Großgruppenevents halten digitale Technologien vermehrt Einzug. Ein **Risiko** besteht also im Rückgang von Real-Life-Workshops zugunsten von digitalen beziehungsweise virtuellen Formaten. Eine direkte Schlussfolgerung daraus könnte sein, digitale Angebote zu entwickeln, um der Gefahr zu begegnen. Dies könnten einerseits »1-to-many«-Lösungen wie Webinare oder Video Tutorials sein, andererseits aber auch die Integration bereits existierender Software-Tools in die eigenen Formate, um etwa bei Innovationsthemen virtuell gemeinsam Ideen zu entwickeln.

Eine weitere interessante Kette findet sich im Umfeld der **Kunden** (grüner Stream 4): Gerade kleine und mittlere Unternehmen (KMU) sind häufig auf operative Themen fokussiert, und es bleibt wenig Zeit für konzeptionelle Arbeiten übrig. Darüber hinaus nehmen sie Strategie als ein großes, sperriges Thema wahr, dem sie sich mitunter nur mühsam nähern. Eine **Chance** könnte demzufolge im Entmystifizieren der Strategie und dem Angebot praktischer Lösungen für diese Zielgruppe liegen. Während die Entmystifizierung durch aktive Beiträge auf den dafür geeigneten Kanälen stattfinden könnte (Evangelisieren), bietet sich der Strategy Explorer als ein pragmatisches Tool für die Strategieentwicklung an.

Wieder bestehen die logischen Ketten aus den drei Elementen Beobachtung, Analyse und Schlussfolgerung – natürlich anzupassen auf Ihr individuelles Thema.

Optionen und Strategie

Sowohl aus der Analyse mitsamt Schlussfolgerungen als auch aus dem Visionsziel selbst ergeben sich verschiedene Maßnahmen und Handlungsfelder für das Feld »**Big Steps**«. Diese reichen von mehr Marketing und Kommunikation über verschiedene Ansätze zur Produktentwicklung im Kontext der Digitalisierung bis hin zu Überlegungen, Partnerschaften zu intensivieren oder gar selbst Personal aufzubauen. Für mich persönlich hat die Arbeit mit dem Strategy Explorer zu der Erkenntnis geführt, dass die Strategie für meine Geschäftsentwicklung auf den folgenden drei Säulen basieren sollte: einem Fokus auf aktivem Marketing, der Produktentwicklung und Partnerschaften. Sie beantworten die strategische Frage Nummer drei: »Welcher Weg ist der richtige?« Zusammengefasst in einem Satz lautet die Strategie wie folgt:

> Ich erreiche mein Visionsziel, ein bekannter und gefragter Berater zu sein, indem ich (1) meine Marketing- und Kommunikationsaktivitäten verstärke, (2) skalierbare Produkte entwickle und (3) meine Partnerschaften mit Beratungsunternehmen ausbaue.

Das mag vielleicht nicht sonderlich abgefahren klingen, ist aber eine wesentliche Richtungssetzung für die zukünftigen Aktivitäten.

Was mir selbst besonders deutlich geworden ist, ist die Bedeutung der Digitalisierung auch für meine eigene Arbeit. Darin liegt ein großes Potenzial für die Zukunft – natürlich nicht nur für mich, sondern auch für alle anderen freiberuflichen Berater, die sich in einer ähnlichen Situation befinden. Der größte Nutzen der Übung war es, meine eigenen Gedanken zu strukturieren und auf diese Weise herauszuarbeiten, welche Felder noch weiter beleuchtet werden sollten, um eine erfolgreiche Geschäftsentwicklung zu ermöglichen.

Karrierestrategie: Berufliche Weiterentwicklung

Der Strategy Explorer funktioniert auch dann, wenn man sich über die Strategie für die eigene Karriere klar werden möchte. Betrachten wir das folgende Beispiel:

Julie ist Ende dreißig und gebürtige Französin. Nach dem Studium in Lyon ist sie für ihren ersten Job zu einem mittelständischen Unternehmen nach Deutschland gekommen, das sie bereits bei einem studienbegleitenden Praktikum kennengelernt hat. Hier hat sie auch ihren Partner kennengelernt, und die beiden haben inzwischen eine kleine Tochter. Vor ein paar Jahren hat sich die Möglichkeit ergeben, ins Konzernmarketing eines Luxusgüterherstellers einzusteigen. Julie hat die Chance ergriffen und unterstützt nun die Produktbereiche des Konzerns mit Marketingmaßnahmen aller Art, insbesondere bei Messen und größeren Werbeaktionen mit Partnern. Dabei berichtet sie an den Marketing-Chef der Gruppe. Der Job macht ihr Spaß, und insbesondere der Messerummel inspiriert sie und lässt sie förmlich aufblühen. Im Marketing hat sie ihre Bestimmung gefunden, aber mittlerweile hat sich auch eine gewisse Routine eingeschlichen. Julie möchte mehr Verantwortung und mehr Gestaltungsspielraum, um auch ihre eigenen Ideen umsetzen zu können. Daher strebt sie eine Führungsrolle im Marketing- und Kommunikationsumfeld an und erhofft sich durch einen solchen Schritt neben einem höheren Gehalt auch mehr Freiraum in der inhaltlichen und vielleicht auch zeitlichen Gestaltung ihrer Arbeit. Außerdem könnte sie so eigene Akzente setzen und ihren Marktwert deutlich steigern. Sie kann sich beispielsweise gut vorstellen, den Job ihres jetzigen Chefs zu übernehmen. Gern würde sie in der Firma bleiben, vor allem wegen des guten Verhältnisses zu den Kollegen – aber wenn das nicht klappt, gibt es sicher noch genügend andere Möglichkeiten. Das sollte die Analyse zeigen. Also der Reihe nach ...

Vision und Mission

Mit dem Strategy Explorer will Julie eine Karrierestrategie (**Thema**) für sich selbst (**Einheit**) entwickeln und setzt sich daher ins Zentrum des Modells. Das aktuelle **Angebot** ist ihre Kompetenz als Marketingexpertin. Ihre berufliche **Mission** hat Julie schnell gefunden: Es macht ihr Freude, Produkte erfolgreich im Markt zu platzieren sowie nachhaltige und bereichernde Beziehungen aufzubauen. Dafür hat sie ein besonderes Talent, das sie bei der Arbeit perfekt einbringen kann.

Für die **Vision** nimmt sich Julie etwas mehr Zeit und überlegt, was ihr wirklich wichtig ist und was davon mit der beruflichen Entwicklung zu tun hat. Vor allem möchte sie mehr Gestaltungs- und Entscheidungsfreiraum haben, was mit mehr Verantwortung einhergeht, die sie dafür gern übernehmen will. Dazu sieht sie sich ganz klar in einer Führungsrolle, natürlich im Marketing- und Kommunikationsbereich – das passt zu ihrer generellen Karriereorientierung und sollte auch mit einem höheren Gehalt verbunden sein. Als sie etwas länger darüber nachdenkt, rückt allerdings auch die Familie mehr ins Bild. Als Französin ist es für Julie

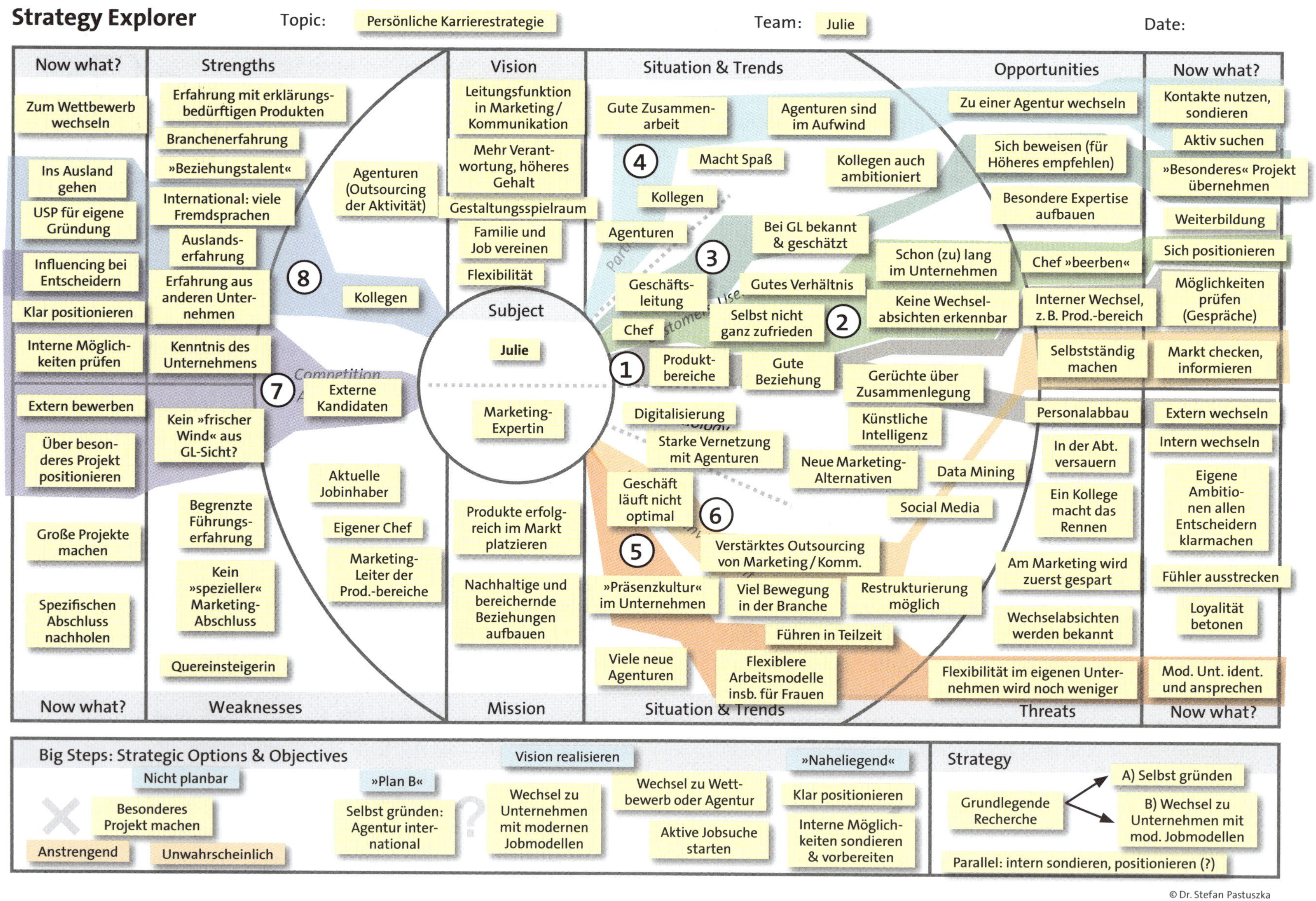
Strategy Explorer
Topic:
Persönliche Karrierestrategie
Team:
Julie
Date:
Now what?
Zum Wettbewerb wechseln
Ins Ausland gehen
USP für eigene Gründung
Influencing bei Entscheidern
Klar positionieren
Interne Möglichkeiten prüfen
Extern bewerben
Über besonderes Projekt positionieren
Große Projekte machen
Spezifischen Abschluss nachholen
Now what?
Strengths
Erfahrung mit erklärungsbedürftigen Produkten
Branchenerfahrung
»Beziehungstalent«
International: viele Fremdsprachen
Auslandserfahrung
Erfahrung aus anderen Unternehmen
Kenntnis des Unternehmens
Kein »frischer Wind« aus GL-Sicht?
Begrenzte Führungserfahrung
Kein »spezieller« Marketing-Abschluss
Quereinsteigerin
Weaknesses
Agenturen (Outsourcing der Aktivität)
Kollegen
Competition
Externe Kandidaten
Aktuelle Jobinhaber
Eigener Chef
Marketing-Leiter der Prod.-bereiche
Vision
Leitungsfunktion in Marketing / Kommunikation
Mehr Verantwortung, höheres Gehalt
Gestaltungsspielraum
Familie und Job vereinen
Flexibilität
Subject
Julie
Marketing-Expertin
Produkte erfolgreich im Markt platzieren
Nachhaltige und bereichernde Beziehungen aufbauen
Mission
Situation & Trends
Gute Zusammenarbeit
Agenturen sind im Aufwind
Macht Spaß
Kollegen auch ambitioniert
Kollegen
Agenturen
Bei GL bekannt & geschätzt
Geschäftsleitung
Gutes Verhältnis
Chef
Selbst nicht ganz zufrieden
Produktbereiche
Gute Beziehung
Digitalisierung
Starke Vernetzung mit Agenturen
Geschäft läuft nicht optimal
Verstärktes Outsourcing von Marketing / Komm.
»Präsenzkultur« im Unternehmen
Viel Bewegung in der Branche
Führen in Teilzeit
Viele neue Agenturen
Flexiblere Arbeitsmodelle insb. für Frauen
Situation & Trends
1
2
3
4
5
6
7
8
Opportunities
Zu einer Agentur wechseln
Sich beweisen (für Höheres empfehlen)
Besondere Expertise aufbauen
Schon (zu) lang im Unternehmen
Chef »beerben«
Keine Wechselabsichten erkennbar
Interner Wechsel, z. B. Prod.-bereich
Selbstständig machen
Gerüchte über Zusammenlegung
Personalabbau
Künstliche Intelligenz
Neue Marketing-Alternativen
Data Mining
Social Media
In der Abt. versauern
Ein Kollege macht das Rennen
Am Marketing wird zuerst gespart
Restrukturierung möglich
Wechselabsichten werden bekannt
Flexibilität im eigenen Unternehmen wird noch weniger
Threats
Now what?
Kontakte nutzen, sondieren
Aktiv suchen
»Besonderes« Projekt übernehmen
Weiterbildung
Sich positionieren
Möglichkeiten prüfen (Gespräche)
Markt checken, informieren
Extern wechseln
Intern wechseln
Eigene Ambitionen allen Entscheidern klarmachen
Fühler ausstrecken
Loyalität betonen
Mod. Unt. ident. und ansprechen
Now what?
Big Steps: Strategic Options & Objectives
Nicht planbar
Besonderes Projekt machen
Anstrengend
Unwahrscheinlich
»Plan B«
Selbst gründen: Agentur international
Vision realisieren
Wechsel zu Unternehmen mit modernen Jobmodellen
Wechsel zu Wettbewerb oder Agentur
Aktive Jobsuche starten
»Naheliegend«
Klar positionieren
Interne Möglichkeiten sondieren & vorbereiten
Strategy
Grundlegende Recherche
A) Selbst gründen
B) Wechsel zu Unternehmen mit mod. Jobmodellen
Parallel: intern sondieren, positionieren (?)
© Dr. Stefan Pastuszka

ganz natürlich, trotz Kind viel zu arbeiten, aber mehr Flexibilität, um Job und Familie besser unter einen Hut zu bringen, würde sie sich schon wünschen.

Umfeld

Natürlich ist Julie klar, dass sie sich bei jeder Veränderung, zum Beispiel bei einem internen oder externen Wechsel, im Wettbewerb mit anderen Interessenten befindet. Aber diese Wettbewerbsbetrachtung stellt sie zunächst einmal zurück. Stattdessen widmet sie sich als Erstes der rechten Seite des Strategy Explorer, um die Situation und die Trends im engeren und weiteren Umfeld auszuloten. Dabei ergeben sich sehr schnell einige richtungsweisende Erkenntnisse im Sinne von Chancen und Risiken, die auch für die spätere Wettbewerbsbetrachtung hilfreich sind.

Julies **Kunden** sind vor allem interner Natur, allen voran die Produktbereiche, für die sie ihre eigentliche Dienstleistung erbringt. Dazu kommt natürlich ihr eigener Chef sowie auch die Geschäftsleitung des Unternehmens, für die sie gelegentlich Analysen erarbeitet. Daraus ergeben sich die folgenden Überlegungen:

Die Zusammenarbeit mit den Produktbereichen war immer ausgezeichnet, und Julie wird sowohl von ihren direkten Ansprechpartnern als auch von den Bereichsleitern sehr geschätzt (grauer Stream 1). Auf Basis dieser guten Beziehung liegt als **Chance** der interne Wechsel in einen der Produktbereiche auf der Hand. Es würde sich also anbieten, vorsichtig Gespräche aufzunehmen, um die Möglichkeiten konkreter zu prüfen. Allerdings gibt es auch Gerüchte über eine mögliche Zusammenlegung des Marketings der Produktbereiche, die Julie nicht entgangen sind. Es besteht also gleichzeitig das **Risiko** eines Personalabbaus in den Bereichen, und der Wechsel wäre dann entweder nicht mehr möglich oder nicht mehr attraktiv, vielleicht sogar kontraproduktiv. Zumindest sollte Julie also erst einmal abwarten, wie sich das alles entwickelt.

Im Sinne des Aufstiegs in eine leitende Funktion bietet es sich an, zunächst einen Blick auf den eigenen Chef zu werfen (grüner Stream 2). Zu ihm hat Julie ein gutes Verhältnis und weiß daher, dass er selbst nicht ganz zufrieden mit seiner derzeitigen Situation ist. Andererseits ist er schon ziemlich lange im Unternehmen, und eine Wechselabsicht seinerseits ist auch nicht wirklich zu erkennen. Dennoch ist das Beerben des Chefs eine klare **Chance**, wenn die Position neu besetzt wird. Um sie zu nutzen, sollte sich Julie an den richtigen Stellen im Unternehmen positionieren.

Eine interessante Möglichkeit im Hinblick auf dieses »Positionieren« ergibt sich unter besonderer Berücksichtigung der Geschäftsleitung (türkisfarbener Stream 3). Dorthin hat Julie zwar keine besonders häufigen Kontakte, aber man kennt sie und schätzt ihre Arbeit. Eine **Chance** besteht darin, sich dort »für Höheres« zu empfehlen. Dazu hat Julie auch eine konkrete Idee. In einem Artikel (Botelho et al., 2018) hat sie gelesen, dass es im Grunde drei Varianten gibt, sich für einen Karrieresprung zu qualifizieren. Der Artikel bezog sich zwar auf CEO-Ambitionen, aber warum nicht mal groß denken? Eine dieser Varianten besteht darin, ein schwieriges, mitunter fast aussichtsloses Projekt zu übernehmen und erfolgreich durchzuführen. Das erzeugt Sichtbarkeit und Vertrauen in ihre Fähigkeiten seitens der Entscheider. Ein solches »besonderes Projekt« zu übernehmen, wäre also eine gute Maßnahme, wenn sich eins finden ließe.*

Bei der Betrachtung der **Partner**, mit denen sie zusammenarbeitet, kommen Julie vor allem die Kollegen und externe Agenturen in den Sinn. Die Zusammenarbeit mit den Agenturen macht Spaß, und sie befinden sich im Aufwind, da immer mehr Marketing-Dienstleistungen von Unternehmen ausgelagert werden (hellblauer Stream 4). Eine **Chance** könnte also der Wechsel zu einer Agentur sein. Um diese Chance zu nutzen, müsste Julie aktiv mit der Suche beginnen und vor allem ihr Kontaktnetzwerk aktivieren, um zu sondieren.

Ein besonderer Aspekt kommt ins Spiel, als Julie sich anschaut, wie es derzeit in der **Branche** aussieht und welche größeren Entwicklungen sich dort abzeichnen. Tatsächlich läuft das Geschäft für die eigene Firma momentan nicht ganz rund. Das liegt auch daran, dass es derzeit in der Branche so viel Bewegung gibt – neue Player erscheinen auf der Bildfläche und viele etablierte versuchen, sich neu zu erfinden.

* Laut der Studie von Botelho et al. sind mutige Karriereschritte am hilfreichsten, um schnell in eine CEO-Position zu gelangen. Neben der Variante »Inherit a Big Mess« stellten sich noch die Modi »Go Small to Go Big« und »Make a Big Leap« als besonders zielführend heraus. Viele der erfolgreichen Kandidaten machten entweder einen temporären Schritt seit- oder rückwärts (entwickelten z. B. intern ein neues Thema, wechselten zu einer kleineren Firma oder gründeten ihre eigene) oder sprangen ins kalte Wasser (sprich, ergriffen angebotene Positionen, auch wenn sie sich dafür nicht gewappnet fühlten).

Der Wettbewerb ist ziemlich hart, was zu Einsparungen und einer immer größeren Arbeitsbelastung geführt hat. Verbunden mit der im Unternehmen herrschenden Präsenzkultur (orangefarbener Stream 5) lässt das im Hinblick auf Julies Ziel, nach Möglichkeit ihre zeitliche Flexibilität zu steigern, nichts Gutes erahnen. Stattdessen besteht das **Risiko**, dass die Flexibilität im eigenen Unternehmen noch geringer wird. Bei anderen Unternehmen zeichnet sich dagegen zum Teil eine ganz andere Entwicklung ab: Neue Modelle werden ausprobiert, und dazu gehören auch das Führen in Teilzeit (im eigenen Unternehmen verpönt) und flexiblere Arbeitsmodelle insbesondere für Frauen. Wenn Julie also ihre Vision vollständig realisieren möchte, dann könnte sie solche modernen Unternehmen identifizieren und aktiv ansprechen.

Verbunden mit dem stärkeren Wettbewerb lässt sich auch eine verstärkte Tendenz zum Outsourcen von Marketing- und Kommunikationsdienstleistungen beobachten (gelber Stream 6). Anstatt womöglich irgendwann selbst diesem Trend zum Opfer zu fallen, könnte Julie den Stier gleich bei den Hörnern packen und sich selbstständig machen. Um diese **Chance** richtig bewerten zu können, müsste sie sich allerdings erst einmal gründlich mit der Idee beschäftigen, sich informieren und den Markt prüfen. Eine spannende Option, die sich im Verlauf noch weiter schärfen wird.

Auch das Feld Technologie liefert einige Ansätze. Nachdem Julie sich damit beschäftigt hat, wendet sie sich der linken Seite des Strategy Explorer zu. Hier geht es relativ zügig voran.

Im Falle eines internen Wechsels wären ihre **Wettbewerber** die Kollegen, die ebenfalls Ambitionen haben, sowie externe Kandidaten. Darüber hinaus kann Julie auch die derzeitigen Stelleninhaber als Wettbewerber betrachten, an deren Stühlen sie rütteln könnte. Weiterer Wettbewerb in Bezug auf Julies aktuelle Funktion kommt natürlich in Form externer Agenturen daher: Sollten ihre Tätigkeiten oder ganze Bereiche von Marketing und Kommunikation ausgelagert werden, gewinnen die Wechselüberlegungen plötzlich eine ganz neue Dimension.

Gegenüber externen Kandidaten (violetter Stream 7) bringt Julie als **Stärke** die Kenntnis des eigenen Unternehmens und seiner Produkte mit. Das spricht dafür, sich interne Möglichkeiten genauer anzuschauen und sich bei den Entscheidern entsprechend zu positionieren. Gleichzeitig könnte das aus Sicht der Entscheider aber auch eine **Schwäche** darstellen, sofern sie eher »frischen Wind« von außen bevorzugen. Um diese Schwäche auszugleichen, könnte das bereits oben erwähnte »besondere Projekt« dienlich sein. Andererseits könnte Julie, falls sich abzeichnet, dass tatsächlich externe Bewerber bevorzugt werden, dies auch zum Anlass nehmen, sich gleich selbst extern zu bewerben.

Julie hat schon bei vielen anderen Unternehmen gearbeitet, was sicher als **Stärke** im Vergleich zu den meisten Kollegen (blauer Stream 8) gewertet werden darf, die mehrheitlich »Eigengewächse« des Unternehmens sind und noch nie eine andere Firma von innen gesehen haben. Darüber hinaus hat sie Auslandserfahrung und spricht fünf verschiedene Sprachen. Um diese **Stärken** zu nutzen, kann sich Julie einerseits entsprechend im Unternehmen positionieren und andererseits ganz andere Möglichkeiten in Erwägung ziehen: gezielt eine Position im Ausland anstreben oder ihre Internationalität als USP (Alleinstellungsmerkmal) für die eigene Gründung einer Agentur nutzen.

Bei der weiteren Betrachtung der Wettbewerbsseite kommt Julie noch auf einige weitere Ideen, die im ausgefüllten Strategy Explorer zu sehen sind. Naheliegende Punkte wie »Erfahrung im Marketing« schreibt sie allerdings gar nicht erst auf, da sich auf die angestrebte Leitungsfunktion vermutlich keine Kandidaten bewerben werden, die diese Erfahrung nicht mitbringen. Es handelt sich also nicht um eine Stärke im Vergleich zu den Wettbewerbern.

Optionen

Insgesamt zeichnet sich ein interessantes Bild ab, als Julie gedanklich einen Schritt zurücktritt und sich die wesentlichen Optionen vor ihrem geistigen Auge herausbilden. Ein paar richtungsweisende Möglichkeiten sind dabei, und man kann sie gut zu Clustern zusammenfassen:

Naheliegendes: Hier stehen die Dinge, die Julie sowieso angehen muss, wenn sie den Jobwechsel aktiv vorantreiben will. Dazu gehört es, sich zunächst im eigenen Unternehmen klar zu positionieren und die internen Möglichkeiten zu sondieren und vorzubereiten. Der Wechsel zu einem Wettbewerber oder einer Agentur wäre schon ein weitergehender Schritt, der eine aktive Suche erfordert – aber dennoch liegt all das im Rahmen der »klassischen« Karriereentwicklung.

Vision realisieren: Die beschriebenen naheliegenden Möglichkeiten sind vermutlich am leichtesten greifbar, würden aber nur einen Teil von Julies Visionszielen erfüllen. Eine bessere Vereinbarkeit von Familie und Job sowie mehr Flexibilität sind bei der Mehrheit der direkten Wettbewerber ihres Unternehmens und den meisten Agenturen kaum zu erwarten. Um ihre Vision also vollständig zu erfüllen, wäre ein Wechsel zu Unternehmen mit modernen Jobmodellen erfolgversprechender. Allerdings müsste man die erst einmal identifizieren.

Plan B: Den größten Gestaltungsspielraum könnte Julie mit einer eigenen Gründung gewinnen, zum Beispiel einer Agentur mit internationaler Komponente, basierend auf ihren speziellen Stärken. Vermutlich wäre in der Startphase die Flexibilität eher gering, aber auf längere Sicht könnte sich das durchaus ändern. Allerdings wäre es natürlich ein Schritt ins Ungewisse. Eine Gründung in Teilzeit wäre daher optimal, aber für Julie wahrscheinlich keine Option, da sich ein Interessenkonflikt mit ihrem Arbeitgeber ergäbe, wenn Dienstleistungen für Wettbewerber erbracht würden. Sie könnte aber ihren jetzigen Arbeitgeber mit großer Wahrscheinlichkeit als Auftraggeber gewinnen – insbesondere angesichts der fortschreitenden Outsourcing-Tendenzen. Also lieber den Trend mitgestalten, als zu lange warten und ihm zum Opfer fallen!

Nicht planbar: Im Kontext der Positionierung im eigenen Unternehmen wäre die Übernahme eines besonderen Projekts sehr förderlich, um sich für höhere Weihen zu empfehlen. Leider ist das aber nicht planbar – vielleicht ist es sogar sehr unwahrscheinlich, dass sich eine solche Gelegenheit überhaupt ergibt. Und würde man Julie tatsächlich für ein besonderes Projekt auswählen, wäre ein sehr hoher Einsatz erforderlich. Folglich könnte auch mit dieser Option sowohl kurz- wie auch langfristig nur ein Teil der Visionsziele erreicht werden.

Die Cluster spannen schon ein recht breites Spektrum von Möglichkeiten auf und sind durchaus unterschiedlich, das heißt, alles davon geht auf keinen Fall. Also muss sich Julie entscheiden.

Strategie

Julie betrachtet die Optionen. Mit den ganzen noch frischen Überlegungen im Kopf hört sie auf ihren Bauch. Die Varianten »selbst gründen« und »Wechsel zu einem Unternehmen mit modernen Jobmodellen« stechen förmlich heraus und erscheinen ihr richtig charmant, obwohl anfänglich eher die internen Optionen im Fokus standen. Warum eigentlich nicht etwas ganz Neues wagen? Aber hier steht Julie noch am Anfang, und eine finale Entscheidung für eine der Optionen ist nicht möglich, ohne vorher mehr Klarheit zu gewinnen. Dies muss also der Kern ihrer Strategie für die nächste Zeit sein. Julie bringt sie wie folgt auf den Punkt:

> Ich erreiche meine Vision einer leitenden Funktion mit Verantwortung und Gestaltungsspielraum in Marketing und Kommunikation bei gleichzeitig mehr Flexibilität und Vereinbarkeit von Job und Familie, indem ich mich auf Basis einer grundlegenden Recherche (A) entweder selbstständig mache oder

(B) zu einem Unternehmen mit modernen Jobmodellen wechsle. Parallel werde ich intern sondieren und mich klar positionieren, um mögliche Chancen nicht zu verpassen.

Durch die Überlegungen hat Julie einiges an Klarheit für das weitere Vorgehen gewonnen. Jetzt muss sie die Prioritäten richtig setzen. Beispielsweise stellt sich die Frage, ob sie überhaupt noch wertvolle Zeit in die interne Sondierung stecken soll. Sie trifft daher die Entscheidung, konzentriert an den attraktiveren Varianten »Selbstständigkeit« und »moderne Unternehmen« zu arbeiten und die interne Sondierung nur auf kleiner Flamme zu betreiben. Entsprechend legt sie als erstes konkretes Ziel einen Zeitpunkt fest, bis zu dem sie die Recherche abgeschlossen haben möchte, um dann über den weiteren Weg zu entscheiden.

Für Julie bedeutet dieser Weg mitunter eine völlige Neuorientierung. Dazu gehört natürlich auch, dass sie sich darüber klar werden muss, ob sie die richtigen Voraussetzungen für eine Selbstständigkeit mitbringt. Die Gemengelage ist insgesamt sehr komplex, und die Möglichkeiten sind mannigfaltig, wie das Beispiel gezeigt hat. Daher ist es sinnvoll, das zunächst allein ausgearbeitete Modell und die Schlussfolgerungen mit einem oder mehreren Sparringspartnern zu diskutieren – beispielsweise mit Freunden oder mit einem professionellen Karrierecoach. Durch das iterative Vorgehen kann sich der Fokus bei einer solch richtungsweisenden persönlichen Entscheidung weiter schärfen. Das setzt Energie für die Umsetzung frei.

START
1.
2.
3.
4.

5 Strategie entwickelt – und was jetzt?

»Handeln ist leicht, Denken schwer; nach dem Gedanken handeln unbequem.« (Goethe)

Das Zitat von Goethe passt sehr gut zur Entwicklung und Umsetzung von Strategien: Es geht nicht darum, aktionistisch zu handeln (leicht), sondern einen guten Plan zu entwickeln (schwer) und ihn dann auch konsequent umzusetzen (unbequem). Die ersten beiden Aspekte haben Sie durch die Arbeit mit dem Strategy Explorer bereits abgehakt: nicht einfach gehandelt, sondern erst einmal gründlich nachgedacht. Die Methode hat Sie dabei hoffentlich an einen Punkt geführt, an dem Sie eine Strategie haben, die Sie umsetzen möchten. Nun kommt es darauf an, sich auf den ausgewählten Weg zu begeben – was in der Tat nicht ganz leicht ist. Daher soll das vorliegende Kapitel ein paar Denkanstöße für ein erfolgreiches weiteres Vorgehen liefern.

Bislang existiert die entwickelte Strategie nur auf einer eher allgemeinen Ebene: als eine Geschichte, die Orientierung gibt. Das ist noch weit entfernt von einem konkreten Plan, der sich einfach abarbeiten lässt. Immerhin sind in der Strategie aber bereits die wesentlichen großen Schritte enthalten, die unternommen werden müssen, um das übergeordnete Ziel zu erreichen. Diese gilt es nun auf kleinere Aufgaben herunterzubrechen, die sich in eine Reihenfolge bringen und auf mehrere Schultern verteilen lassen. Siehe dazu »Klare Ziele für die Umsetzung«.

Daneben ist klare und umfassende Kommunikation ein wichtiger Erfolgsfaktor für die Umsetzung einer Strategie. Der Erfolg wird umso wahrscheinlicher, je mehr alle Beteiligten an einem Strang ziehen – und zwar in die gleiche Richtung. Beschrieben ist das im Unterkapitel »Strategiekommunikation«.

Sich an den Plan zu halten, ist vielleicht das Schwierigste bei der Umsetzung einer Strategie, denn mitunter tauchen unerwartete Probleme auf oder der Weg scheint plötzlich nicht mehr der richtige zu sein. Dann ist es wichtig, vorübergehende Durchhänger und lösbare Probleme von echten Showstoppern zu unterscheiden. Falls nötig, muss der Plan geändert werden, was eine regelmäßige Überprüfung erforderlich macht. Vorschläge dazu finden sich unter der Überschrift »Regelmäßig überprüfen«.

Klare Ziele für die Umsetzung

Auch wenn das große Ziel in der fernen Zukunft liegt, muss man den ersten Schritt möglichst bald machen, um sich auf die Reise zu begeben. Dazu werden klar definierte kurzfristige Ziele benötigt, die sich operativ umsetzen lassen.

Das Endergebnis der Arbeit mit dem Strategy Explorer ist ein grob vorgezeichneter Weg zum Erreichen des übergeordneten Ziels. Er besteht aus qualitativ formulierten Big Steps. Für die Umsetzung muss der Weg nun detaillierter beschrieben werden, indem er in messbare strategische Ziele übersetzt wird (siehe Abbildung). Sowohl die gewählten Big Steps als auch bestimmte kleinere Ziele, die bei der bisherigen Arbeit identifiziert wurden und die Strategie unterstützen, bilden dafür die Basis.

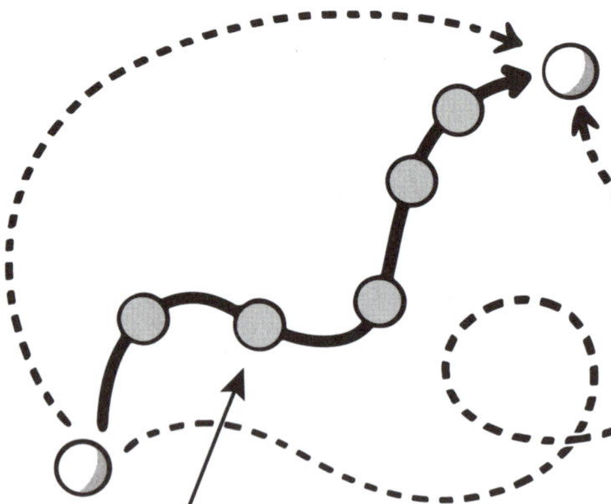

Anhand der strategischen Ziele können dann detaillierte Aktionspläne für die Realisierung ausgearbeitet werden. Alternativ können die Ziele auch in die Organisation hinein kaskadiert werden, sodass jeder Mitarbeiter weiß, was zu tun ist, um sie gemeinsam zu erreichen. Welcher Ansatz passt, hängt von einer Vielzahl von Faktoren ab, wobei auch Mischformen möglich sind. Unabhängig davon bietet es sich an, die strategischen Ziele gemeinsam mit denjenigen Menschen zu formulieren, die auch bei der Strategieentwicklung mitgewirkt haben, da in dieser Gruppe das gleiche Verständnis bezüglich des einzuschlagenden Weges besteht.

Bereits unter »Die Strategie« (Kapitel 2) wurde das Formulieren von Zielen angesprochen, allerdings mit Fokus auf den qualitativen Teil. Während dieser qualitative Ansatz für die Entwicklung der generellen strategischen Richtung genau richtig war, ist es nun wichtig, den quantitativen Teil genauer zu betrachten.

Ein Ziel ist ein angestrebter Zustand, welcher in der Zukunft liegt. Dennoch werden Ziele oft aus der zukünftigen Perspektive, das heißt im Präsens, beschrieben, als ob sie bereits realisiert wären, zum Beispiel »Wir sind Marktführer«, auch wenn das heute noch nicht der Fall ist. Das Formulieren im Präsens kann dabei helfen, das Ziel zu visualisieren und sich in die beschriebene Situation hineinzuversetzen. Durch einen messbaren, quantitativen Teil in der Zielformulierung wird der angestrebte Zustand jetzt so präzise beschrieben, dass sein Eintreten möglichst zweifelsfrei festgestellt werden kann, zum Beispiel »Wir sind Marktführer im Segment Dosenbier mit 23 Prozent Marktanteil in Deutschland«. Diese Konkretisierung ist darüber hinaus notwendig, um einen

Umsetzungsplan zu entwickeln (Welche Steigerung pro Jahr ist nötig, um die 23 Prozent zu erreichen?) und um den Fortschritt bei der Umsetzung zu kontrollieren – »you can only manage what you can measure«, um es mit den Worten von Peter Drucker auszudrücken. Es gibt zwei wesentliche Varianten für den Umgang mit der Messbarkeit in der Zieldefinition:

SMART

Dies ist der Klassiker der Zielformulierung, der den qualitativen Teil mit dem quantitativen in einer einzigen Aussage verbindet. Damit das funktioniert, müssen alle (!) der in der Abkürzung enthaltenen und in der folgenden Tabelle beschriebenen Kriterien* erfüllt sein:

Abk.	Kriterium	Bedeutung
S	Spezifisch	So präzise wie möglich beschrieben.
M	Messbar	Enthält Parameter und Kriterien für die Messung (Kontrolle der Zielerreichung).
A	Ausführbar	Auf Basis menschlichen Handelns und im Rahmen der Möglichkeiten erreichbar (keine Wunder erforderlich).
R	Relevant	Erstrebenswert und von Bedeutung für das übergreifende Ziel.
T	Terminiert	Ein konkreter Zeitpunkt ist angegeben.

* Es gibt je nach Quelle Abweichungen bezüglich der Buchstaben A und R, zum Beispiel »ambitioniert« und »realistisch« statt »ausführbar« und »relevant«. In Summe läuft es aber auf ähnliche Dimensionen hinaus und im Ergebnis besteht kein wesentlicher Unterschied.

Ein paar Beispiele zur SMARTen Formulierung finden sich auch im Unterkapitel »Die Strategie« (Kapitel 2). Falls es schwerfällt oder zu gestelzt wirkt, den angestrebten Zustand aus der zukünftigen Perspektive zu formulieren, tut es der Sache übrigens keinen Abbruch, wenn Sie eine aktive Formulierung wählen. Sie können trotzdem alle fünf Kriterien einbauen, wie die folgenden Beispiele zeigen:

- Um meinen Traumjob zu finden (übergreifendes Ziel), werde ich jeden Tag (terminiert) mindestens eine Stunde (messbar) die größten Jobbörsen (spezifisch) nach geeigneten Angeboten durchforsten (ausführbar, relevant).
- Bis zum Ende des Jahres (terminiert) gewinnen wir fünf neue Kunden (relevant, ausführbar, messbar) für unser neues Produkt X (spezifisch).

SMART formulierte Ziele sind eine ideale Grundlage zur Erarbeitung von Aktionsplänen mit Maßnahmen, Verantwortlichkeiten und Meilensteinen. Diese können dann im Rahmen einer spezifischen Projektorganisation oder auch durch die bestehenden operativen Funktionen abgearbeitet werden.

OKR

Bei der OKR-Methode werden die zu erreichenden Ziele in einen qualitativen (Objectives) und einen quantitativen Teil (Key Results = Schlüsselergebnisse) aufgeteilt. Daher die Abkürzung OKR.

	Objectives (Ziele)	Key Results (Schlüsselergebnisse)
Bedeutung	*Was ist zu erreichen?*	*Was ist dafür zu tun?*
Typ	Qualitativ	Quantitativ
Charakteristika	• visionär • inspirierend • relevant • abgestimmt	• beinhalten Metrik • anspruchsvoll (Ergebniskorridor von typ. 70–90 Prozent Zielerreichung) • bieten Anleitung fürs tägliche Tun
Anzahl	Max. fünf pro Person	Max. fünf pro Objective

Ein einfaches Beispiel ist das Objective »Kunden besser verstehen«. Unter SMARTen Gesichtspunkten würde diese Aussage niemals als Ziel durchgehen, weil sie viel zu unpräzise ist. Dennoch handelt es sich um ein für viele Unternehmen relevantes Ansinnen. Die Messbarkeit wird nun durch die genaue Beschreibung der Key Results herbeigeführt. Allein deren Auswahl und saubere Formulierung sorgt schon dafür, dass man sich gründlich Gedanken darüber machen muss, was es eigentlich bedeutet, seine Kunden besser zu verstehen, und wie man dies erreichen kann. Das könnte wie folgt aussehen:

- Objective: Kunden besser verstehen
  - Key Result 1: 20 persönliche Kundeninterviews (0–20)
  - Key Result 2: Online-Umfrage mit mindestens 500 Teilnehmern (0–100 Prozent)
  - Key Result 3: Intensive ganztägige Begleitung von drei Kunden (0–3)

Die Zahlen in Klammern geben jeweils die Skala an, auf der die Zielerreichung gemessen werden kann. In manchen Fällen ist es sinnvoll, die Aktivitäten oder Initiativen, die zur Erreichung eines Key Results führen, noch separat zu spezifizieren (»To-dos«), beispielsweise wenn mehrere Personen gemeinsam daran arbeiten: Was ist genau zu tun, wer macht was?

Die OKR-Methode wurde bereits 1971 von Andy Grove als Instrument zur Mitarbeiterführung bei Intel eingeführt und von John Doerr weiterverbreitet (Doerr, 2017), zum Beispiel bei Google*. Sie wird inzwischen von zahlreichen Unternehmen vom Start-up bis zum Konzern eingesetzt. Im Prinzip handelt es sich um eine Weiterentwicklung des bereits in den 50er-Jahren von Peter Drucker vorgeschlagenen »Management by Objectives«. Ein wesentlicher Unterschied besteht allerdings darin, dass bei der OKR-Methode die Ziele gemeinsam im Team ausgehandelt werden. Auf diese Weise weiß jeder, wer woran arbeitet sowie was von ihm erwartet wird und warum. Teams und einzelne Mitarbeiter setzen ty-

* Larry Page, CEO von Alphabet und Mitgründer von Google, beschreibt, dass die OKR ihnen zu »10x growth, many times over« verholfen haben: »They've helped make our crazily bold mission of ›organizing the world's information‹ perhaps even achievable.« (Doerr, 2017)

pischerweise etwa die Hälfte ihrer Ziele selbst, während der Rest durchaus von oben vorgegeben wird. Ein weiterer Unterschied zum klassischen MBO ist, dass jeder Mitarbeiter den Grad seiner Zielerreichung selbst beurteilt und den anderen Teammitgliedern vorstellt. Insgesamt sorgt die Methode für mehr Transparenz, Motivation und Engagement und ermöglicht so, dass alle an einem Strang ziehen.

Ein großer Vorteil der OKR-Methode liegt im Herunterbrechen von großen Visions- und Unternehmenszielen in kleine Häppchen für die Organisation, wie in der Abbildung dargestellt. Auf jeder Ebene gibt es dann Objectives und Key Results sowie persönliche OKR für jeden Mitarbeiter.

Typischerweise ist der Zeithorizont von OKR auf Mitarbeiterebene recht kurz, üblich sind drei Monate oder sogar weniger. Der Fortschritt bezüglich der Zielerreichung wird regelmäßig und in noch kürzeren Abständen (z. B. wöchentlich) diskutiert. Dies ist eine wesentliche Stärke der Methodik, da so auf agile und schnelle Weise auf Veränderungen reagiert werden kann und Objectives falls nötig auch angepasst werden können. Auf der Ebene der Unternehmensziele und der Vision sind die Zeitskalen dagegen deutlich länger (mittel- bis langfristig). Dabei hängen die Zeithorizonte auch stark davon ab, ob es sich zum Beispiel um ein großes Unternehmen im eingeschwungenen Zustand handelt oder um ein kleines Start-up in einem hochdynamischen Umfeld.

Ein mit der Vision verknüpftes langfristiges Objective könnte beispielsweise sein, »bis 20xx der größte Anbieter von X in Deutschland« zu werden. Dazu erforderliche Key Results wären dann möglicherweise die »Akquisition von Wettbewerber Y«, ein »Jahresumsatz größer als Z Millionen Euro« und vielleicht weitere mehr. Diese wiederum können in mittelfristige Ziele auf Unternehmensebene heruntergebrochen werden, wie »Umsatzsteigerung um fünf Prozent im nächsten Jahr« und so weiter.

Hierarchie und Zeithorizont von OKR

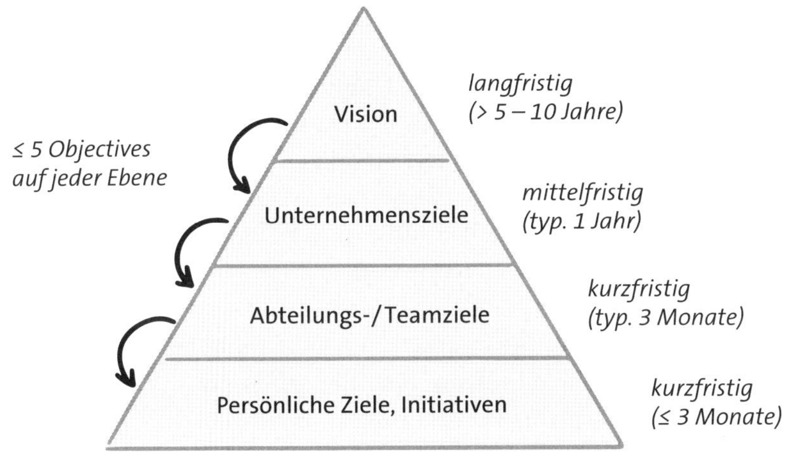

Auch wenn nicht gleich offensichtlich, kann sich ein mittelfristiges Ziel auf Unternehmensebene wie beispielsweise »operativen Gewinn steigern« bis auf einen einzelnen Mitarbeiter im Marketing erstrecken. So könnte sich ein verbesserter Marktauftritt auf Basis eines neuen Konzepts für die Website positiv auf den Gewinn auswirken. Ein persönliches Ziel für den betreffenden Mitarbeiter lautet dann vielleicht: »neues Konzept für Website entwickeln.« Zeithorizont dafür sind die für persönliche Ziele üblichen drei Monate. Die vereinbarten Key Results dazu könnten sein: »10 Ansätze von Wettbewerbern analysieren (0–10)«, »3 Designvorschläge entwerfen (0–3)«, »5 Angebote von Agenturen einholen (0–5)«.

Die Pyramide in der Abbildung ist im Übrigen nicht so zu verstehen, dass Mitglieder der Geschäftsführung nur mittel- oder langfristige Ziele verfolgten. Auch sie sind Mitarbeiter des Unternehmens mit persönlichen Objectives und entsprechenden Key Results mit dem üblichen Zeithorizont von zum Beispiel drei Monaten.

Wenn Sie Ihre strategischen Ziele mithilfe von OKR ins Unternehmen bringen, geht dies schon fast in die Richtung einer Selbstorganisation. Durch die Diskussion und die weitere, detailliertere Ausarbeitung der Ziele in den Teams kann jeder Mitarbeiter seinen maximalen Beitrag zum Erreichen des übergreifenden Ziels liefern. Die gesammelte Kreativität und Kraft der Organisation wird somit genutzt, um die Vision Wirklichkeit werden zu lassen.

OKR ist keine Rocket Science – es gibt reichlich Literatur dazu und zur Einführung genügen im Normalfall die Bordmittel. Probieren Sie es einfach aus!

Schnittstelle zur Umsetzung

Die beste Strategie nützt nichts, wenn sie nicht umgesetzt wird. Mit dem Setzen von Zielen allein ist es also leider nicht getan, ganz gleich wie gut sie definiert sein mögen. Es müssen Aktivitäten erfolgen, damit die Ziele erreicht werden. Hier liegt der Übergang von der Strategieentwicklung zur Umsetzung, das heißt, die Strategieentwicklung endet mit möglichst klaren (strategischen) Zielen, die die Basis für eine erfolgreiche Umsetzung bilden.

Nach welcher Methodik Sie Ihre strategischen Ziele definieren (SMART, OKR etc.) und welche Herangehensweise Sie für die Umsetzung wählen (Pläne vs. Selbstorganisation, dedizierte Projektteams vs. operative Funktionen, mit oder ohne externe Unterstützung usw.), ist von vielen Faktoren abhängig. Zu berücksichtigen sind beispielsweise das Thema und der Geltungsbereich der Strategie, die Unternehmenskultur, die Größe der Organisation, die verfügbaren Ressourcen, persönliche Vorlieben im Management und vieles mehr. Ein Patentrezept gibt es daher meines Wissens nicht. Die Hauptsache ist, Sie gehen es an!

Die beste Strategie ist diejenige, die auch umgesetzt wird.

Strategiekommunikation

Kommunikation ist ein entscheidendes Element für die erfolgreiche Umsetzung einer Strategie. Nur wenn alle Beteiligten wissen, wohin die Reise gehen soll, können alle gezielt darauf hinarbeiten. Und dies wird umso besser gelingen, je größer die Identifikation mit dem Ziel ist sowie das Engagement, zu seiner Erreichung beizutragen. Dabei richtet sich die Strategiekommunikation nicht nur an die Mitarbeiter in der eigenen Organisation, sondern im Wesentlichen an alle Parteien, die das Business zum Laufen oder zu Fall bringen können:

- Mitarbeiter (bestehende und auch zukünftige)
- Partner
- Kunden
- Stakeholder (Investoren, Gesellschafter, Standort, Politik ...)
- Öffentlichkeit (Medien, auch Social Media)

All diesen Zielgruppen sollte eine neue Strategie mitgeteilt werden (falls sie nicht bereits bei ihrer Entwicklung eingebunden waren), um eine reibungslose Implementierung sicherzustellen und potenzielle Schieflagen frühzeitig zu erkennen. Dabei ist es wichtig, jeweils darauf zu achten, wie sehr Sie ins Detail gehen und was Sie besser für sich behalten sollten. So können kritische Informationen in den falschen Händen zu einem vorzeitigen Scheitern Ihrer Pläne führen. Das wäre beispielsweise dann der Fall, wenn ein Wettbewerber Wind davon bekommt, dass Sie eine bestimmte Akquisition planen.

Unter allen genannten Zielgruppen nehmen die Mitarbeiter im eigenen Unternehmen eine zentrale Rolle ein, denn ohne dass die Organisation mitmacht, werden die strategischen Ziele nur schwerlich erreicht werden können. Den vom weisen Sunzi beschriebenen Geist, der die siegreiche Armee in allen Rängen beseelt, kann man allerdings nicht erzwingen oder allein durch Kommunikation etablieren – Sie haben es mit Menschen zu tun, nicht mit programmierbaren Robotern. Dennoch bildet eine gute und zielgerichtete Kommunikation die Grundlage, um ihn heraufzubeschwören und zu entwickeln. Sie ist keine Informations-Einbahnstraße, sondern schafft über interaktive Elemente auch eine Rückkopplung, die zu einer weiteren Verbesserung des Vorgehens führt. Falsche oder fehlende Kommunikation ist der Hauptgrund für das Scheitern von Veränderungen, daher sollten Unternehmen relevante Informationen tendenziell eher umfangreich kommunizieren.

Strategie bedeutet Veränderung

Es wäre ein Fehler, anzunehmen, dass man eine neue Strategie nur hinreichend gut kommunizieren muss und der Rest sich ganz von allein regelt. Tatsächlich zieht eine neue Strategie – gerade wenn es sich um eine Unternehmensstrategie handelt – auch deutliche Veränderungen nach sich. Veränderung ist generell etwas, das nur die wenigsten Menschen begeistert. Besonders schwierig wird es, wenn die Veränderung nicht als positiv wahrgenommen wird. Die Reaktion ist dann nicht etwa »Na endlich!«, sondern »Was soll denn dieser Quatsch?« oder »Völlig daneben!«. Vielleicht finden die Menschen die neue Strategie auch einfach nicht gut – »Der große Wurf ist das ja wohl nicht gerade ...«. In solchen Fällen ist der Widerstand schon vorprogrammiert.

Wenn eine (neue) Strategie verkündet und umgesetzt wird, werden die Menschen im Unternehmen im Allgemeinen eine klassische Change-Kurve durchlaufen. Das bedeutet, dass die wahrgenommene eigene Kompetenz und damit die Produktivität aufgrund von Frustration, Sorgen, Ängsten und Ablehnung drastisch absacken können, obwohl die neue Strategie zumindest rational verstanden wurde. Erst wenn die Akzeptanz da ist – insbesondere auf emotionaler Ebene –, wird das Neue wirklich angenommen und ausprobiert, was die Produktivität im Sinne der neuen Ausrichtung wieder

Change-Kurve

nach oben bringt. Dann ist die Identifikation mit der neuen Strategie erreicht.

Die wesentliche Aufgabe der Strategiekommunikation ist es daher, den (idealerweise konsequent gemanagten) Veränderungsprozess im Unternehmen gut zu unterstützen, indem sie Aufbruchsstimmung und positive Energie erzeugt. Es ist die Aufgabe der Führung, die Mitarbeiter von der neuen Strategie zu begeistern – nicht die der Mitarbeiter, sie endlich zu verstehen! Vor allem sollten die Mitarbeiter in den verschiedenen Phasen angemessen begleitet werden, um Akzeptanz zu erreichen und diese in aktive Mitwirkung und letztendlich Identifikation mit der neuen strategischen Ausrichtung zu überführen. Genauere Beschreibungen des Change-Prozesses finden sich in der einschlägigen Literatur.

Wichtig ist es an dieser Stelle, zu verstehen, dass diejenigen Menschen, die die Strategie erarbeitet haben – also typischerweise das Management –, auf der Change-Kurve schon viel weiter vorangeschritten sind als der Rest der Mitarbeiter im Unternehmen: Die Notwendigkeit von Veränderung wurde bereits erkannt, und die Veränderung wird aktiv vorangetrieben. Das Management hat seine Krise längst überwunden, wenn es bei den Mitarbeitern gerade erst losgeht. Darüber hinaus kennen sie die neue Strategie natürlich schon, und es besteht die Gefahr, dass sie bei der Kommunikation mit den Mitarbeitern viel zu viel voraussetzen, eine Folge des sogenannten »Curse of Knowledge« (Heath, 2006). Beides zusammen kann dazu führen, dass nicht ausreichend kommuniziert wird und Führungskräfte ungeduldig werden, wenn die Mitarbeiter nicht sofort begeistert im Sinne der neuen Strategie loslaufen. Es kommt also darauf an, umsichtig vorzugehen, die Mitarbeiter mitzunehmen und umfassend zu kommunizieren. Auf diese Weise können Führungskräfte den Prozess der Strategiekommunikation auf allen Ebenen aktiv mitgestalten.

What's in it for me?

Idealerweise sind Sie von Ihrer neu entwickelten oder geschärften Strategie begeistert und haben das Ziel klar vor Augen. Sie sind überzeugt davon, dass durch die Umsetzung der Strategie etwas Positives für das große Ganze erreicht wird, wie Sie es bereits in der Vision beschrieben haben. So erstrebenswert das auf höchster Ebene auch erscheinen mag – nicht jeder Mitarbeiter (und auch nicht jede Führungskraft) zieht automatisch den Rückschluss, dass dies auch für ihn persönlich positive Implikationen haben wird. Zunächst besteht oft eher Angst vor der Veränderung, die persönliche Verluste an Kompetenz, Einfluss, Besitzstand usw. mit sich bringen kann oder einfach nur nicht den eigenen Vorstellungen von der Zukunft entspricht.

Vor diesem Hintergrund ist es wichtig, die große Story auf das Individuum herunterzubrechen und auf die für jeden wichtigen Fragen »Was bedeutet das für mich und meine Arbeit?« und »Was habe ich davon?« einzugehen. Nur wenn diese Fragen sinnvoll beantwortet werden, kann die neue Ausrichtung als etwas auch persönlich Erstrebenswertes verstanden und die damit verknüpfte Veränderung viel leichter angenommen werden, wobei nicht notwendigerweise alles positiv sein wird. Da die Frage »Was habe ich davon?« ultimativ auf der Ebene des Individuums beantwortet werden muss, ist klar, dass dieser Teil der Strategiekommunikation nicht mit der Top-down-Gießkannenmethode gelöst werden kann. Dennoch sollte bereits die allgemeine Kommunikation auf die unterschiedlichen Zielgruppen eingehen, zum Beispiel durch geeignete Persona-Konzepte. Ideal ist natürlich ein Eins-zu-eins-Dialog von Führungskraft und Mitarbeiter, bei dem nicht nur Botschaften vermittelt werden, sondern die Situation und Bedürfnisse des Mitarbeiters verstanden und individuell darauf eingegangen werden kann. Nur so können in vielen Fällen die positiven Aspekte für die betroffene Person herausgearbeitet werden. Eine wichtige Führungsaufgabe im Change-Prozess!

Verständliche Story

Trotz der Notwendigkeit, gezielt auf die Mitarbeiter einzugehen, braucht es auch eine übergreifende Story für die Strategiekommunikation, die Sie auf allen Kanälen und in unterschiedlichen Formen spielen sollten. Die Basis für diese Story haben Sie bereits gelegt in Form der knackigen Formulierung Ihrer Strategie als Geschichte, die Orientierung gibt. Sie ist das direkte Ergebnis der Arbeit mit dem Strategy Explorer. Allerdings sind in dieser Mini-Story lediglich die Vision und der gewählte Weg (strategischer Pfad) enthalten. Um ein rundes und vollständiges Bild zu erhalten, sollte die Story noch um ein paar weitere Elemente erweitert werden. Das Ganze muss natürlich nicht immer und ausschließlich als zusammenhängende Geschichte kommuniziert werden – verstehen Sie das Wort »Story« daher im übertragenen Sinne. Es kommt darauf an, die wesentlichen Elemente zu kommunizieren, was auch gezielt und einzeln möglich ist. Allerdings sollte es einen übergreifenden roten Faden geben, der die einzelnen Elemente miteinander verbindet und in einen Sinnzusammenhang stellt – eben das ist hier mit Story gemeint. Die Abbildung auf der folgenden Seite zeigt die wesentlichen inhaltlichen Punkte auf.

Story-Elemente

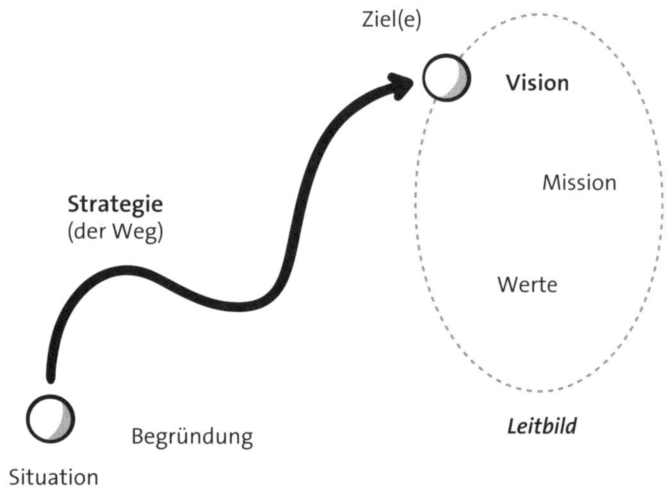

Leitbild: Während die Mini-Story bislang mit der Vision nur einen Teil des Leitbildes enthielt, kommt es für eine gute Strategiekommunikation darauf an, das komplette Leitbild darzustellen und zu vermitteln. Dieses besteht aus dem Dreiklang von **Vision**, **Mission** und **Werten**. Der Aspekt der Werte ist vor allem dann wichtig, wenn es sich um eine Strategie für eine Organisation handelt, da dort Menschen arbeiten, denen diese Werte Orientierung geben sollen. Doch auch im Falle einer Produktstrategie können Werte ein wichtiger Aspekt der Kommunikation sein: Kunden kaufen Ihr Produkt vielleicht noch lieber, wenn sie wissen, dass Ihre Organisation genauso tickt wie sie selbst, also zum Beispiel innovativ oder nachhaltig.

Weg in die Zukunft (strategischer Pfad): Dies ist die eigentliche Strategie und das wesentliche Ergebnis der Arbeit mit dem Strategy Explorer. Der Weg bildete bereits einen großen Teil Ihrer Mini-Story. Nun können Sie ihn für die Kommunikation weiter ausschmücken und mit Details anreichern – wie zum Beispiel konkreten strategischen Zielen, wie im vorherigen Unterkapitel beschrieben. Der gewählte Weg mag manche Bereiche im Unternehmen sowie externe Adressaten mehr betreffen und andere weniger. Die Kommunikation sollte daher zielgruppengerecht gestaltet werden, im Sinne eines generellen Themas mit speziellen Variationen. Gerade den Detailreichtum betreffend ist es wichtig, sich genau zu überlegen, welche Ihrer Zielgruppen welche Information dringend braucht, was lediglich »nice to know« ist und was Sie auf keinen Fall kommunizieren sollten.

Begründung: Warum eigentlich eine neue Strategie, eventuell verbunden mit einer neuen Vision oder gar einem komplett überarbeiteten Leitbild? Mitunter ist das nicht für alle Adressaten ohne weitere Erklärung offensichtlich und nachvollziehbar. Um den ersten und grundlegenden Schritt der Akzeptanz der neuen Strategie zu erreichen, ist es daher wichtig, eine verständliche und eingängige Begründung dafür zu liefern. Vielleicht hat sich das Wettbewerbsumfeld stark verändert, die Performance des eigenen Unternehmens passt nicht mehr, die Märkte verändern sich aufgrund neuer Technologien usw. – es gibt eine Vielzahl von Gründen, die eine strategische Neuausrichtung für ein Unternehmen notwendig machen können. Die Notwendigkeit einer Veränderung spüren manche Teile der Organisation oft sehr deutlich, während andere Teile möglicherweise relativ wenig davon mitbekommen. Daher ist es wichtig, die ganze Organisation abzuholen und eine Begründung zu liefern.

Situation: Die aktuelle Situation im Vergleich mit der Vision kann, wie bereits im vorhergehenden Punkt angedeutet, ein wesentlicher Aspekt der Begründung für eine neue oder angepasste Strategie sein. Es schadet daher nicht, die aktuelle Situation klar aufzuzeigen und auf diese Weise einen gewissen »Sense of Urgency« zu vermitteln. Damit ist nicht gesagt, dass die aktuelle Situation per se schlecht sein muss, um einen nachvollziehbaren Anlass für eine strategische Neuausrichtung zu bieten. Ausschlaggebend ist, ob die aktuelle Situation (z.B. Aufstellung des Unternehmens, Funktionsspektrum des Produkts) auch nachhaltig ist und eine optimale Entwicklung sicherstellt, was häufig nicht der Fall sein wird.

Mit diesen Elementen haben Sie die Bausteine für eine vollständige Geschichte beisammen:

1. **Wo wollen wir hin?**
2. **Wo kommen wir her?**
3. **Wie erreichen wir unser Ziel?**
4. **Warum ist das notwendig?**

Bedenken Sie aber unbedingt, dass eine gute Story nicht aus einer rein rationalen Aneinanderreihung von Daten und Fakten besteht! Sie wollen die Menschen begeistern und zum Mitmachen anregen? Dann muss die Geschichte auch Emotionen transportieren, sonst wird sie niemanden inspirieren und motivieren.

Klare Botschaften – gutes Timing

Die entwickelte Story sollte in möglichst klare und konsistente Botschaften für die unterschiedlichen Zielgruppen übersetzt werden und auf verschiedenen Kanälen sowie in unterschiedlichen Formaten wiederholt kommuniziert werden. Beachten Sie dabei, dass es auch in der eigenen Organisation unterschiedliche Zielgruppen gibt.

Strategiekommunikation	
Kanäle	Internet (Website, Blog), Intranet, Social Media, Firmenzeitschrift, Give-aways, Broschüren, Betriebsversammlungen, Team-Meetings, Großgruppenveranstaltungen, Trainings, Workshops, Persönliche Kommunikation (E-Mail, Brief, Gespräch)
Formate	Text, Sprache, Bilder, Video
Modi	Unidirektional (Information), bidirektional (Dialog)

Es reicht nicht, allein zur Einführung einer neuen Strategie groß und breit zu kommunizieren und danach gar nicht mehr. Vielmehr ist es von Bedeutung, einen konstanten Informationsfluss aufrechtzuerhalten und damit das Thema fest in den Köpfen zu verankern – nicht nur durch die Kommunikationsabteilung, sondern auch dauerhaft durch alle Führungskräfte. Dabei sollte sich die Kommunikation an den Bedürfnissen der Organisation orientieren (denken Sie an die Change-Kurve). Während es am Anfang um das große Ganze geht, muss die Kommunikation später spezifischer werden und die Veränderung zum Beispiel durch konkrete Erfolgsgeschichten (»Quick Wins«) gezielt unterstützen. Senden Sie die passenden Botschaften zum richtigen Zeitpunkt, und feiern Sie Erfolge sichtbar!

Bullshit in – Bullshit out

Ein wichtiger Punkt zum Schluss: Ihre Geschichte sollte authentisch, stimmig, nachvollziehbar und vor allem ehrlich sein. Gerade die Mitarbeiter im eigenen Unternehmen haben ein sehr feines Gespür dafür, ob etwas mit dem, was Sie ihnen verkaufen möchten, nicht stimmt. Wenn das der Fall sein sollte, können Sie einen kommunikativen Kopfstand machen, aber der wird letztendlich auch nicht dazu führen, dass Ihre Strategie erfolgreich umgesetzt wird. Beziehen Sie idealerweise Menschen mit unterschiedlichen Perspektiven ein, wenn Sie die Geschichte entwickeln – dies erhöht die Wahrscheinlichkeit, sie richtig hinzubekommen. Allerdings gilt nach wie vor die Regel: »Bullshit in – Bullshit out!« Mit anderen Worten: Auch die beste Kommunikation kann eine schlechte oder ungeeignete Strategie nicht retten.

Regelmäßig überprüfen

Strategieentwicklung ist keine Einmalaktion, sondern ein andauernder Prozess mit Phasen unterschiedlicher Intensität. Gerade angesichts steigender Unwägbarkeiten und hoher Geschwindigkeit von Veränderungen ist es nicht damit getan, einmal eine Strategie festzulegen und erst nach längerer Zeit nachzukontrollieren, ob sich alles wie gewünscht entwickelt hat.

Sie haben mithilfe des Strategy Explorer eine Vision erarbeitet und aus verschiedenen Möglichkeiten einen bestimmten Weg zu deren Erreichung ausgewählt. Nun machen Sie sich daran, ihn konsequent zu verfolgen. Es bleibt allerdings die Frage, ob es auch der »richtige« Weg ist – im Vorfeld lässt sich leider immer nur eine Entscheidung für die aktuell erfolgversprechendste Variante treffen. Nach Bertolt Brecht gilt: »Wer A sagt, der muss nicht B sagen. Er kann auch erkennen, dass A falsch war.« Man sollte sich folglich nicht stur an einen Plan halten und ihn bis zum Ende durchziehen, wenn sich bereits abzeichnet, dass er nicht zum Ziel führt. Und selbst wenn es wirklich der richtige Weg sein sollte, bleibt noch die Frage, ob man sich tatsächlich auf diesem Weg befindet. Daher ist es wichtig, dies regelmäßig zu prüfen und bei Bedarf gegenzusteuern.

Die Welt dreht sich weiter, und es gibt beliebig viele Gründe, die eine Anpassung der Strategie erforderlich machen können: Märkte verändern sich anders als erwartet, eine neue konkurrierende Technologie kommt auf den Markt, eine wichtige Grundannahme für Ihre Strategie bestätigt sich nicht, die Kunden fliegen nicht auf das neue Produkt, ein wichtiger Investor springt ab und viele andere mehr. Es ist zwar nicht ratsam, beim kleinsten Gegenwind alles über den Haufen zu werfen – und oft auch nicht möglich, sonst war die Entscheidung für den gewählten Weg keine wirklich strategische –, doch notwendige Anpassungen sind wichtig. Ein kompletter Reset kann als letzte Möglichkeit im allerschlimmsten Fall in Betracht gezogen werden.

Manche Ereignisse, die erst in der Umsetzungsphase der Strategie eintreten, sind drastisch und fallen sofort auf. Beispiele sind etwa das Abspringen eines Investors oder das Aufkommen einer neuen Technologie. Auf diese Ereignisse kann man unmittelbar eingehen und überlegen, welche Auswirkungen sie für die Strategie haben und wie damit umzugehen ist. Demgegenüber gibt es aber auch kontinuierliche, mitunter sehr unauffällige Entwicklungen, die erst nach einer Weile zu deutlichen Auswirkungen auf naheliegende Messgrößen wie beispielsweise den Umsatz führen. Wie lässt sich also eine Art Frühwarnsystem installieren, um solche Entwicklungen rechtzeitig zu erkennen?

Überblick behalten: Das Dashboard

Es ist sehr schwer, wenn nicht gar unmöglich, wirklich alles im Blick zu behalten, was eventuell Auswirkungen auf den Erfolg der Strategie haben könnte. In den wenigsten Organisationen gibt es Analysten, die Märkte und Entwicklungen kontinuierlich verfolgen und sich mit nichts anderem beschäftigen. Daher kommt es darauf an, die wesentlichen Parameter herauszuarbeiten, die den größten Einfluss auf das Gelingen der Strategie haben oder am schnellsten ein Indiz geben, wenn die Entwicklung vom gewünschten Kurs abweicht. Diese gilt es dann wirklich regelmäßig zu messen und mit den Zielwerten abzugleichen.

Indikatoren bestimmen

Oft werden als Indikatoren vorzugsweise finanzielle Messgrößen herangezogen, aber dies ist nicht ausreichend, um ein umfassendes Bild zu erhalten. Bereits Ende der 90er-Jahre entwickelten Robert S. Kaplan und David Norton daher ein System namens Balanced Scorecard, das verschiedene für ein Unternehmen relevante Perspektiven zusammenführt, die dann mithilfe sogenannter KPIs (Key Performance Indicators) konkretisiert werden:

Balanced Scorecard

Perspektive	Beispiele für KPIs
Kunden u. Märkte	Kundenprofitabilität, Zufriedenheit, Innovation, Marktanteile, Marktwachstum, Liefertreue ...
Finanzen	Umsatz, Profitabilität ...
Prozesse	Durchlaufzeiten, Qualität, Time-to-Market, Konversionsraten ...
Lernen u. Entwicklung	Mitarbeiterzufriedenheit, Training, Innovationsfähigkeit, Patente ...

Auf diese Weise wird zumindest schon einmal der häufig vorhandene starke Fokus auf finanzielle Messgrößen aufgelockert. Doch welche Metrik ist die richtige, um den Erfolg Ihrer Strategie und den Fortschritt bei ihrer Umsetzung zu messen? Es gibt vier wichtige Quellen, die entweder direkten Input liefern oder zumindest Ansatzpunkte zur Entwicklung sinnvoller Indikatoren geben sollten:

1. Das Visionsziel: Ganz gleich wie weit es in der Zukunft liegt – eine wesentliche Eigenschaft eines Visionsziels ist, dass feststellbar sein muss, ob man es tatsächlich erreicht hat (vgl. »Das Ziel: Vision und Mission« in Kapitel 2). Falls Ihr großes Ziel bereits quantitativ formuliert ist, ist das leicht. Bei qualitativen Formulierungen ist es spätestens jetzt an der Zeit, über geeignete Messgrößen nachzudenken – es gibt sie in jedem Fall. Beispiel Visionsziel »Attraktivster Arbeitgeber der Region«: Mögliche Messgrößen sind hier Bewertungen in Portalen wie kununu im Vergleich zu anderen Arbeitgebern der Region, die Platzierung bei einem relevanten Wettbewerb, der Mitarbeiterzufriedenheitsindex oder die Anzahl eingehender Bewerbungen. Das Visionsziel nimmt in Bezug auf Ihre Strategie eine zentrale Rolle ein, da alles darauf ausgerichtet ist (beziehungsweise sein sollte), die Vision Wirklichkeit werden zu lassen. Dementsprechend sollten auch die relevanten Messgrößen dafür in Ihre regelmäßige Erfolgs- und Fortschrittskontrolle einfließen.

2. Strategische Ziele: Sie beschreiben den strategischen Pfad auf detaillierte Weise und liegen dank der Vorarbeiten (siehe Unterkapitel »Klare Ziele für die Umsetzung«) bereits in messbarer Form vor – ob als SMARTe Formulierung oder im OKR-Stil. Die verwendeten Messgrößen und Zielwerte kommen also auf jeden Fall in die engere Wahl, wenn es darum geht, den Fortschritt bei der Umsetzung der Strategie sichtbar zu machen.

3. Das Geschäftsmodell: Es beschreibt die Grundlogik, nach der Sie Wert für Kunden schaffen und daraus Einnahmen generieren. Demzufolge bietet es auch einiges an Material in Bezug auf die Messgrößen, die für den Erfolg wichtig sind. Falls diese nicht bereits in Form von strategischen Zielen oder Key Results abgebildet sind, lohnt es sich, die Mechanik des Geschäftsmodells noch einmal gezielt mit Blick auf geeignete Metriken durchzugehen. Wie so etwas aussehen kann, ist sehr schön am Beispiel der »Startup Metrics for Pirates: AARRR!« von Dave McClure (2007) zu sehen. Die Buchstaben in der Abkürzung stehen für die fünf Elemente im Customer Lifecycle: **A**cquisition (Akquisition), **A**ctivation (Aktivierung), **R**etention (Loyalität), **R**eferral (Weiterempfehlung) und **R**evenue (Umsatz). Damit verbundene Messgrößen können Klickraten, Konversionsraten, Anmeldungen / Käufe, Nutzerzufriedenheit, Weiterempfehlungsraten und vieles mehr sein. Während sich dieser Ansatz stark auf die kundenfokussierte Seite des Geschäftsmodells konzentriert, kann auch der Blick auf andere Bereiche im Geschäftsmodell hilfreich sein, um die relevanten Messgrößen zu identifizieren, allen voran bezüglich der Generierung des Wertversprechens (Aktivitäten, Ressourcen, Partner, Kosten).

4. Die Umfeldanalyse: Die Umfeldanalyse war einer der wichtigsten Schritte auf dem Weg zur Erkenntnis von Stärken, Schwächen, Chancen und Risiken und hat auf diese Weise zu Bausteinen für Ihre Strategie geführt. Lassen Sie also die Umfeldanalyse im Strategy Explorer noch einmal Revue passieren: Welche Beobachtungen waren ausschlaggebend und haben zu relevanten Schlussfolgerungen geführt? Wächst zum Beispiel der Markt oder droht eine neue Regulierung? Dann bieten genau diese Beobachtungen Ansätze für Parameter oder Ereignisse, die man im Blick behalten sollte.

Allein durch diese vier Blickwinkel kommt mit Sicherheit bereits eine Vielzahl von Kandidaten für Messgrößen beziehungsweise Indikatoren zur kontinuierlichen Beobachtung zusammen. Wichtig ist, dass Sie darauf achten, dass die Messgrößen nicht nur interner Natur sind. Stattdessen sollten auch Indikatoren darunter sein, die das Umfeld des Unternehmens oder anderen Betrachtungsgegenstandes abbilden und sich Ihrem direkten Einfluss entziehen!

Ein Dashboard entwickeln

Nun gilt es, die verschiedenen Indikatoren zu sichten und zu priorisieren, sodass eine übersichtliche und handhabbare Anzahl übrigbleibt (vielleicht fünf bis zehn auf der obersten Ebene). Hauptkriterium sollte auf jeden Fall der Einfluss des Parameters auf den Erfolg Ihrer Strategie sein (= Relevanz). Wenn Sie nach mehr als einem Kriterium priorisieren möchten, können Sie in Erwägung ziehen, beispielsweise die Unmittelbarkeit des Einflusses zu bewerten: Hat eine Veränderung schnelle und direkte Auswirkungen oder sind diese eher langsam und indirekt? Das kann Aufschluss darüber geben, mit welcher Frequenz Sie die betreffenden Parameter kontrollieren sollten. Zur Priorisierung bieten sich die unter »Richtig priorisieren« in Kapitel 3 beschriebenen ein- oder zweidimensionalen Techniken an. Die eindimensionale Variante »relevanter vs. weniger relevant« können Sie beispielsweise so oft durchspielen, bis die gewünschte Zahl von relevanteren Indikatoren übrig bleibt.

Welche Kriterien Sie zusätzlich zur Relevanz noch für Ihre Priorisierung heranziehen, ist ganz Ihnen überlassen. Allerdings sollten Sie nicht die Leichtigkeit der Datenbeschaffung oder die Verfügbarkeit als wesentliches Kriterium ansetzen. Wenn ein bestimmter Indikator wichtig ist, sollten Sie sich vielmehr die entsprechenden Information unter allen Umständen beschaffen, anstatt sich auf leicht verfügbare, aber weniger relevante Indikatoren zu stürzen. Ansonsten geht Ihr Projekt vielleicht baden, und Sie bekommen es nicht einmal rechtzeitig mit.

Die wichtigsten Indikatoren lassen sich sehr schön in einem sogenannten Dashboard (engl. für »Armaturenbrett«) auf einer einzigen Seite zusammenfassen und visuell aufbereiten. Das bereits oben erwähnte Modell der Balanced Scorecard fällt in diese Kategorie. Typischerweise finden sich im Dashboard die wesentlichen Ziele zusammen mit den Messgrößen und einer grafischen Darstellung ihrer Entwicklung (z. B. Ist gegen Soll).

Dashboard

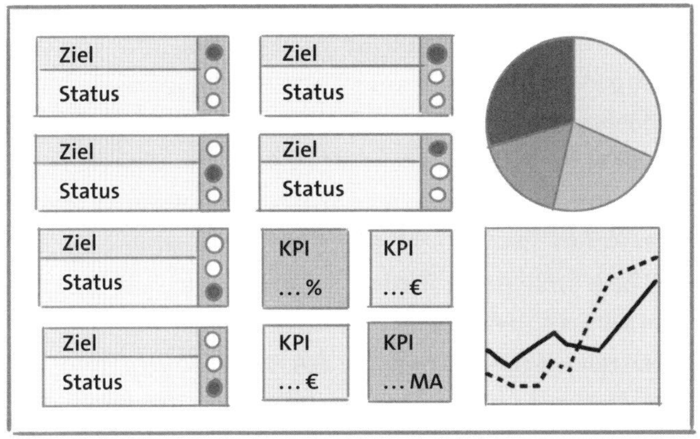

Das Dashboard ist eine gute Möglichkeit, das Thema Strategie fest in Regelmeetings zu verankern und so die Entwicklung zum Beispiel auf monatlicher Basis zu diskutieren. Auf diese Weise kann zeitnah auf bestimmte Entwicklungen reagiert werden. Das ersetzt natürlich nicht die konsequente Nachverfolgung von gestarteten Aktivitäten im Rahmen von spezifischen Meetings, wenn die Umsetzung beispielsweise in Form von Projekten aufgesetzt ist.

Vorsicht beim Steuern mit KPIs

Lassen Sie bei der Betrachtung der KPIs und Ihrer Reaktion jedoch Vorsicht walten – die Steuerung einer Organisation rein nach KPIs kann gefährlich sein. So können beispielsweise die KPIs zwar optimiert werden, aber es ist nicht automatisch sichergestellt, dass damit auch das gewünschte Ergebnis erreicht wird. Ein Beispiel: Eine größere Anzahl von Patenten

(= KPI) heißt noch lange nicht, dass Sie innovativer geworden sind (= Absicht) – sie kann auch bedeuten, dass lediglich eine einzelne Erfindung auf mehrere Patente verteilt wurde. Stattdessen sind eine gründliche Analyse und das Verständnis der Auslöser für bestimmte Entwicklungen essenziell. Falls beispielsweise eine beobachtete Messgröße der Umsatz ist und selbiger sinkt, so kann dies zahlreiche Ursachen haben. Diese können sowohl extern (z. B. schrumpfender Markt) als auch intern (z. B. ineffizienter Vertrieb, schlechtes Marketing) begründet sein. Wird nun einfach eine Botschaft der Art »Wir müssen unsere Anstrengungen verdoppeln, um unsere Umsatzziele zu erreichen« in die Organisation gesendet, so kann dies zwar auch angesichts eines schrumpfenden Marktes kurzfristig erfolgreich sein (der Vertrieb legt sich richtig ins Zeug), wird aber den eigentlichen Auslöser verschleiern. Das wiederum verzögert eventuell nötige richtungsweisende Entscheidungen angesichts der wahren Ursache der verpassten Umsatzziele. Behalten Sie also Ihre Schlüsselindikatoren stets im Blick, aber lassen Sie sich nicht dazu verleiten, sie als das Maß aller Dinge zu betrachten und ausschließlich danach zu steuern.

Ins Tagesgeschäft integrieren

Im Sinne einer kontinuierlichen Strategieentwicklung ist schon viel erreicht, wenn Sie das Thema Strategie im Tagesgeschäft und im Mindset der Organisation verankern. Das Wichtigste ist, dass Sie über Strategie sprechen und nicht nur über operative Themen. Besonders bei Start-ups ab einem bestimmten Reifegrad wird viel über Strategie gesprochen, auch wenn das Ganze nicht notwendigerweise strikt so genannt wird. Damit sind sie vielen gut eingefahrenen Organisationen gegenüber im Vorteil, die sich vermehrt mit rein operativen Fragestellungen beschäftigen. Drei gute Möglichkeiten, Strategie außerhalb von spezifischen Umsetzungsaktivitäten und der allgemeinen Strategiekommunikation (siehe oben) noch ins Gespräch zu bringen, sind:

1. Bestehende Regelmeetings: Die naheliegendste und einfachste Variante ist es, Strategie zu einem festen Bestandteil ohnehin stattfindender Regelmeetings wie zum Beispiel Geschäftsleitungssitzung, Führungskräftemeeting, Vertriebsrunde, R&D-Meeting usw. zu machen, und zwar in Form eines festen Agendapunkts für alle Meetings. Ein Dashboard, wie oben beschrieben, kann ein guter Aufhänger und Katalysator sein, um über aktuelle Entwicklungen mit strategischen Auswirkungen zu diskutieren.

2. Mitarbeitergespräche: Falls Sie nicht sowieso schon mit der OKR-Methode arbeiten, die die strategischen Ziele bis zur Mitarbeiterebene hinunterdekliniert, sollten Sie die strategischen Ziele in die Mitarbeitergespräche aufnehmen. Strategie geht alle an, und Sie können die Gelegenheit nutzen, das Verständnis zu schärfen, Fragen zu beantworten sowie nützlichen Input und andere Sichtweisen zu gewinnen.

3. Verteilte Verantwortung: Binden Sie gezielt Mitarbeiter in die Strategiethematik ein, indem Sie beispielsweise die Verantwortung zur Beobachtung der festgelegten Indikatoren und Marktentwicklungen auf mehrere Schultern in der Organisation verteilen. Damit gewinnt die Aktivität der Fortschrittskontrolle gleich eine ganz andere Bedeutung, als wenn sich nur eine Stabsfunktion damit beschäftigt.

Finden Sie am besten einen guten Kompromiss zwischen dem zusätzlichen Aufwand und dem erwünschten Effekt. Zu viel des Guten bringt keinen wesentlichen Fortschritt und behindert eher oder verbrennt das Thema bei den Mitarbeitern. Vermeiden Sie es auch, Ihre Strategie zu engmaschig zu kontrollieren. Manche Dinge brauchen Zeit, um sich zu entwickeln, und die ständige Kontrolle verbraucht unnötig Ressourcen. Es ist zwar schwierig, aber sehr wichtig, hier eine gute Balance zu finden.

Auszeiten nehmen und hinterfragen

Wie eingangs erwähnt, ist Strategieentwicklung idealerweise ein andauernder Prozess mit Phasen unterschiedlicher Intensität. Während die Einbindung ins Tagesgeschäft und die kontinuierliche Erfolgskontrolle eher zu den Phasen geringerer Intensität gehören, sollten Sie sich in regelmäßigen Abständen auch wieder intensiver mit Ihrer Strategie beschäftigen. Manchmal ist es notwendig, den sprichwörtlichen Schritt zurückzutreten, um das große Ganze in Augenschein nehmen zu können. Dies geht am besten im Rahmen dedizierter Auszeiten für Strategieworkshops, neudeutsch »Strategy Retreats« genannt. Folgende Fragen könnten dort beispielsweise gestellt werden:

- Wie stehen wir zu unserer Vision und unseren Zielen?
- Wie haben wir uns weiterentwickelt, was ist heute anders?
- Was haben wir in der Zwischenzeit gelernt?
- Wie hat sich das Umfeld verändert, welche wesentlichen neuen Entwicklungen mit Bedeutung für unser Thema gibt es (Umfeldanalyse »reloaded«) und wie gehen wir damit um?
- Wie gut kommen wir mit der Umsetzung unserer Strategie voran?
- Was läuft gut, und was sollten wir anders machen?

Bei einigen dieser Themen kann auch der Strategy Explorer durchaus wieder zum Einsatz kommen – sei es als Abbild der letzten großen Analyse (Was erschien uns damals besonders wichtig?) oder als Vorlage zur Weiterentwicklung der Strategie, etwa für eine aktuelle Umfeldanalyse und relevante Erkenntnisse daraus.

Neben der konsequenten Weiterentwicklung der Strategie eignet sich ein Strategy Retreat auch hervorragend, um spezielle Themen dediziert und losgelöst vom Tagesgeschäft zu bearbeiten, zum Beispiel: Wie performen wir als Führungsteam (ggf. mit Teambuilding-Aktivitäten)? Wie bringen wir Initiative XY mit frischem Wind voran? Wie können wir agiler werden? Wie stärken wir unsere Innovationskraft?

Empfehlenswert ist es, zumindest einen solchen Termin pro Jahr einzurichten und ihm auch einen besonderen Rahmen zu geben (siehe hierzu die Tipps zu möglichen Locations für Strategieworkshops unter »Das Setting für den Workshop« in Kapitel 3). Für das Timing gibt es kein Patentrezept. Idealerweise nutzen Sie einen Zeitraum, zu dem Sie besonders aktuelle Informationen über das Umfeld, Kunden usw. gewonnen haben – beispielsweise im Nachgang zu einer wichtigen Messe, einer Kundenveranstaltung oder einem Vertriebs-Kick-off. Auch ein signifikantes Vorkommnis kann Anlass geben, zeitnah eine Strategieklausur einzuberufen. Wenn

Sie sich zwei Termine pro Jahr leisten können, lassen sich die Themen sogar inhaltlich aufteilen, sodass die zwei Termine unterschiedliche Schwerpunkte haben. So könnte sich ein Termin mit Veränderungen im Umfeld und den Implikationen daraus beschäftigen, während der andere Termin auf die konkreten Aspekte der Umsetzung der Strategie fokussiert.

Wie auch immer Sie es angehen, ein oder zwei dedizierte Strategietermine pro Jahr helfen, dem Thema einen hohen Stellenwert einzuräumen und regelmäßig einen frischen Blick auf die Weiterentwicklung der Strategie zu werfen. Lassen Sie sich dabei durchaus auch durch externe Perspektiven inspirieren und nutzen Sie eine professionelle Moderation – insbesondere dann, wenn Sie auch Teamaspekte adressieren wollen.

Literatur

Bockelbrink, B., Priest J. u. David, L. (2018). Sociocracy 3.0 – A Practical Guide. https://sociocracy30.org/guide/

Botelho, E. L., Rosenkoetter, K. u. Wong, N. (2018). The Fastest Path to the CEO Job, According to a 10-Year Study. *Harvard Business Review.* https://hbr.org/2018/01/the-fastest-path-to-the-ceo-job-according-to-a-10-year-study

Collins, J. C. u. Porras, J. I. (1996). Building your company's vision. *Harvard Business Review, 74*(5), 65–77.

Doerr, J. (2017). Measure What Matters: OKRs – The Simple Idea That Drives 10x Growth. Portfolio Penguin.

Harrin, E. (2015). The New Secret to Successful Teams: a Diverse Mindset. https://www.liquidplanner.com/blog/the-new-secret-to-successful-teams-diversity/

Heath, C. u. Heath, D. (2006). The Curse of Knowledge. *Harvard Business Review 84* (12), 20–23. https://hbr.org/2006/12/the-curse-of-knowledge

Jarosz, A. (2018). Ideen aus der Minibar. *Harvard Business Manager, 40*(7), 16–17.

Johnson, G., Scholes, K. u. Whittington, R. (2008). Exploring corporate strategy: Text & cases (8th ed.). Harlow: Pearson Education Limited.

Kaplan, R. S. u. Norton, D. (1992). The Balanced Scorecard: Measures that Drive Performance. *Harvard Business Review, 70*(1), 71–79.

McClure, D. (2007). Startup Metrics for Pirates: AARRR! https://de.slideshare.net/dmc500hats/startup-metrics-for-pirates-long-version

Mlodinov, L. (2012). Subliminal: The New Unconscious and What it Teaches Us. Penguin Books.

Nijstad, B. A., Stroebe, W. u. Lodewijkx, H. F. M. (2003). Production blocking and idea generation: Does blocking interfere with cognitive processes? *Journal of Experimental Social Psychology, 39*, 531–548.

Osterwalder, A. u. Pigneur, Y. (2010). Business Model Generation. Hoboken, NJ: Wiley.

Pastuszka, S. (2017). 30 Minuten Strategie selber machen. Offenbach: GABAL.

Porter, M. E. (1980). Competitive Strategy: Techniques for Analyzing Industries and Competitors. New York: Free Press.

Porter, M. E. (1979). How Competitive Forces Shape Strategy. *Harvard Business Review, 57*(2), 137–145.

Rohrbach, B. (1969). Kreativ nach Regeln – Methode 635, eine neue Technik zum Lösen von Problemen. *Absatzwirtschaft 12*(19) 73–76.

Walters, D. J., Fernbach, P. M., Fox, C. R. u. Sloman, S. (2017). Known Unknowns: A Critical Determinant of Confidence and Calibration. *Management Science, 63*(12), 4298–4307.

Dank

Es ist mir ein besonderes Anliegen, mich bei all denen ganz herzlich zu bedanken, die in der einen oder anderen Form zu diesem Buch beigetragen haben – sei es durch Gespräche, Ermutigung, Diskussionen oder durch stundenlanges Probelesen und Kommentieren meiner Textentwürfe. Ihre unterschiedlichen Perspektiven und wertvollen Hinweise waren inspirierend und bereichernd und haben mir geholfen, das Buch besser zu machen, als ich es allein gekonnt hätte.

Ganz besonders möchte ich mich bei Dr. Tanja Eckardt, Frank Olschewski, Dr. Ruth Ahlers und Katrin Hinrichs bedanken, die sich durch den gesamten Text in unterschiedlichen Phasen der Entstehung gekämpft und mir wertvolles Feedback auf Basis unterschiedlicher Hintergründe gegeben haben. An dieser Stelle möchte ich auch meiner Lektorin Eva Gößwein meinen großen Dank aussprechen, die dem Text den professionellen Feinschliff verliehen hat.

Darüber hinaus haben sich viele die Mühe gemacht, einzelne Textpassagen zu lesen und mir hilfreiche Hinweise zu geben. Das gilt insbesondere für die Beispiele. Hier danke ich vor allem Tobias Ungerer von Xavin für die Möglichkeit, ein echtes Arbeitsergebnis als Beispiel ins Buch aufnehmen zu dürfen. Für ihr professionelles Feedback zu einzelnen hypothetischen Beispielen danke ich Vali Maria Bluma, Shirin Gibbs, Justine Lagiewka, Heiko Mittelstädt, Joachim Müller und Claudia Schindler. Für ihre exzellenten Hinweise zu spezifischen Blöcken wie Kommunikation, Change und OKR geht mein Dank an Bettina Lichtenberg, Sabine Langrock und Tanita Kettner.

Für inspirierende Gespräche, fruchtbare Diskussionen und konkretes Feedback zum Strategy Explorer danke ich Dirk Appelt und seinem Team, Alexandra Biebel, Christa Fajen, Prof. Dr. Hartmut Kopf, Maja Malovic, Sandra Mollenhauer, Bianca Rieckert, Andrea Rotzler, Adrian Thoma sowie dem Strategie-Team vom GABAL Verlag. Anna Hackner danke ich für ihre professionelle Hilfe bei der Anmeldung des Strategy Explorer als Marke.

Last, but not least geht ein besonderer Dank an Dr. Sandra Krebs vom GABAL Verlag, bei der ich offene Türen eingerannt habe, als ich mich nach längerem Hin und Her zwischen »Ich mach's« und »Ich mach's nicht« dazu entschieden habe, meine Idee zum Strategy Explorer als Buch zu veröffentlichen.

Stichwortverzeichnis

Der Autor

Dr. Stefan Pastuszka ist Experte für Strategieentwicklung, Innovation und die Kommunikation von komplexen Sachverhalten. Vor Beginn seiner Selbstständigkeit war der promovierte Physiker in verschiedenen Funktionen für den Telekommunikationsnetzausrüster Alcatel-Lucent sowie den Technologiekonzern Heraeus aktiv, unter anderem als Director Market Positioning und Head of Corporate Development. Insbesondere trieb er den unternehmensweiten Strategieprozess voran und arbeitete mit zahlreichen operativen Einheiten zusammen, um deren Geschäftsstrategien zu schärfen.

Als Strategie- und Innovationsberater (Strategy & Innovation Coach) unterstützt Dr. Pastuszka Menschen und Organisationen dabei, Klarheit und Struktur in komplexe Zusammenhänge zu bringen, um sich optimal zu positionieren, effektiv zu kommunizieren und die richtigen Schritte für eine erfolgreiche Zukunft zu entwickeln. In seinen Projekten verbindet er breite Business-Erfahrung aus verschiedenen Märkten mit technologischem Verständnis, unkonventionellen Ansätzen und strategischer Visualisierung. Seine Klienten reichen von Gründern und Start-ups bis hin zu Großkonzernen. Innovation ist ein besonderer Antrieb und Inspiration für Stefan Pastuszka, weshalb er als Start-up-Mentor, insbesondere für Corporate Start-ups, aktiv ist und hilft, das Beste aus beiden Welten zu kombinieren.

In seiner Freizeit fährt er Mountainbike (vorzugsweise Single-Trails bergab) und Wasserski (Trick-Ski, Wakeboard und Wakeskate), läuft und betreibt Fitness. Er reist gern und liest Science-Fiction-Literatur im Original. Er lebt in der Nähe von Frankfurt am Main, einer Region mit hervorragender Infrastruktur sowie ausgedehnten Wäldern und Hügeln für den Sport.

Mehr Information über seinen professionellen Hintergrund finden Sie auf Xing und LinkedIn.

Dr. Pastuszka unterstützt Sie gern auch bei Ihrem Projekt. Sie erreichen ihn unter den folgenden Kontaktdaten:

E-Mail: info@pastuszka.de
Web: www.pastuszka.de

Notizen

Strategy Explorer

Topic: Team: Date:

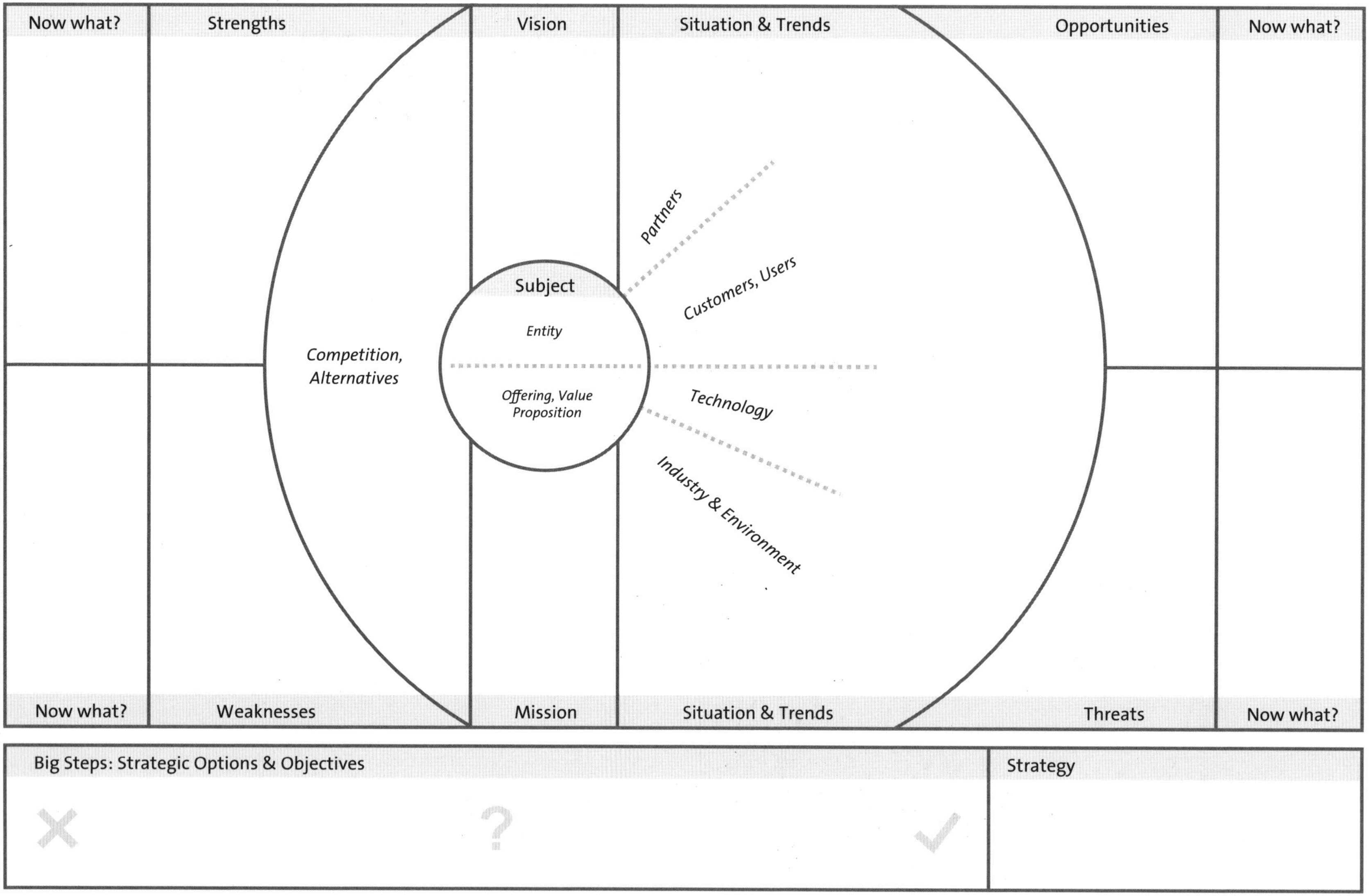